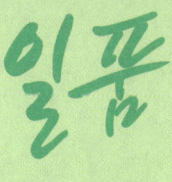

최고의 교재에게만
허락되는 이름

「일품」 합격수험서로 녹색자격증 취득한다!
자격증 취득은 원리에 충실해야 합니다. 최적의 길잡이가 되어드리겠습니다.

「일품」 합격수험서로 녹색직업 부자된다!
다른 수험서와 차별화된 차이점은 조그마한 부분에서부터 시작됩니다.

365일 저자상담직통전화
010-7209-6627

지난 40여 년 동안 수많은 수험생들이 세화출판사의 안전수험서로 합격의 기쁨을 누렸습니다.

많은 독자들의 추천과 선택으로 대한민국 안전수험서 분야 1위 석권을 꾸준히 지키고 있는 도서출판 세화는 항상 수험생들의 안전한 합격을 위해 최신기출문제를 백과사전식 해설과 함께 빠르게 증보하고 있습니다.
저희 세화는 독자 여러분의 안전한 합격을 응원합니다.

40년의 열정, 40년의 노력, 40년의 경험

정부가 위촉한 대한민국 산업현장 교수!
안전수험서 판매량 1위 교재 집필자인
정재수 안전공학박사가 제안하는
과목별 **321** 공부법!!

[되고 법칙]

돈이 없으면 벌면 되고 잘못이 있으면 고치면 되고 안되는 것은 되게 하면 되고, 모르면 배우면 되고, 부족하면 메우면 되고, 잘 안되면 될때까지 하면 되고, 길이 안보이면 길을 찾을때까지 찾으면 되고, 길이 없으면 길을 만들면 되고, 기술이 없으면 연구하면 되고, 생각이 부족하면 생각을 하면 된다.

*수험정보나 일정에 대하여 궁금하시면 세화홈페이지(www.sehwapub.co.kr)에 접속하여 내려받으시고 게시판에 질문을 남기시거나 궁금한 점이 있으시면 언제든지 아래의 번호로 전화하세요.

| 3 단 계
대 비 학 습 | 365일
합격상담직통전화 | **010-7209-6627** |

1 필기 합격

2 필기 과년도 — 32년치 3주 합격

3단계 | 합격단계 — ・합격날개・ 과목별 필수요점 및 문제

2단계 | 기본단계 — ・필수문제・ 최근 3개년 3단계 과년도

1단계 | 만점단계 — ・알짬QR・ 1주일에 끝나는 합격요점

3단계 | 합격단계
・기사─공개문제 21개년도 (2003~2023년)기출문제
・산업기사─공개문제 22개년도 (2002~2023년)기출문제

2단계 | 기본단계
・기사─미공개문제 11개년도 (1992~2002년)기출문제
・산업기사─미공개문제 10개년도 (1992~2001년)기출문제

1단계 | 만점단계
・알짬QR
・1주일에 끝나는 계산문제총정리
・미공개 문제 및 지난과년도

정/직한 수험서!
재/수있는 수험서!
수/석예감 수험서!

아래와 같은 방법으로 공부하시면 반드시 합격합니다.

자격증 취득은 기초부터 차근차근 다져나가는 것이 중요합니다. 필기에서는 과목별 요점정리와 출제예상문제를, 과년도에서는 최근 기출문제와 계산문제 총정리를, 실기 필답형에서는 합격예상작전과 과년도 기출문제를, 실기 작업형에서는 최근 기출문제 풀이 중심으로 공부하시면 됩니다.

필기시험 합격자에게는 2년간 실기시험 수험의 응시가 주어지고, 최종 실기시험 합격자는 21C 유망 녹색자격증 취득의 기쁨이 주어지게 됩니다.

일품 필기 → 일품 필기 과년도 → 일품 실기 필답형 → 일품 실기 작업형

---

3 실기 필답형 4주 합격

3단계 합격단계: 과목별 필수요점 및 출제예상문제
⇩
2단계 기본단계:
- 기본 : 과년도 출제문제 (1991~2000년)
- 필수 : 과년도 출제문제 (2001~2023년)
⇩
1단계 만점단계:
- 알짬QR ·
- 실기필답형 1주일 최종정리
- 1991~2010년 기출문제

4 실기 작업형 1주 합격

3단계 합격단계: 과년도 출제문제 (2011~2023년)
⇩
2단계 기본단계: 각 과목별 필수 요점 및 문제
⇩
1단계 만점단계:
- 알짬QR ·
- 2000~2014년 기출문제

*산재사고로 피해를 입으신 근로자 및 유가족들에게 심심한 조의와 유감을 표합니다.

2025
2024년 5월 17일
개정법 적용

ISO 9001:2015 인증
안전연구소 인정

NCS적용 백과사전식 기출문제 해설

녹색자격증
녹색직업

세계유일무이
365일 저자상담직통전화
010-7209-6627

ONLY ONE 지도사 합격 7개년 기출문제

산업보건지도사

[III] 기업진단 · 지도 과년도

대한민국 산업현장교수/기술지도사
안전공학박사/명예교육학박사
정재수 지음

1차 필기

지도사 · 산업안전, 건설안전 기사 · 기능장 · 기술사 등 관련 자격 및 의문사항에 대하여
365일 성심 성의껏 답변해 드리고 있습니다. 저자와 상담 후 교재를 구입하세요.
www.sehwapub.co.kr

대한민국 최초, 최다, 최고, 최상, 최적 적중률의 안전관리 완벽합격!

기본 원리부터 정답에 이르기까지 명확하고 풍부한 해설을 통해 자신감은 물론
모든 문제에 탄력적으로 대응할 수 있는 능력을 키워줍니다.

도서출판 세화

2025년 행복과 보건을 목적으로 하는 산업보건지도사를 취득해야 하는 이유가 있다. 건강, 장수, 재산이다. 건강하고 장수하고 부자가 되려면 지도사에 합격하면 성취가 가능하다. 대한민국 1[%] 이내 부자도 될 수 있다. 보통사람들이 소망하는 성공과 동일하다.

본 산업보건지도사 교재는 합격을 위한 수험서이다. 산업보건지도사는 기계안전분야·전기안전분야·화공안전분야·건설안전분야, 산업보건지도사는 산업위생, 직업환경의학분야 등으로 구분되어 있다. 공통필수 1차 필기 3과목은 동일하다. 지도사는 1996년 9월 8일 제1회시험, 제14회 2024년 9월 25일 최종합격하여 현재 보건분야 최고의 전문의 및 CEO로 활동하고 있다.

정부에서도 박사·기술사만이 응시하는 시험을 대한민국 국민이면 남녀노소·학력·성별 제한없이 응시가 가능하도록 하였다.

「되고법칙」
돈이 없으면 돈은 벌면 되고, 잘못이 있으면 잘못은 고치면 되고, 안 되는 것은 되게 하면 되고, 모르면 배우면 되고, 부족하면 메우면 되고, 잘 안되면 될 때까지 하면 되고, 길이 안보이면 길을 찾을 때까지 찾으면 되고, 길이 없으면 길을 만들면 되고, 기술이 없으면 연구하면 되고, 생각이 부족하면 생각을 하면 된다.

지도사는 공부하면 합격된다.
교재를 만나는 순간 합격의 기쁨이 올 것이다.
본서는 연구용도 참고용도 아니며 오로지 합격을 위하여 꼭 필요한 내용으로만 구성하였다.
본서의 특징은 자격증 취득을 대비해 이렇게 구성하였다.

① 본서의 내용은 간단하고 명료하게 알짜배기만으로 구성했다.
② 본문의 1개년에서 이해하지 못했다면 다음년도 문제에서 반드시 이해할 수 있도록 하였다.
③ 한 문제(1항목)를 이해하면 열 문제(10항목)를 해결할 수 있게 상세풀이로 구성하였다.
④ 본서는 과년도(기출)문제를 빠짐없이 수록하여 어떤 교재와도 차별화가 되도록 구성하였다.

PREFACE

⑥ 2024년 개정적용법 등을 수록하여 답의 확신과 신뢰를 주었다.
⑦ 과년도 기출문제를 백과사전식 해설로 중요점을 강조하여 반드시 합격이 가능하도록 구성하였다.

본 산업보건지도사가 세상에 출간되기까지 밤잠을 설쳐가며 인고의 고통을 함께 한 세화출판사의 박 용 사장님을 비롯한 임직원께 고맙게 생각하며 오늘이 있기까지 변함없이 은혜와 사랑을 주시는 나의 하나님께 진정으로 감사드린다.

저자 씀

원서접수방법 및 유의사항

산업보건지도사 시험은 인터넷을 통해서만 접수가 가능합니다.

① 한국산업인력공단 인터넷 원서 접수 사이트(www.q-net.or.kr)로 접속합니다.
② 회원가입을 해야만 접수할 수 있습니다. 오른쪽 상단에 있는 (회원가입)아이콘을 클릭하면 회원가입 동의를 묻는 회원가입 약관 창이 나옵니다.
③ 회원가입 약관 창에서(동의)를 클릭하시고 인적사항 입력 창에서 성명, 주민등록번호, 우편번호, 주소 등을 입력하고 원서와 자격증에 부착할 사진을 지정하여 올립니다. 입력항목 중에서 ✱표시가 있는 항목은 반드시 입력합니다.

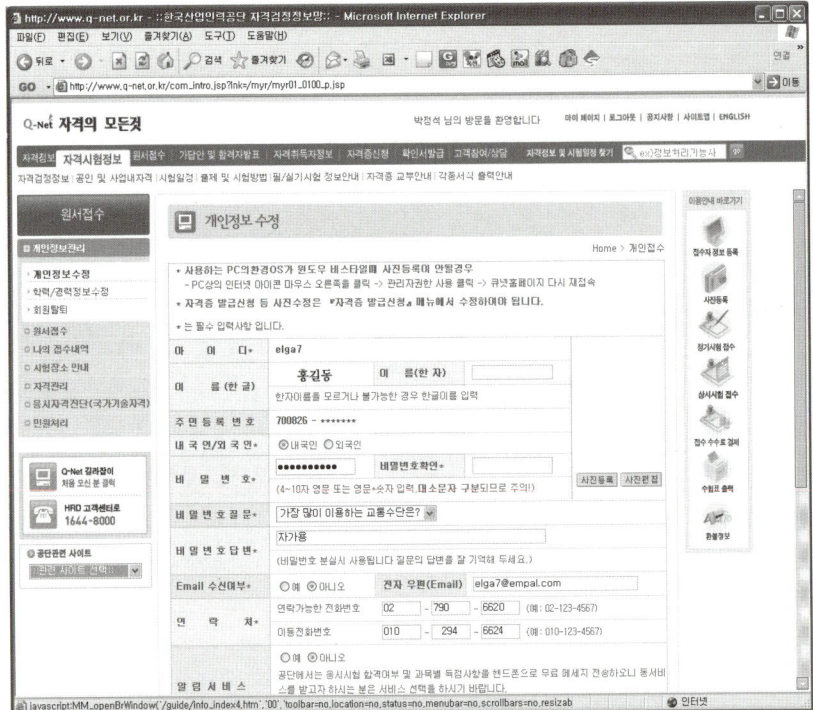

※ 알림서비스를 (예)로 선택하시면 응시한 시험의 합격 여부 및 과목별 득점 내역을 핸드폰 메시지로 무료 전송해주므로 편리합니다.

④ 회원가입 화면에서 필수 항목을 모두 입력하고 (확인)을 클릭하면 가입이 완료됩니다.
⑤ 접수를 하려면 먼저 로그인을 하셔야 합니다. 주민등록번호와 비밀번호를 입력하고 로그인하면 원서 접수창이 열립니다.

⑥ 왼쪽 상단에 있는 '원서 접수'를 클릭하면 현재 접수할 수 있는 자격시험이 정기와 상시로 구분되어 나타납니다. 지도사는 정기시험만 있습니다.
⑦ 응시 시험을 선택하면 응시 시험에서 선택할 수 있는 응시 종목이 나타납니다. 원하는 종목을 클릭하면 이제 까지 입력한 정보에 맞게 수검원서가 나타납니다. (다음)을 클릭하면 시험장을 선택할 수 있는 화면이 나타납니다.
⑧ 시험장을 선택하면 시험일자와 시간을 선택하는 화면이 나타납니다.

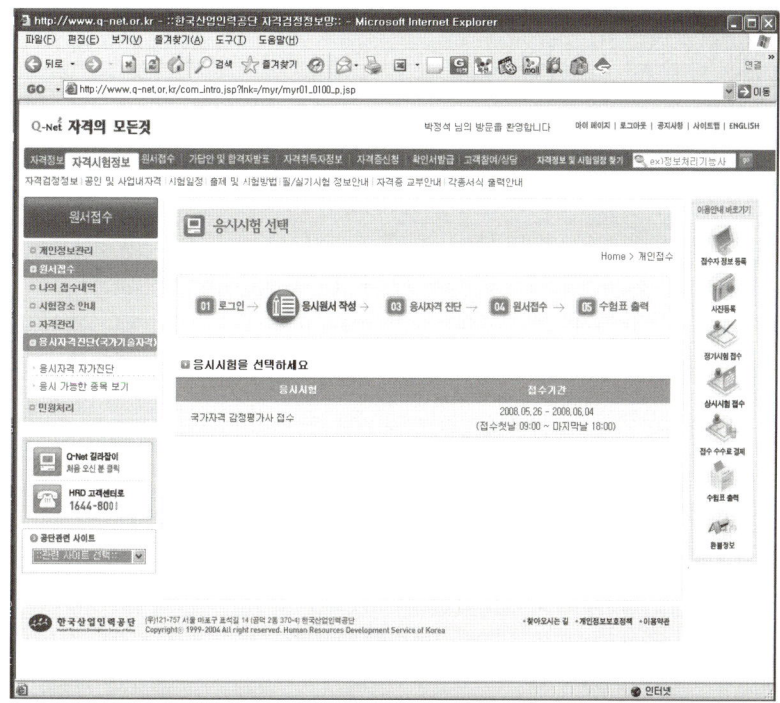

⑨ 응시할 시험장소를 클릭하세요 수검 비용을 결재하는 화면이 나타납니다. (카드결재)와 (계좌이체)중에서 선택하세요.
⑩ 결재를 성공적으로 마친 후(결재성공)을 클릭하면 수험표가 나타납니다. 이 수험표는 시험 볼 때 꼭 필요하므로 반드시 인쇄하여 보관해야 합니다. 아울러 정확한 시험 날짜 및 장소를 확인하세요.

※ 자세한 사항은 www.q-net.or.kr에 접속하여 Q-Net길라잡이를 이용하세요.

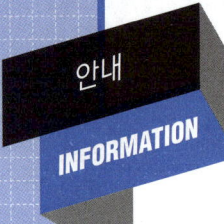

전국 한국 산업인력공단 시험안내 전화번호

지사명	주소	검정안내 전화번호
한국산업인력공단	44538 울산광역시 중구 종가로 345	1644-8000
서울지역본부	02512 서울 동대문구 장안벚꽃로 279	02-2137-0590
서울서부지사	03302 서울 은평구 진관3로 36	02-2024-1700
서울남부지사	07225 서울 영등포구 버드나루로 110	02-876-8322
서울강남지사	06193 서울 강남구 테헤란로 412 T412빌딩 15층	02-2161-9100
인천지역본부	21634 인천 남동구 남동서로 209	032-820-8600
경기지사	16626 경기도 수원시 권선구 호매실로 46-68	031-249-1201
경기북부지사	11780 경기도 의정부시 바대논길 21, 해인프라자 3~5층	031-850-9100
경기동부지사	13313 경기도 성남시 수정구 성남대로 1217	031-750-6200
경기서부지사	14488 경기도 부천시 길주로 463번길 69	032-719-0800
경기남부지사	17561 경기도 안성시 공도읍 공도로 51-23	031-615-9000
강원지사	24408 강원도 춘천시 동내면 원창고개길 135	033-248-8500
강원동부지사	25440 강원도 강릉시 사천면 방동길 60	033-650-5700
부산지역본부	46519 부산 북구 금곡대로 441번길 26	051-330-1910
부산남부지사	48518 부산 남구 신선로 454-18	051-620-1910
경남지사	51519 경남 창원시 성산구 두대로 239	055-212-7200
경남서부지사	52733 경남 진주시 남강로 1689	055-791-0700
울산지사	44538 울산광역시 중구 종가로 347	052-220-3224
대구지역본부	42704 대구 달서구 성서공단로 213	053-580-2300
경북지사	36616 경북 안동시 서후면 학가산 온천길 42	054-840-3000
경북동부지사	37580 경북 포항시 북구 법원로 140번길 9	054-230-3200
경북서부지사	39371 경북 구미시 산호대로 253	054-713-3000
광주지역본부	61008 광주광역시 북구 첨단벤처로 82	062-970-1700
전북지사	54852 전북 전주시 덕진구 유상로 69	063-210-9200
전남지사	57948 전남 순천시 순광로 35-2	061-720-8500
전남서부지사	58604 전남 목포시 영산로 820	061-288-3300
대전지역본부	35000 대전광역시 중구 서문로 25번길 1	042-580-9100
충북지사	28456 충북 청주시 흥덕구 1순환로 394번길 81	043-279-9000
충남지사	31081 충남 천안시 서북구 천일고1길 27	041-620-7600
세종지사	30128 세종특별자치시 한누리대로 296	044-410-8000
제주지사	63220 제주 제주시 복지로 19	064-729-0701

※ 청사이전이나 조직 변동시 주소 및 전화번호가 변경될 수 있음

자격시험 안내사항

1. 시험일정 정보

시험관련 상세정보는 산업보건지도사 홈페이지(www.q-net.or.kr/site/indusafe)와 산업보건지도사(www.q-net.or.kr/site/indusani)참조

2. 시험과목 및 시험방법

가. 시험과목

구분	교시		시험과목		시험시간	배점
제1차 시험	1	공통 필수 (3)	· 공통필수 I (산업안전보건법령) · 공통필수 II (산업안전일반6범위/산업위생일반5범위) · 공통필수 III (기업진단·지도)		90분 - 5지 택일형 : 과목당 25문제	과목당 100점
제2차 시험	1	전공 필수 (택1)	산업안전 지도사	· 기계안전공학 · 전기안전공학 · 화공안전공학 · 건설안전공학	100분 -주관식 논술형 4개(필수 2/ 택1) -주관식 단답형 5문제(전항 작성)	-주관식 논술형 : 75점(25점*3문제) -주관식 단답형 : (5점*5문제)
	1	전공 필수 (택1)	산업보건 지도사	· 직업환경의학 · 산업위생공학		
제3차 시험	-	-	· 면접시험		1인당 20분 내외	10점

나. 과목별 출제범위

1) 제1차시험(3과목)

	산업안전지도사		산업보건지도사		시험방법
	과 목	출제범위	과 목	출제범위	
1차 공통 필수	산업안전보건법령(I)	「산업안전보건법」, 같은 법 시행령, 같은 법 시행규칙, 「산업안전보건기준에 관한 규칙」	산업안전보건법령(I)	산업안전지도사와 동일	객관식 5지택일형
	산업안전일반6범위(II)	산업안전교육론,안전관리 및 손실방지론, 신뢰성공학, 시스템안전공학, 인간공학, 산업재해 조사 및 원인 분석 등	산업위생일반5범위(II)	산업위생개론, 작업관리, 산업위생보호구, 건강관리, 산업재해 조사 및 원인 분석 등	
	기업진단지도(III)	경영학(인적자원관리, 조직관리, 생산관리), 산업심리학, 산업위생개론	기업진단지도(III)	경영학(인적자원관리, 조직관리, 생산관리), 산업심리학, 산업안전개론	

2) 제2차시험(택 1과목)

구분	산업안전지도사			산업보건지도사		
	기계안전분야	전기안전분야	화공안전분야	건설안전분야	산업의학분야	산업보건분야
과목	기계안전공학	전기안전공학	화공안전공학	건설안전공학	직업환경의학	산업위생공학
전공필수 시험범위	-기계·기구·설비의 안전 등(위험기계·양중기·운반기계·압력용기 포함) -공장자동화설비의 안전기술 등 -기계·기구·설비의 설계·배치·보수·유지기술 등	-전기기계·기구 등으로 인한 위험방지 등(전기방폭설비 포함) -정전기 및 전자파로 인한 재해예방 등 -감전사고 방지기술 등 -컴퓨터·계측제어 설비의 설계 및 관리기술 등	-가스·방화 및 방폭설비 등, 화학장치·설비안전 및 방식기술 등 -정성·정량적 위험성 평가, 위험물 누출·확산 및 피해예측 등 -유해위험물질 화재폭발 방지론, 화학공정 안전관리 등	-건설공사용 가설구조물·기계·기구 등의 안전기술 등 -건설공법 및 시공방법에 대한 위험성 평가 등 -추락·낙하·붕괴·폭발 등 재해요인별 안전대책 등 -건설현장의 유해·위험요인에 대한 안전기술 등	-직업병의 종류 및 인체발병경로, 직업병의 증상 판단 및 대책 등 -역학조사의 연구방법, 조사 및 분석방법, 직종별 산업의학적 관리대책 등 -유해인자별 특수건강진단 방법, 판정 및 사후관리 대책 등 -근골격계질환, 직무스트레스 등 업무상 질환의 대책 및 작업관리방법 등	-산업 환기설비의 설계, 시스템의 성능검사·유지관리기술 등 -유해인자별 작업환경측정 방법, 산업위생통계 처리 및 해석, 공학적 대책 수립기술 등 -유해인자별 인체에 미치는 영향·대사 및 축적, 인체의 방어기전 등 -측정시료의 전처리 및 분석 방법, 기기분석 및 정도관리기술 등

3. 시험과목

가. 제2차 시험

1) 산업안전지도사

구분	과목명(응시분야)	출제범위
제2차 시험	기계안전공학	○기계·기구·설비의 안전 등(위험기계·양중기·운반기계·압력용기 포함) ○공장자동화설비의 안전기술 등 ○기계·기구·설비의 설계·배치·보수·유지기술 등
	전기안전공학	○전기기계·기구 등으로 인한 위험 방지 등(전기방폭설비 포함) ○정전기 및 전자파로 인한 재해예방 등 ○감전사고 방지기술 등 ○컴퓨터·계측제어 설비의 설계 및 관리기술 등
	화공안전공학	○가스·방화 및 방폭설비 등, 화학장치·설비안전 및 방식기술 등 ○정성·정량적 위험성 평가, 위험물 누출·확산 및 피해 예측 등 ○유해위험물질 화재폭발 방지론, 화학공정 안전관리 등
	건설안전공학	○건설공사용 가설구조물·기계·기구 등의 안전기술 등 ○건설공법 및 시공방법에 대한 위험성 평가 등 ○추락·낙하·붕괴·폭발 등 재해요인별 안전대책 등 ○건설현장의 유해·위험요인에 대한 안전기술 등

2) 산업보건지도사

구분	과목명(응시분야)	출제범위
제2차 시험	산업의학	○직업병의 종류 및 인체발병경로, 직업병의 증상 판단 및 대책 등 ○역학조사의 연구방법, 조사 및 분석방법, 직종별 산업의학적 관리대책 등 ○유해인자별 특수건강진단 방법, 판정 및 사후관리대책 등 ○근골격계질환, 직무스트레스 등 업무상 질환의 대책 및 작업관리 방법 등
	산업위생공학	○산업환기설비의 설계, 시스템의 성능검사·유지관리기술 등 ○유해인자별 작업환경측정 방법, 산업위생통계 처리 및 해석, 공학적 대책 수립기술 등 ○유해인자별 인체에 미치는 영향·대사 및 축적, 인체의 방어기전 등 ○측정시료의전처리 및 분석 방법, 기기 분석 및 정도관리기술 등

4. 출제영역

가. 산업안전지도사(I과목)

과목명	주요항목	세부항목
산업안전보건법령	1. 산업안전보건법 2. 산업안전보건법 시행령 3. 산업안전보건법 시행규칙 4. 산업안전보건기준에 관한 규칙	1. 총칙 등에 관한 사항 2. 안전·보건관리체제 등에 관한 사항 3. 안전보건관리규정에 관한 사항 4. 유해·위험 예방조치에 관한 사항(산업안전보건기준에 관한 규칙 포함) 5. 근로자의 보건관리에 관한 사항 6. 감독과 명령에 관한 사항 7. 산업안전지도사 및 산업보건지도사에 관한 사항 8. 보칙 및 벌칙에 관한 사항

산업안전지도사(II과목)

과목명	주요항목	세부항목
산업안전일반	1. 산업안전교육론	1. 교육의 필요성과 목적 2. 안전·보건교육의 개념 3. 학습이론 4. 근로자 정기안전교육 등의 교육내용 5. 안전교육방법(TWI, OJT, OFF.J.T 등) 및 교육평가 6. 교육실시방법(강의법, 토의법, 실연법, 시청각교육법 등)
	2. 안전관리 및 손실방지론	1. 안전과 위험의 개념 2. 안전관리 제이론 3. 안전관리의 조직 4. 안전관리 수립 및 운용 5. 위험성평가 활동 등 안전활동 기법
	3. 신뢰성공학	1. 신뢰성의 개념 2. 신뢰성 척도와 계산 3. 보전성과 유용성 4. 신뢰성 시험과 추정 5. 시스템의 신뢰도

과목명	주요항목	세부항목
산업안전일반	4. 시스템안전공학	1. 시스템 위험분석 및 관리 2. 시스템 위험분석기법(PHA, FHA, FMEA, ETA, CA 등) 3. 결함수분석 및 정성적, 정량적 분석 4. 안전성평가의 개요 5. 신뢰도 계산 6. 위해위험방지계획
	5. 인간공학	1. 인간공학의 정의 2. 인간-기계체계 3. 체계설계와 인간요소 4. 정보입력표시(시각적, 청각적, 촉각, 후각 등의 표시장치) 5. 인간요소와 휴먼에러 6. 인간계측 및 작업공간 7. 작업환경의 조건 및 작업환경과 인간공학 8. 근골격계 부담 작업의 평가
	6. 산업재해조사 및 원인분석	1. 재해조사의 목적 2. 재해의 원인분석 및 조사기법 3. 재해사례 분석절차 4. 산재분류 및 통계분석 5. 안전점검 및 진단

산업안전지도사(III과목)

과목명	주요항목	세부항목
기업진단·지도	1. 경영학(인적자원관리, 조직관리, 생산관리)	1. 인적자원관리의 개념 및 관리방안에 관한 사항 2. 노사관계관리에 관한 사항 3. 조직관리의 개념에 관한 사항 4. 조직행동론에 관한 사항 5. 생산관리의 개념에 관한 사항 6. 생산시스템의 설계, 운영에 관한 사항 7. 생산관리 최신이론에 관한 사항
	2. 산업심리학	1. 산업심리 개념 및 요소 2. 직무수행과 평가 3. 직무태도 및 동기 4. 작업집단의 특성 5. 산업재해와 행동 특성 6. 인간의 특성과 직무환경 7. 직무환경과 건강 8. 인간의 특성과 인간관계
	3. 산업위생개론	1. 산업위생의 개념 2. 작업환경노출기준 개념 3. 작업환경 측정 및 평가 4. 산업환기 5. 건강검진과 근로자건강관리 6. 유해인자의 인체영향

나. 산업보건지도사(I과목)

과목명	주요항목	세부항목
산업 안전 보건 법령	1. 산업안전보건법 2. 산업안전보건법 시행령 3. 산업안전보건법 시행규칙 4. 산업안전보건기준에 관한 규칙	1. 총칙 등에 관한 사항 2. 안전·보건관리체제 등에 관한 사항 3. 안전보건관리규정에 관한 사항 4. 유해·위험 예방조치에 관한 사항(산업안전보건기준에 관한 규칙 포함) 5. 근로자의 보건관리에 관한 사항 6. 감독과 명령에 관한 사항 7. 산업안전지도사 및 산업보건지도사에 관한 사항 8. 보칙 및 벌칙에 관한 사항

산업보건지도사(II과목)

과목명	주요항목	세부항목
산업 위생 일반	1. 산업위생개론	1. 산업위생의 정의, 목적 및 역사 2. 작업환경노출기준 3. 산업위생통계 4. 작업환경측정 및 평가 5. 산업환기 6. 물리적(온열조건 이상기압, 소음진동 등) 유해인자의 관리 7. 입자상물질의 종류, 발생, 성질 및 인체영향 8. 유해화학물질의 종류, 발생, 성질 및 인체영향 9. 중금속의 종류, 발생, 성질 및 인체영향
	2. 작업관리	1. 업무적합성 평가 방법 2. 근로자의 적정배치 및 교대제 등 작업시간 관리 3. 근골격계 질환예방관리 4. 작업개선 및 작업환경관리
	3. 산업위생보호구	1. 보호구의 개념 이해 및 구조 2. 보호구의 종류 및 선정방법
	4. 건강관리	1. 인체 해부학적 구조와 기능 2. 순환계, 호흡계 및 청각기관구조와 기능 3. 유해물질의 대사 및 생물학적 모니터링 4. 직무스트레스 등 뇌심혈관질환 예방 및 관리 5. 건강진단 및 사후 관리
	5. 산업재해 조사 및 원인 분석	1. 재해조사의 목적 2. 재해의 원인분석 및 조사기법 3. 재해사례 분석절차 4. 산재분류 및 통계분석 5. 역학조사 종류 및 방법

산업보건지도사(III과목)

과목명	주요항목	세부항목
기업진단·지도	1. 경영학(인적자원관리, 조직관리, 생산관리)	1. 인적자원관리의 개념 및 관리방안에 관한 사항 2. 노사관계관리에 관한 사항 3. 조직관리의 개념에 관한 사항 4. 조직행동론에 관한 사항 5. 생산관리의 개념에 관한 사항 6. 생산시스템의 설계, 운영에 관한 사항 7. 생산관리 최신이론에 관한 사항
	2. 산업심리학	1. 산업심리 개념 및 요소 2. 직무수행과 평가 3. 직무태도 및 동기 4. 작업집단의 특성 5. 산업재해와 행동 특성 6. 인간의 특성과 직무환경 7. 직무환경과 건강 8. 인간의 특성과 인간관계
	3. 산업안전개론	1. 안전관리의 개념 및 이론 2. 기계, 화학설비의 위험관리 개요 3. 전기, 건설작업의 위험관리 개요 4. 안전보건경영시스템 개요 5. 위험성 평가 등 안전활동기법 6. 안전보호구 및 방호장치

제14회(2024년도) 산업보건지도사 제1차 시험 채점 통계

1. 시행현황

(단위 : 명, %)

구분	대상인원	응시인원	결시인원	응시율	합격인원	합격률
산업보건	994	758	236	76.26	255	33.64

2. 합격자 연령대별 현황

(단위 : 명)

구분	계	20대 이하	30대	40대	50대	60대 이상
산업보건	255	25	87	68	59	16

3. 합격자 성별 현황

(단위 : 명)

구분	계	남성	여성
산업보건지도사	255	148	107

4. 과목별 채점결과

종목명	과목명	응시자수	응시자 평균점수	과락자 수	과락률
산업보건 (산업위생)	공통필수I(산업안전보건법령)	429	54.36	83	19.35
	공통필수II(산업위생일반)	450	53.44	44	9.78
	공통필수III(기업진단·지도)	474	49.94	92	19.41
산업보건 (작업환경)	공통필수I(산업안전보건법령)	237	56.55	48	20.25
	공통필수II(산업위생일반)	246	54.58	19	7.72
	공통필수III(기업진단·지도)	261	52.56	40	15.33

◎ '과락자'는 과목별 40점 미만 득점자임

산업안전보건법
제9장 산업안전지도사 및 산업보건지도사

[시행 2024. 5. 17.] [법률 제19591호, 2023. 8. 8., 타법개정]

―― 제9장 산업안전지도사 및 산업보건지도사 ――

제142조(산업안전지도사 등의 직무) ① 산업안전지도사는 다음 각 호의 직무를 수행한다.
  1. 공정상의 안전에 관한 평가·지도
  2. 유해·위험의 방지대책에 관한 평가·지도
  3. 제1호 및 제2호의 사항과 관련된 계획서 및 보고서의 작성
  4. 그 밖에 산업안전에 관한 사항으로서 대통령령으로 정하는 사항
  ② 산업보건지도사는 다음 각 호의 직무를 수행한다.
  1. 작업환경의 평가 및 개선 지도
  2. 작업환경 개선과 관련된 계획서 및 보고서의 작성
  3. 근로자 건강진단에 따른 사후관리 지도
  4. 직업성 질병 진단(「의료법」 제2조에 따른 의사인 산업보건지도사만 해당한다) 및 예방 지도
  5. 산업보건에 관한 조사·연구
  6. 그 밖에 산업보건에 관한 사항으로서 대통령령으로 정하는 사항
  ③ 산업안전지도사 또는 산업보건지도사(이하 "지도사"라 한다)의 업무 영역별 종류 및 업무 범위, 그 밖에 필요한 사항은 대통령령으로 정한다.

제143조(지도사의 자격 및 시험) ① 고용노동부장관이 시행하는 지도사 자격시험에 합격한 사람은 지도사의 자격을 가진다.
  ② 대통령령으로 정하는 산업 안전 및 보건과 관련된 자격의 보유자에 대해서는 제1항에 따른 지도사 자격시험의 일부를 면제할 수 있다.
  ③ 고용노동부장관은 제1항에 따른 지도사 자격시험 실시를 대통령령으로 정하는 전문기관에 대행하게 할 수 있다. 이 경우 시험 실시에 드는 비용을 예산의 범위에서 보조할 수 있다.
  ④ 제3항에 따라 지도사 자격시험 실시를 대행하는 전문기관의 임직원은 「형법」 제129조부터 제132조까지의 규정을 적용할 때에는 공무원으로 본다.
  ⑤ 지도사 자격시험의 시험과목, 시험방법, 다른 자격 보유자에 대한 시험 면제의 범위, 그 밖에 필요한 사항은 대통령령으로 정한다.

제144조(부정행위자에 대한 제재) 고용노동부장관은 지도사 자격시험에서 부정한 행위를 한 응시자에 대해서는 그 시험을 무효로 하고, 그 처분을 한 날부터 5년간 시험응시자격을 정지한다.

제145조(지도사의 등록) ① 지도사가 그 직무를 수행하려는 경우에는 고용노동부령으로 정하는 바에 따라 고용노동부장관에게 등록하여야 한다.
  ② 제1항에 따라 등록한 지도사는 그 직무를 조직적·전문적으로 수행하기 위하여 법인을 설립할 수 있다.

③ 다음 각 호의 어느 하나에 해당하는 사람은 제1항에 따른 등록을 할 수 없다.
1. 피성년후견인 또는 피한정후견인
2. 파산선고를 받고 복권되지 아니한 사람
3. 금고 이상의 실형을 선고받고 그 집행이 끝나거나(집행이 끝난 것으로 보는 경우를 포함한다) 집행이 면제된 날부터 2년이 지나지 아니한 사람
4. 금고 이상의 형의 집행유예를 선고받고 그 유예기간 중에 있는 사람
5. 이 법을 위반하여 벌금형을 선고받고 1년이 지나지 아니한 사람
6. 제154조에 따라 등록이 취소(이 항 제1호 또는 제2호에 해당하여 등록이 취소된 경우는 제외한다)된 후 2년이 지나지 아니한 사람

④ 제1항에 따라 등록을 한 지도사는 고용노동부령으로 정하는 바에 따라 5년마다 등록을 갱신하여야 한다.

⑤ 고용노동부령으로 정하는 지도실적이 있는 지도사만이 제4항에 따른 갱신등록을 할 수 있다. 다만, 지도실적이 기준에 못 미치는 지도사는 고용노동부령으로 정하는 보수교육을 받은 경우 갱신등록을 할 수 있다.

⑥ 제2항에 따른 법인에 관하여는 「상법」 중 합명회사에 관한 규정을 적용한다.

제146조(지도사의 교육) 지도사 자격이 있는 사람(제143조제2항에 해당하는 사람 중 대통령령으로 정하는 실무경력이 있는 사람은 제외한다)이 직무를 수행하려면 제145조에 따른 등록을 하기 전 1년의 범위에서 고용노동부령으로 정하는 연수교육을 받아야 한다.

제147조(지도사에 대한 지도 등) 고용노동부장관은 공단에 다음 각 호의 업무를 하게 할 수 있다.
1. 지도사에 대한 지도·연락 및 정보의 공동이용체제의 구축·유지
2. 제142조제1항 및 제2항에 따른 지도사의 직무 수행과 관련된 사업주의 불만·고충의 처리 및 피해에 관한 분쟁의 조정
3. 그 밖에 지도사 직무의 발전을 위하여 필요한 사항으로서 고용노동부령으로 정하는 사항

제148조(손해배상의 책임) ① 지도사는 직무 수행과 관련하여 고의 또는 과실로 의뢰인에게 손해를 입힌 경우에는 그 손해를 배상할 책임이 있다.

② 제145조제1항에 따라 등록한 지도사는 제1항에 따른 손해배상책임을 보장하기 위하여 대통령령으로 정하는 바에 따라 보증보험에 가입하거나 그 밖에 필요한 조치를 하여야 한다.

제149조(유사명칭의 사용 금지) 제145조제1항에 따라 등록한 지도사가 아닌 사람은 산업안전지도사, 산업보건지도사 또는 이와 유사한 명칭을 사용해서는 아니 된다.

제150조(품위유지와 성실의무 등) ① 지도사는 항상 품위를 유지하고 신의와 성실로써 공정하게 직무를 수행하여야 한다.

② 지도사는 제142조제1항 또는 제2항에 따른 직무와 관련하여 작성하거나 확인한 서류에 기명·날인하거나 서명하여야 한다.

제151조(금지 행위) 지도사는 다음 각 호의 행위를 해서는 아니 된다.
1. 거짓이나 그 밖의 부정한 방법으로 의뢰인에게 법령에 따른 의무를 이행하지 아니하게 하는 행위
2. 의뢰인에게 법령에 따른 신고·보고, 그 밖의 의무를 이행하지 아니하게 하는 행위
3. 법령에 위반되는 행위에 관한 지도·상담

제152조(관계 장부 등의 열람 신청) 지도사는 제142조제1항 및 제2항에 따른 직무를 수행하는 데 필요하면 사업주에게 관계 장부 및 서류의 열람을 신청할 수 있다. 이 경우 그 신청이 제142조제1항 또는 제2항에 따른 직무의 수행을 위한 것이면 열람을 신청받은 사업주는 정당한 사유 없이 이를 거부해서는 아니 된다.

제153조(자격대여행위 및 대여알선행위 등의 금지) ① 지도사는 다른 사람에게 자기의 성명이나 사무소의 명칭을 사용하여 지도사의 직무를 수행하게 하거나 그 자격증이나 등록증을 대여해서는 아니 된다.

② 누구든지 지도사의 자격을 취득하지 아니하고 그 지도사의 성명이나 사무소의 명칭을 사용하여 지도사의 직무를 수행하거나 자격증·등록증을 대여받아서는 아니 되며, 이를 알선하여서도 아니 된다.

제154조(등록의 취소 등) 고용노동부장관은 지도사가 다음 각 호의 어느 하나에 해당하는 경우에는 그 등록을 취소하거나 2년 이내의 기간을 정하여 그 업무의 정지를 명할 수 있다. 다만, 제1호부터 제3호까지의 규정에 해당할 때에는 그 등록을 취소하여야 한다.

1. 거짓이나 그 밖의 부정한 방법으로 등록 또는 갱신등록을 한 경우
2. 업무정지 기간 중에 업무를 수행한 경우
3. 업무 관련 서류를 거짓으로 작성한 경우
4. 제142조에 따른 직무의 수행과정에서 고의 또는 과실로 인하여 중대재해가 발생한 경우
5. 제145조제3항제1호부터 제5호까지의 규정 중 어느 하나에 해당하게 된 경우
6. 제148조제2항에 따른 보증보험에 가입하지 아니하거나 그 밖에 필요한 조치를 하지 아니한 경우
7. 제150조제1항을 위반하거나 같은 조 제2항에 따른 기명·날인 또는 서명을 하지 아니한 경우
8. 제151조, 제153조제1항 또는 제162조를 위반한 경우

산업안전보건법 시행령
제9장 산업안전지도사 및 산업보건지도사

[시행 2024. 3. 12.] [대통령령 제34304호, 2024. 3. 12., 일부개정]

제101조(산업안전지도사 등의 직무) ① 법 제142조제1항제4호에서 "대통령령으로 정하는 사항"이란 다음 각 호의 사항을 말한다.
  1. 법 제36조에 따른 위험성평가의 지도
  2. 법 제49조에 따른 안전보건개선계획서의 작성
  3. 그 밖에 산업안전에 관한 사항의 자문에 대한 응답 및 조언
  ② 법 제142조제2항제6호에서 "대통령령으로 정하는 사항"이란 다음 각 호의 사항을 말한다.
  1. 법 제36조에 따른 위험성평가의 지도
  2. 법 제49조에 따른 안전보건개선계획서의 작성
  3. 그 밖에 산업보건에 관한 사항의 자문에 대한 응답 및 조언

제102조(산업안전지도사 등의 업무 영역별 종류 등) ① 법 제145조제1항에 따라 등록한 산업안전지도사의 업무 영역은 기계안전·전기안전·화공안전·건설안전 분야로 구분하고, 같은 항에 따라 등록한 산업보건지도사의 업무 영역은 직업환경의학·산업위생 분야로 구분한다.
  ② 법 제145조제1항에 따라 등록한 산업안전지도사 또는 산업보건지도사(이하 "지도사"라 한다)의 해당 업무 영역별 업무 범위는 별표 31과 같다.

제103조(자격시험의 실시 등) ① 법 제143조제1항에 따른 지도사 자격시험(이하 "지도사 자격시험"이라 한다)은 필기시험과 면접시험으로 구분하여 실시한다.
  ② 지도사 자격시험 중 필기시험의 업무 영역별 과목 및 범위는 별표 32와 같다.
  ③ 지도사 자격시험 중 필기시험은 제1차 시험과 제2차 시험으로 구분하여 실시하고 제1차 시험은 선택형, 제2차 시험은 논문형을 원칙으로 하되, 각각 주관식 단답형을 추가할 수 있다.
  ④ 지도사 자격시험 중 제1차 시험은 별표 32에 따른 공통필수 Ⅰ, 공통필수 Ⅱ 및 공통필수 Ⅲ의 과목 및 범위로 하고, 제2차 시험은 별표 32에 따른 전공필수의 과목 및 범위로 한다.
  ⑤ 지도사 자격시험 중 제2차 시험은 제1차 시험 합격자에 대해서만 실시한다.
  ⑥ 지도사 자격시험 중 면접시험은 필기시험 합격자 또는 면제자에 대해서만 실시하되, 다음 각 호의 사항을 평가한다.
  1. 전문지식과 응용능력
  2. 산업안전·보건제도에 관한 이해 및 인식 정도
  3. 상담·지도능력
  ⑦ 지도사 자격시험의 공고, 응시 절차, 그 밖에 시험에 필요한 사항은 고용노동부령으로 정한다.

제104조(자격시험의 일부면제) ① 법 제143조제2항에 따라 지도사 자격시험의 일부를 면제할 수 있는 자격 및 면제의 범위는 다음 각 호와 같다.
  1.「국가기술자격법」에 따른 건설안전기술사, 기계안전기술사, 산업위생관리기술사, 인간공학기술사, 전기안전기술사, 화공안전기술사 : 별표 32에 따른 전공필수·공통필수Ⅰ 및 공통필수Ⅱ 과목

2. 「국가기술자격법」에 따른 건설 직무분야(건축 중 직무분야 및 토목 중 직무분야로 한정한다), 기계 직무분야, 화학 직무분야, 전기·전자 직무분야(전기 중 직무분야로 한정한다)의 기술사 자격 보유자 : 별표 32에 따른 전공필수 과목
3. 「의료법」에 따른 직업환경의학과 전문의 : 별표 32에 따른 전공필수·공통필수Ⅰ 및 공통필수Ⅱ 과목
4. 공학(건설안전·기계안전·전기안전·화공안전 분야 전공으로 한정한다), 의학(직업환경의학 분야 전공으로 한정한다), 보건학(산업위생 분야 전공으로 한정한다) 박사학위 소지자 : 별표 32에 따른 전공필수 과목
5. 제2호 또는 제4호에 해당하는 사람으로서 각각의 자격 또는 학위 취득 후 산업안전·산업보건 업무에 3년 이상 종사한 경력이 있는 사람 : 별표 32에 따른 전공필수 및 공통필수Ⅱ 과목
6. 「공인노무사법」에 따른 공인노무사 : 별표 32에 따른 공통필수Ⅰ 과목
7. 법 제143조제1항에 따른 지도사 자격 보유자로서 다른 지도사 자격 시험에 응시하는 사람 : 별표 32에 따른 공통필수Ⅰ 및 공통필수Ⅲ 과목
8. 법 제143조제1항에 따른 지도사 자격 보유자로서 같은 지도사의 다른 분야 지도사 자격 시험에 응시하는 사람 : 별표 32에 따른 공통필수Ⅰ, 공통필수Ⅱ 및 공통필수Ⅲ 과목

② 제103조제3항에 따른 제1차 필기시험 또는 제2차 필기시험에 합격한 사람에 대해서는 다음 회의 자격시험에 한정하여 합격한 차수의 필기시험을 면제한다.

③ 제1항에 따른 지도사 자격시험 일부 면제의 신청에 관한 사항은 고용노동부령으로 정한다.

제105조(합격자의 결정 등) ① 지도사 자격시험 중 필기시험은 매 과목 100점을 만점으로 하여 40점 이상, 전과목 평균 60점 이상 득점한 사람을 합격자로 한다.

② 지도사 자격시험 중 면접시험은 제103조제6항 각 호의 사항을 평가하되, 10점 만점에 6점 이상인 사람을 합격자로 한다.

③ 고용노동부장관은 지도사 자격시험에 합격한 사람에게 고용노동부령으로 정하는 바에 따라 지도사 자격증을 발급하고 관리해야 한다. 〈신설 2023. 6. 27.〉[제목개정 2023. 6. 27.]

제106조(자격시험 실시기관) ① 법 제143조제3항 전단에서 "대통령령으로 정하는 전문기관"이란 「한국산업인력공단법」에 따른 한국산업인력공단(이하 "한국산업인력공단"이라 한다)을 말한다.

② 고용노동부장관은 법 제143조제3항에 따라 지도사 자격시험의 실시를 한국산업인력공단에 대행하게 하는 경우 필요하다고 인정하면 한국산업인력공단으로 하여금 자격시험위원회를 구성·운영하게 할 수 있다.

③ 자격시험위원회의 구성·운영 등에 필요한 사항은 고용노동부장관이 정한다.

제107조(연수교육의 제외 대상) 법 제146조에서 "대통령령으로 정하는 실무경력이 있는 사람"이란 산업안전 또는 산업보건 분야에서 5년 이상 실무에 종사한 경력이 있는 사람을 말한다.

제108조(손해배상을 위한 보증보험 가입 등) ① 법 제145조제1항에 따라 등록한 지도사(같은 조 제2항에 따라 법인을 설립한 경우에는 그 법인을 말한다. 이하 이 조에서 같다)는 법 제148조제2항에 따라 보험금액이 2천만원(법 제145조제2항에 따른 법인인 경우에는 2천만원에 사원인 지도사의 수를 곱한 금액) 이상인 보증보험에 가입해야 한다.

② 지도사는 제1항의 보증보험금으로 손해배상을 한 경우에는 그 날부터 10일 이내에 다시 보증보험에 가입해야 한다.

③ 손해배상을 위한 보증보험 가입 및 지급에 관한 사항은 고용노동부령으로 정한다.

[별표 31]

지도사의 업무 영역별 업무 범위
(제102조제2항 관련)

1. 법 제145조제1항에 따라 등록한 산업안전지도사(기계안전·전기안전·화공안전 분야)
   가. 유해위험방지계획서, 안전보건개선계획서, 공정안전보고서, 기계·기구·설비의 작업계획서 및 물질안전보건자료 작성 지도
   나. 다음의 사항에 대한 설계·시공·배치·보수·유지에 관한 안전성 평가 및 기술 지도
     1) 전기
     2) 기계·기구·설비
     3) 화학설비 및 공정
   다. 정전기·전자파로 인한 재해의 예방, 자동화설비, 자동제어, 방폭전기설비 및 전력시스템 등에 대한 기술 지도
   라. 인화성 가스, 인화성 액체, 폭발성 물질, 급성독성 물질 및 방폭설비 등에 관한 안전성 평가 및 기술 지도
   마. 크레인 등 기계·기구, 전기작업의 안전성 평가
   바. 그 밖에 기계, 전기, 화공 등에 관한 교육 또는 기술 지도

2. 법 제145조제1항에 따라 등록한 산업안전지도사(건설안전 분야)
   가. 유해위험방지계획서, 안전보건개선계획서, 건축·토목 작업계획서 작성 지도
   나. 가설구조물, 시공 중인 구축물, 해체공사, 건설공사 현장의 붕괴우려 장소 등의 안전성 평가
   다. 가설시설, 가설도로 등의 안전성 평가
   라. 굴착공사의 안전시설, 지반붕괴, 매설물 파손 예방의 기술 지도
   마. 그 밖에 토목, 건축 등에 관한 교육 또는 기술 지도

3. 법 제145조제1항에 따라 등록한 산업보건지도사(산업위생 분야)
   가. 유해위험방지계획서, 안전보건개선계획서, 물질안전보건자료 작성 지도
   나. 작업환경측정 결과에 대한 공학적 개선대책 기술 지도
   다. 작업장 환기시설의 설계 및 시공에 필요한 기술 지도
   라. 보건진단결과에 따른 작업환경 개선에 필요한 직업환경의학적 지도
   마. 석면 해체·제거 작업 기술 지도
   바. 갱내, 터널 또는 밀폐공간의 환기·배기시설의 안전성 평가 및 기술 지도
   사. 그 밖에 산업보건에 관한 교육 또는 기술 지도

4. 법 제145조제1항에 따라 등록한 산업보건지도사(직업환경의학 분야)
   가. 유해위험방지계획서, 안전보건개선계획서 작성 지도
   나. 건강진단 결과에 따른 근로자 건강관리 지도
   다. 직업병 예방을 위한 작업관리, 건강관리에 필요한 지도
   라. 보건진단 결과에 따른 개선에 필요한 기술 지도
   마. 그 밖에 직업환경의학, 건강관리에 관한 교육 또는 기술 지도

[별표 32]

지도사 자격시험 중 필기시험의 업무 영역별 과목 및 범위
(제103조제2항 관련)

구분		산업안전지도사				산업보건지도사	
		기계안전 분야	전기안전 분야	화공안전 분야	건설안전 분야	직업환경의학 분야	산업위생 분야
과목		기계안전공학	전기안전공학	화공안전공학	건설안전공학	직업환경의학	산업위생공학
전공필수	시험범위	-기계·기구·설비의 안전 등(위험기계·양중기·운반기계·압력용기 포함) -공장자동화설비의 안전기술 등 -기계·기구·설비의 설계·배치·보수·유지기술 등	-전기기계·기구 등으로 인한 위험방지 등(전기방폭설비 포함) -정전기 및 전자파로인한 재해예방 등 -감전사고 방지기술 등 -컴퓨터·계측제어 설비의 설계 및 관리기술 등	-가스·방화 및 방폭설비 등, 화학장치·설비안전 및 방식기술 등 -정성·정량적 위험성 평가, 위험물 누출·확산 및 피해예측 등 -유해위험물질 화재폭발 방지론, 화학공정 안전관리 등	-건설공사용 가설구조물·기계·기구 등의 안전기술 등 -건설공법 및 시공방법에 대한 위험성 평가 등 -추락·낙하·붕괴·폭발 등 재해요인별 안전대책 등 -건설현장의 유해·위험 요인에 대한 안전기술 등	-직업병의 종류 및 인체발병경로, 직업병의 증상 판정 및 대책 등 -역학조사의 연구방법, 조사 및 분석방법, 직종별 산업의학적 관리대책 등 -유해인자별 특수건강진단 방법, 판정 및 사후관리 대책 등 -근골격계 질환, 직무스트레스 등 업무상 질환의 대책 및 작업관리방법 등	-산업환기설비의 설계, 시스템의 성능검사·유지관리기술 등 -유해인자별 작업환경측정 방법, 산업위생통계 처리 및 해석, 공학적 대책 수립기술 등 -유해인자별 인체에 미치는 영향·대사 및 축적, 인체의 방어기전 등 -측정시료의 전처리 및 분석방법, 기기 분석 및 정도관리기술 등
공통필수 I		산업안전보건법령					
	시험범위	「산업안전보건법」, 「산업안전보건법 시행령」, 「산업안전보건법 시행규칙」, 「산업안전보건기준에 관한 규칙」					
공통필수 II		산업안전 일반				산업위생 일반	
	시험범위	산업안전교육론, 안전관리 및 손실방지론, 신뢰성공학, 시스템안전공학, 인간공학, 위험성평가, 산업재해 조사 및 원인 분석 등				산업위생개론, 작업관리, 산업위생보호구, 위험성평가, 산업재해 조사 및 원인 분석 등	
공통필수 III		기업진단·지도					
	시험범위	경영학(인적자원관리, 조직관리, 생산관리), 산업심리학, 산업위생개론				경영학(인적자원관리, 조직관리, 생산관리), 산업심리학, 산업안전개론	

산업안전보건법 시행규칙

제9장 산업안전지도사 및 산업보건지도사

[시행 2023. 9. 28.] [고용노동부령 제393호, 2023. 9. 27., 일부개정]

제225조(자격시험의 공고) 「한국산업인력공단법」에 따른 한국산업인력공단(이하 "한국산업인력공단"이라 한다)이 지도사 자격시험을 시행하려는 경우에는 시험 응시자격, 시험과목, 일시, 장소, 응시 절차, 그 밖에 자격시험 응시에 필요한 사항을 시험 실시 90일 전까지 일간신문 등에 공고해야 한다.

제226조(응시원서의 제출 등) ① 영 제103조제1항에 따른 지도사 자격시험에 응시하려는 사람은 별지 제89호서식의 응시원서를 작성하여 한국산업인력공단에 제출해야 한다.

② 한국산업인력공단은 제1항에 따른 응시원서를 접수하면 별지 제90호서식의 자격시험 응시자 명부에 해당 사항을 적고 응시자에게 별지 제89호서식 하단의 응시표를 발급해야 한다. 다만, 기재사항이나 첨부서류 등이 미비된 경우에는 그 보완을 명하고, 보완이 이루어지지 않는 경우에는 응시원서의 접수를 거부할 수 있다.

③ 한국산업인력공단은 법 제166조제1항제12호에 따라 응시수수료를 낸 사람이 다음 각 호의 어느 하나에 해당하는 경우에는 다음 각 호의 구분에 따라 응시수수료의 전부 또는 일부를 반환해야 한다.

1. 수수료를 과오납한 경우 : 과오납한 금액의 전부
2. 한국산업인력공단의 귀책사유로 시험에 응하지 못한 경우 : 납입한 수수료의 전부
3. 응시원서 접수기간 내에 접수를 취소한 경우 : 납입한 수수료의 전부
4. 응시원서 접수 마감일 다음 날부터 시험시행일 20일 전까지 접수를 취소한 경우 : 납입한 수수료의 100분의 60
5. 시험시행일 19일 전부터 시험시행일 10일 전까지 접수를 취소한 경우 : 납입한 수수료의 100분의 50

④ 한국산업인력공단은 제227조제2호에 따른 경력증명서를 제출받은 경우 「전자정부법」 제36조제1항에 따른 행정정보의 공동이용을 통하여 신청인의 국민연금가입자가입증명 또는 건강보험자격득실확인서를 확인해야 한다. 다만, 신청인이 확인에 동의하지 않는 경우에는 해당 서류를 제출하도록 해야 한다.

제227조(자격시험의 일부 면제의 신청) 영 제104조제1항 각 호의 어느 하나에 해당하는 사람이 지도사 자격시험의 일부를 면제받으려는 경우에는 제226조제1항에 따라 응시원서를 제출할 때에 다음 각 호의 서류를 첨부해야 한다.

1. 해당 자격증 또는 박사학위증의 발급기관이 발급한 증명서(박사학위증의 경우에는 응시분야에 해당하는 박사학위 소지를 확인할 수 있는 증명서) 1부
2. 경력증명서(영 제104조제1항제5호에 해당하는 사람만 첨부하며, 박사학위 또는 자격증 취득일 이후 산업안전·산업보건 업무에 3년 이상 종사한 경력이 분명히 적힌 것이어야 한다) 1부

제228조(합격자의 공고) 한국산업인력공단은 영 제105조에 따라 지도사 자격시험의 최종합격자가 결정되면 모든 응시자가 알 수 있는 방법으로 공고하고, 합격자에게는 합격사실을 알려야 한다.

제228조의2(지도사 자격증의 발급 신청 등) ① 영 제105조제3항에 따라 지도사 자격증을 발급받으려는 사람은 별지 제90호의2서식의 지도사 자격증 발급·재발급 신청서에 다음 각 호의 서류를 첨부하여 지방고용노동관서의 장에게 제출해야 한다.

1. 주민등록증 사본 등 신분을 증명할 수 있는 서류
2. 신청일 전 6개월 이내에 찍은 모자를 쓰지 않은 상반신 명함판 사진 1장(디지털 파일로 제출하는 경우를 포함한다)
3. 이전에 발급 받은 지도사 자격증(재발급인 경우만 해당하며, 자격증을 잃어버린 경우는 제외한다)

② 영 제105조제3항에 따른 지도사의 자격증은 별지 제90호의3서식에 따른다..
[본조신설 2023. 9. 27.]

제229조(등록신청 등) ① 법 제145조제1항 및 제4항에 따라 지도사의 등록 또는 갱신등록을 하려는 사람은 별지 제91호서식의 등록·갱신 신청서에 다음 각 호의 서류를 첨부하여 주사무소를 설치하려는 지역(사무소를 두지 않는 경우에는 주소지를 말한다)을 관할하는 지방고용노동관서의 장에게 제출해야 한다. 이 경우 등록신청은 이중으로 할 수 없다.
1. 신청일 전 6개월 이내에 촬영한 탈모 상반신의 증명사진(가로 3센티미터 × 세로 4센티미터) 1장
2. 제232조제4항에 따른 지도사 연수교육 이수증 또는 영 제107조에 따른 경력을 증명할 수 있는 서류(법 제145조제1항에 따른 등록의 경우만 해당한다)
3. 지도실적을 확인할 수 있는 서류 또는 제231조제4항에 따른 지도사 보수교육 이수증(법 제145조제4항에 따른 등록의 경우만 해당한다)

② 지방고용노동관서의 장은 제1항에 따라 등록·갱신 신청서를 접수한 경우에는 법 제145조제3항에 적합한지를 확인하여 해당 신청서를 접수한 날부터 30일 이내에 별지 제92호서식의 등록증을 신청인에게 발급해야 한다.

③ 지도사는 제2항에 따른 등록사항이 변경되었을 때에는 지체 없이 별지 제91호서식의 등록사항 변경신청서를 지방고용노동관서의 장에게 제출해야 한다.

④ 지도사는 제2항에 따라 발급받은 등록증을 잃어버리거나 그 등록증이 훼손된 경우 또는 제3항에 따라 등록사항의 변경 신고를 한 경우에는 별지 제93호서식의 등록증 재발급신청서에 등록증(등록증을 잃어버린 경우는 제외한다)을 첨부하여 지방고용노동관서의 장에게 제출하고 등록증을 다시 발급받아야 한다.

⑤ 지방고용노동관서의 장은 제2항부터 제4항까지의 규정에 따라 등록증을 발급하거나 재발급하는 경우에는 별지 제94호서식의 등록부와 별지 제95호서식의 등록증 발급대장에 각각 해당 사실을 기재해야 한다. 이 경우 등록부와 등록증 발급대장은 전자적 처리가 불가능한 특별한 사유가 있는 경우를 제외하고는 전자적 방법으로 관리해야 한다.

제230조(지도실적 등) ① 법 제145조제5항 본문에서 "고용노동부령으로 정하는 지도실적"이란 법 제145조제4항에 따른 지도사 등록의 갱신기간 동안 사업장 또는 고용노동부장관이 정하여 고시하는 산업안전·산업보건 관련 기관·단체에서 지도하거나 종사한 실적을 말한다.

② 법 제145조제5항 단서에서 "지도실적이 기준에 못 미치는 지도사"란 제1항에 따른 지도·종사 실적의 기간이 3년 미만인 지도사를 말한다. 이 경우 지도사가 둘 이상의 사업장 또는 기관·단체에서 지도하거나 종사한 경우에는 각각의 지도·종사 기간을 합산한다.

제231조(지도사 보수교육) ① 법 제145조제5항 단서에서 "고용노동부령으로 정하는 보수교육"이란 업무교육과 직업윤리교육을 말한다.

② 제1항에 따른 보수교육의 시간은 업무교육 및 직업윤리교육의 교육시간을 합산하여 총 20시간 이상으로 한다. 다만, 법 제145조제4항에 따른 지도사 등록의 갱신기간 동안 제230조제1항에 따른 지도실적이 2년 이상인 지도사의 교육시간은 10시간 이상으로 한다.

③ 공단이 보수교육을 실시하였을 때에는 그 결과를 보수교육이 끝난 날부터 10일 이내에 고용

노동부장관에게 보고해야 하며, 다음 각 호의 서류를 5년간 보존해야 한다.
1. 보수교육 이수자 명단
2. 이수자의 교육 이수를 확인할 수 있는 서류
④ 공단은 보수교육을 받은 지도사에게 별지 제96호서식의 지도사 보수교육 이수증을 발급해야 한다.
⑤ 보수교육의 절차·방법 및 비용 등 보수교육에 필요한 사항은 고용노동부장관의 승인을 거쳐 공단이 정한다.

제232조(지도사 연수교육) ① 법 제146조에 따른 "고용노동부령으로 정하는 연수교육"이란 업무교육과 실무수습을 말한다.
② 제1항에 따른 연수교육의 기간은 업무교육 및 실무수습 기간을 합산하여 3개월 이상으로 한다.
③ 공단이 연수교육을 실시하였을 때에는 그 결과를 연수교육이 끝난 날부터 10일 이내에 고용노동부장관에게 보고해야 하며, 다음 각 호의 서류를 3년간 보존해야 한다.
1. 연수교육 이수자 명단
2. 이수자의 교육 이수를 확인할 수 있는 서류
④ 공단은 연수교육을 받은 지도사에게 별지 제96호서식의 지도사 연수교육 이수증을 발급해야 한다.
⑤ 연수교육의 절차·방법 및 비용 등 연수교육에 필요한 사항은 고용노동부장관의 승인을 거쳐 공단이 정한다.

제233조(지도사 업무발전 등) 법 제147조제3호에서 "고용노동부령으로 정하는 사항"이란 다음 각 호와 같다.
1. 지도결과의 측정과 평가
2. 지도사의 기술지도능력 향상 지원
3. 중소기업 지도 시 지원
4. 불성실·불공정 지도행위를 방지하고 건실한 지도 수행을 촉진하기 위한 지도기준의 마련

제234조(손해배상을 위한 보험가입·지급 등) ① 영 제108조제1항에 따라 손해배상을 위한 보험에 가입한 지도사(법 제145조제2항에 따라 법인을 설립한 경우에는 그 법인을 말한다. 이하 이 조에서 같다)는 가입한 날부터 20일 이내에 별지 제97호서식의 보증보험가입 신고서에 증명서류를 첨부하여 해당 지도사의 주된 사무소의 소재지(사무소를 두지 않는 경우에는 주소지를 말한다. 이하 이 조에서 같다)를 관할하는 지방고용노동관서의 장에게 제출해야 한다.
② 지도사는 해당 보증보험의 보증기간이 만료되기 전에 다시 보증보험에 가입하고 가입한 날부터 20일 이내에 별지 제97호서식의 보증보험가입 신고서에 증명서류를 첨부하여 해당 지도사의 주된 사무소의 소재지를 관할하는 지방고용노동관서의 장에게 제출해야 한다.
③ 법 제148조제1항에 따른 의뢰인이 손해배상금으로 보증보험금을 지급받으려는 경우에는 별지 제98호서식의 보증보험금 지급사유 발생확인신청서에 해당 의뢰인과 지도사 간의 손해배상 합의서, 화해조서, 법원의 확정판결문 사본, 그 밖에 이에 준하는 효력이 있는 서류를 첨부하여 해당 지도사의 주된 사무소의 소재지를 관할하는 지방고용노동관서의 장에게 제출해야 한다. 이 경우 지방고용노동관서의 장은 별지 제99호서식의 보증보험금 지급사유 발생확인서를 지체 없이 발급해야 한다.

차례(7개년 과년도)

2018년 산업보건지도사(시행일 2018년 3월 24일)
3과목 : 기업진단·지도 ·· 2

2019년 산업보건지도사(시행일 2019년 3월 30일)
3과목 : 기업진단·지도 ·· 44

2020년 산업보건지도사(시행일 2020년 7월 25일)
3과목 : 기업진단·지도 ·· 84

2021년 산업보건지도사(시행일 2021년 3월 13일)
3과목 : 기업진단·지도 ·· 126

2022년 산업보건지도사(시행일 2022년 3월 19일)
3과목 : 기업진단·지도 ·· 160

2023년 산업보건지도사(시행일 2023년 4월 1일)
3과목 : 기업진단·지도 ·· 194

2024년 산업보건지도사(시행일 2024년 3월 30일)
3과목 : 기업진단·지도 ·· 226

부록
- 답안카드

안전관리헌장

개정 : 안전행정부고시 제2014-7호
재난 및 안전관리기본법 제7조에 의하여 안전관리헌장을 다음과 같이 개정 고시합니다.
2014년 1월 29일
안전행정부장관

   안전은 재난, 안전사고, 범죄 등의 각종 위험에서 국민의 생명과 건강 그리고 재산을 지키는 가장 중요한 근본이다.

   모든 국민은 안전할 권리가 있으며, 안전문화를 정착시키는 일은 국민의 행복과 국가의 미래를 위해 반드시 필요하다.

   이에 우리는 다음과 같이 다짐한다.
Ⅰ. 모든 국민은 가정, 마을 학교, 직장 등 사회 각 분야에서 안전수칙을 준수하고 안전생활을 적극 실천한다.

Ⅱ. 국가와 지방자치단체는 국민의 안전기본권을 보장하는 안전종합대책을 수립하고, 안전을 위한 투자에 최우선의 노력을 하며, 어린이, 장애인, 노약자는 특별히 배려한다.

Ⅲ. 자원봉사기관, 시민단체, 전문가들은 사고 예방 및 구조 활동, 안전 관련 연구 등에 적극참여하고 협력한다.

Ⅳ. 유치원, 학교 등 교육 기관은 국민이 바른 안전 의식을 갖도록 교육하고, 특히 어릴때부터 안전 습관을 들이도록 지도한다.

Ⅴ. 기업은 안전제일 경영을 실천하고, 위험 요인을 없애 사고가 발생하지 않도록 적극 노력한다.

국가직무능력표준(NCS)

NCS 자격검정 활용

가. 자격종목

1) 개념

자격종목은 국가기술자격의 등급을 직종별로 구분한 것으로 국가기술자격 취득의 기본단위를 말함(국가기술자격별 2조), 자격종목 개편은 국가기술자격 종목 신설의 필요성, 기존 자격종목의 직무내용, 범위 및 난이도, 산업현장 적합도 등을 고려하여 새로운 국가기술자격을 신설하거나 기존의 국가기술자격을 통합, 폐지하는 것을 의미함.

2) 구성요소

자격종목 개편은
① 자격종목   ② 직무내용
③ 검토대상 능력군   ④ 검정필요여부
⑤ 출제기준과 비교   ⑥ 검토의견
⑦ 추가·삭제가 포함되어야 함

구성요소	세부 내용
자격종목	검토대상 국가기술자격 종목 제시
직무내용	자격종목의 직무내용 제시
검토대상 능력군	검토대상 능력군의 능력단위, 능력단위요소, 수행준거 제시
검정필요여부	수행준거 중 자격검정에 필요한 부분 제시
출제기준과 비교	검정이 필요한 수행준거와 출제기준을 비교
검토의견	비교를 통해 현행 국가기술자격의 출제기준 검토
추가·삭제	출제기준 검토를 통해 추가나 삭제가 필요한 부분 제시

나. 출제기준

1) 개념
출제기준은 자격검정의 대상이 되는 종목의 과목별 출제의 대상범위를 나타낸 것으로 출제문제 작성방법과 시험내용범위의 기준을 의미함(국가기술자격법 시행규칙 제38조)

2) 구성요소
출제기준은
① 직무분야　　　　　　② 자격종목
③ 적용기간　　　　　　④ 직무내용
⑤ 필기검정방법　　　　⑥ 문제수
⑦ 시험시간　　　　　　⑧ 필기과목명
⑨ 필기과목 출제 문제수　⑩ 실기검정방법
⑪ 시험기간　　　　　　⑫ 실기과목명
⑬ 필기, 실기과목별 주요항목　⑭ 세부항목
⑮ 세세항목이 포함되어야 함

구성요소		세부 내용
직무분야		해당 자격이 활용되는 직무분야
자격종목		국가기술자격의 등급을 직종별로 구분한 것 국가기술자격 취득의 기본단위
적용기간		작성된 출제기준이 개정되기 전까지 실제 자격검정에 적용되는 기간
직무내용		자격을 부여하기 위하여 개인의 능력의 정도를 평가해야 할 내용
필기과목	필기시험방법	필기시험의 검정방법 현행 국가기술자격에서는 객관식, 단답형 또는 주관식 논문형이 있음
	문제수	필기시험의 전체 문제수 제시
	시험기간	필기시험 시간
	필기과목명	기술자격의 종목별 필기시험과목
	출제 문제수	필기시험의 문제수

산업보건지도사(7개년 과년도)
(Ⅲ) 기업진단·지도

2018년 3월 24일 산업보건지도사
2019년 3월 30일 산업보건지도사
2020년 7월 25일 산업보건지도사
2021년 3월 13일 산업보건지도사
2022년 3월 19일 산업보건지도사
2023년 4월 1일 산업보건지도사
2024년 3월 30일 산업보건지도사

산업보건지도사 자격시험
제1차 시험문제지

제3과목 기업진단·지도	총 시험시간 : 90분 (과목당 30분)	문제형별 A

수험번호	20180324	성 명	도서출판 세화

【수험자 유의사항】

1. 시험문제지 표지와 시험문제지 내 **문제형별의 동일여부** 및 시험문제지의 **총면수·문제번호 일련순서·인쇄상태** 등을 확인하시고, 문제지 표지에 수험번호와 성명을 기재하시기 바랍니다.
2. 답은 각 문제마다 요구하는 **가장 적합하거나 가까운 답 1개**만 선택하고, 답안카드 작성 시 시험문제지 **형별누락, 마킹착오**로 인한 불이익은 전적으로 **수험자에게 책임**이 있음을 알려 드립니다.
3. 답안카드는 국가전문자격 공통 표준형으로 문제번호가 1번부터 125번까지 인쇄되어 있습니다. 답안 마킹 시에는 반드시 **시험문제지의 문제번호와 동일한 번호**에 마킹하여야 합니다.
4. **감독위원의 지시에 불응하거나 시험 시간 종료 후 답안카드를 제출하지 않을 경우** 불이익이 발생할 수 있음을 알려 드립니다.
5. 시험문제지는 시험 종료 후 가져가시기 바랍니다.

【안 내 사 항】

1. 수험자는 QR코드를 통해 가답안을 확인하시기 바랍니다.
   (※ 사전 설문조사 필수)
2. 시험 합격자에게 '합격축하 SMS(알림톡) 알림 서비스'를 제공하고 있습니다.

▲ 가답안 확인

- 수험자 여러분의 합격을 기원합니다 -

3. 기업진단·지도

01 해크만(J. Hackman)과 올드햄(G. Oldham)이 제시한 직무특성모델(job characteristic model)에서 5가지 핵심직무차원(core job dimensions)에 포함되지 않는 것은?

① 기술다양성(skill variety)
② 성장욕구(growth need)
③ 과업정체성(task identity)
④ 자율성(autonomy)
⑤ 피드백(feedback)

답 ②

해설

핵심직무차원 5가지

해크만과 올드햄은 동기부여의 주된 독립변수로 직무의 특성에 주목하였다. 그들이 개발한 동기부여잠재점수(MPS)는 기술다양성, 과업정체성, 과업중요성, 자율성, 피드백의 곱으로 계산된다.

① 기술다양성
   직무에서 요구하는 다양하고 상이한 활동의 폭이다.
② 과업정체성
   작업자가 수행업무의 정체성을 명확히 이해하고 전체업무를 조망할 수 있는 정도로, 현재 수행하고 있는 직무와 제품, 서비스와의 관계를 인식하는 정도이다.
③ 과업중요성
   해당 직무가 다른 사람의 작업, 타인의 삶이나 조직목표달성에 영향을 주는 정도이다.
④ 자율성
   직무의 계획 및 수행에 있어서 주어지는 자유와 독립성이 주어지는 정도이다.
⑤ 피드백
   업무를 수행한 뒤, 업무수행의 효과성과 적절성에 대한 명확한 정보가 주어지는 정도이다.

보충학습

직무충실화 방안

직무특성모델에서 핵심직무차원을 효과적으로 제고할 수 있는 직무충실화 방안으로는 각각의 요소마다 고려할 수 있다.
① 과업(과업정체성 및 과업중요성)
   가장 중요한 요소로 과업수준이 높고 중요성이 크면 구성원의 능력이 더 많이 사용되어 이를 제고할 수 있다.
② 기술다양성
   직무에서 요구하는 다양한 기술을 하나의 업무로 통합되도록 해 개인에게 부여해 기술다양성을 증가시키는 것이 중요하다.
③ 자율성
   구성원과 집단에 결정권한이 크고 자유로울수록 동기부여와 성과에 영향을 끼친다.
④ 피드백
   모든 정보에 대한 피드백이 원활할수록 구성원의 적극적인 협조와 협력을 구할 수 있다.

02 직무급(job-based pay)에 관한 설명으로 옳은 것을 모두 고른 것은?

> ㄱ. 동일노동 동일임금의 원칙(equal pay for equal work)이 적용된다.
> ㄴ. 직무를 평가하고 임금을 산정하는 절차가 간단하다.
> ㄷ. 유능한 인력을 확보하고 활용하는 것이 가능하다.
> ㄹ. 직무의 상대적 가치를 기준으로 하여 임금을 결정한다.
> ㅁ. 직무를 중심으로 한 합리적인 인적자원관리가 가능하게 됨으로써 인건비의 효율성을 증대시킬 수 있다.

① ㄱ, ㄴ, ㄷ
② ㄷ, ㄹ, ㅁ
③ ㄱ, ㄴ, ㄹ, ㅁ
④ ㄱ, ㄷ, ㄹ, ㅁ
⑤ ㄱ, ㄴ, ㄷ, ㄹ, ㅁ

답 ④

해설

직무급(job based pay)
(1) 의의
  ① 직무평가를 기초로, 직무의 상대적가치에 따른 임금결정, 속직급(연공급:속인급)
  ② 논리:임금배분의 공정성, 동일노동 동일임금(equal pay for equal work)
  ③ 일반원칙:직무내용과 성격을 정확히 밝히는 직무분석과 직무의 상대가치를 평가한 직무평가제를 전제
(2) 구체적 방안
  ① 직무중심 업무분화, 표준화
  ② 직무중심 채용, 인사고과확립
  ③ 직무급에 대한 공감대 형성
  ④ 최저임금수준, 생계비보장
  ⑤ 횡단적 노동시장
(3) 특징:임금은 노동대가라는 원칙에 적합한 합리적 임금제도
(4) 기타:연공중시의 동양적 기업풍토, 폐쇄적 노동시장 → 연공급에 비해 실시가 저조한편
(5) 장단점
  ① 장점:임금배분의 공정성, 유능한 인재확보·유지
  ② 단점:직무분석 및 직무평가절차가 복잡, 직무평가의 객관적기준설정 어려움, 연공중심풍토에서 도입 어려움, 노조반발

보충학습1

사전적 정의

직무급이란 동일노동, 동일임금의 원칙에 입각하여 직무의 중요성·난이도 등에 따라서 각 직무의 상대적 가치를 평가하고 그 결과에 의거하여 그 가치에 알맞게 지급하는 임금을 말한다. 직무급을 기초로 하고 직무평가, 인사고과, 종업원 훈련 등을 서로 관련시켜 유효하게 운용하는 것이다. 직무급을 도입하려면 먼저 각 직무의 직능내용이나 책임도를 명확히 하고(직무분석) 이것을 기초로 각 직무의 상대적 가치의 서열을 매겨(직무평가) 그 결과를 임금에 결부시켜야 한다.

> **보충학습2**

1. 연공급(seniority based pay)
(1) 의의 : 근속연수
　① 논리 : 근속 = 숙련, 속인급
　② 문제점 : 능력주의 등장(급속한 기업환경변화, 능력지향적 가치관요구, 기업인건비부담 가중)으로 의미가 약화되는 추세
　③ 유의점 : 아직도 종업원충성심과 조직몰입, 팀지향적 행동 요구될 때 주의
(2) 특징
　① 근속 : 숙련 직무수행능력
　② 장기고용전세, 생활보장적 임금성격
　③ 연공서열적 사회, 일본·우리나라 지배적 임금체계
(3) 장단점
　① 장점 : 고용안정·생활안정, 노사관계안정, 연공서열 중시하는 동양적 풍토, 노동이동이 낮은 폐쇄적 노동시장, 직무성과의 객관적 측정이 어려울 때
　② 단점 : 능력 있는 종업원 사기저하, 무사안일, 동일노동·동일임금의 실시곤란, 고령화에 따른 기업 인건비부담 과중, 변화하는 환경에 적응 어려움

2. 직능급
(1) 의의
　① 의의 : 직무수행능력, 자격기준설정
　② 도입배경 : 일본, 연공급과 직무급의 절충적 대안으로 능력주의 임금제도
　③ 성공적 도입을 위한 전제
　　직능자격제도 확립이 전제, 객관적인 종업원 능력평가
(2) 특징
　① 동일직능 동일임금, 능력주의 임금체계
　　(직무급은 맡고 있는 직무에 따라 임금지급하지만 직능급은 직무를 맡고 있지 않더라도 직무수행능력이 있으면 상응한 임금을 지급한다.)
　② 직무내용에 따른 임금결정이 아니기 때문에, 비용이 많이 드는 직무분석이나 직무평가가 전제되지 않는다. 따라서 중소기업에서 많이 도입
　③ 직능은 근속이나 경력 등 연공적 요소도 고려하므로 연공급과도 타협적 요소를 포함하고 있어서 대기업에서도 선호
(3) 직능급의 장단점
　① 장점 : 연공과도 연계, 도입이 용이, 직능개발에 대한 동기부여, 능력주의 임금체계로 인재유인, 완전한 직무급 도입이 어려운 상황에서 적합한 제도
　② 단점 : 잘못 운영하면 연공급으로 운영될 가능성, 단순노무직의 경우는 도입 어려움

3. 성과급
　① 종업원이 달성한 성과에 비례하여 임금액을 결정
　② 변동급의 성격

4. 수당
　① 직무급, 연공급, 직능급 및 성과급이 임금의 공정성을 완벽하게 반영할 수 없어서 보완적으로 등장한 기준 외 임금
　② 직책수당, 자격수당, 가족수당 및 정근수당 등

산업보건지도사 · 과년도기출문제

03 홍길동이 A회사에 입사한 후 3년이 지났다. 홍길동이 그 동안 있었던 승진자들을 살펴보니 모두 뛰어난 업적을 보인 사람들이었다. 이에 홍길동은 자신도 뛰어난 성과를 보여 승진하겠다는 결심을 하고 지속적으로 열심히 노력하였다. 이 경우 홍길동과 관련된 학습이론은?

① 사회적 학습(social learning)
② 조작적 학습(organizational learning)
③ 고전적 조건화(classical conditioning)
④ 작동적 조건화(operant conditioning)
⑤ 액션 러닝(action learning)

답 ①

해설

사회적 학습(社會的學習, social learning)
① 개인간의 상호관계를 통해 이루어지는 학습. 타인과 접촉할 때 그 타인의 의도와는 관계없이 그 개인의 행동을 모방하여 자기의 행동을 수정하는 학습은 사회적 학습이다.
② 대인간(對人間)의 상호작용 없이 이루어지는 학습은 사회적 학습이라는 개념에서 제외된다.
③ 사회적 학습의 특수한 유형으로 모형(模型) 또는 시범을 통하여 타인의 행동을 모방하는 학습, 개인이 차지하는 지위에 수반되는 기대와 역할(役割)에 따라 행동하기를 배우는 역할학습 등이 있다.
④ 인간의 언어나 도덕성 같은 모방(imitation)을 통한 사회적 학습에 크게 의존한다.
⑤ 행동이 모방되는 개인은 모방자에 대해 모범인물, 모형(模型)이 된다.
⑥ 반두라(A.Bandura)는 사회적 학습을 기술하기 위해서 모범보이기 또는 시범보이기(modeling)라는 용어를 사용하였다.

보충학습1

(1) 인지학습의 유형
① 관찰학습: Bandura는 직접 강화를 받지 않고도 행동을 학습할 수 있으며, 학습이 되었어도 수행으로 나타나지 않을 수 있다고 하였다. 모델이 강화(대리강화) 받거나 또는 처벌받는 것(대리처벌)은 어떤 사람의 학습 과정(모방)에 있어서 중요한 정보를 제공한다.
② 잠재학습: Tolman은 새로운 환경에 노출된 동물들은 환경속의 여러 세부 특징들간 연결 즉, 환경 단서들에 대한 지도와 같이 표상(congnitive)을 형성하게 된다.
③ 통찰학습: 통찰(insight)이란 문제 상황에서 문제의 요소들은 재구성함으로써 '아하 경험(Aha experience)'과 같이 갑작스럽게 문제 해결에 이를 수 있는 현상을 말한다. Kühler가 침팬지 술탄(sultan)을 데리고 수행한 실험이 대표적이다.

(2) 조건형성의 구분
① 고전적 조건형성: 두 자극들 연관성의 학습에 따른 행동변화
② 조작적 조건형성: 표출한 행동과 그 결과 간의 연관성의 학습에 따른 행동변화

보충학습2

작동적 조건화(operant conditioning, 作動的條件化)
① 개체가 환경에 자발적으로 작용한 반응이, 반응의 결과로 생긴 환경자극의 변화에 따라 강화되고 일정 부분 안정된 반응률로 일어나게 되는 절차. 이와 같이 개체에 의한 자발적 반응은 작동적이라도 하고, 환경자극에 의해 유발된 반응은 감응적이라 하여 구분한다.
② 고등동물의 행동 중 감응적이 차지하는 비율은 낮은 대신 대부분 작동적이다.
③ 작동적 행동의 특징은 환경에 특정한 유발자극이 존재하지 않는다는 것과 그 출현빈도가 반응 결과에 따라 변화한다는 것이다.

④ 스키너는 개체가 언제나 자유롭게 반응할 수 있는 프리오페란트 상태에서, 그러한 반응률의 변화가 일정한 패턴으로 유지되는 정상 상태(steady-state)를 분석함으로써 지금까지 S-R이론의 자극 - 반응결합이라는 조합의 틀을 넘어설 수 있었다.
⑤ 행동을 설명하기 위한 구성개념을 배제하고 철저하게 관찰 가능한 행동 용어를 기술하였다.
⑥ 연구법을 넓게 실험적 행동분석이라고 한다.

보충학습3

액션 러닝(Action Learning)

(1) 특징
① 조직구성원이 팀을 구성하여 동료와 촉진자(facilitator)의 도움을 받아 실제 업무의 문제를 해결함으로써 학습을 하는 훈련방법이다.
② '행함으로써 배운다'(Learning by Doing)라는 학습원리를 근간으로 4~6명을 한 팀으로 구성, 실천현장에서 발생하는 문제(Real Problems)를 팀 학습(Team Learning)을 통해서 아이디어를 도출, 적용하는 과정에서 발생하는 학습을 강조하는 전략이다.
③ 문제의 답은 밖에 있지 않고 안에 있다고 가정한다.
④ 전문가가 일방적으로 처방해 준 해결대안보다는 외부 전문가의 도움을 받되 문제상황에 직면하고 있는 내부구성원이 문제해결을 위한 아이디어 구상과 실제 해결대안의 탐색 및 적용과정의 주체가 되어야 학습의 효과가 실천적인 성과로 연결될 수 있다는 가정을 갖고 있다.
⑤ 책상이나 강의장에 앉아서 수동적으로 전문가의 강의(training)를 듣는 교육보다 문제를 동료들과의 건설적인 대화를 통해 다양한 팀원들이 함께 공동의 노력으로 해결방안을 탐색하는 학습과정을 강조한다.

(2) 구성요소
① 액션러닝의 구성요소는 과제, 학습팀, 촉진자, 질의와 성찰과정, 실행의지, 학습의욕이다.
② 액션러닝의 원리는 간단하게 $L = Q1 + P + Q2$라고 표시할 수 있다. 여기서 L은 학습(Learning), Q1은 학습활동 이전에 학습자가 갖는 문제의식, P는 가공한 지식(Programmed Knowledge), Q2는 학습활동 이후 현장 적용 이전에 갖는 학습자의 문제의식을 지칭한다.
③ 원리에 따르면 실천학습은 학습자의 학습활동 이전과 이후에 갖게 되는 문제의식의 비중을 최대한 높이고, 전문가가 사전에 가공한 지식을 최소화시키겠다는 의도를 갖고 있다.

(3) 절차
실천학습에서 진정한 의미의 학습이 발생하기 위해서는 학습자의 적극적인 문제의식과 자발적 참여가 이루어지는 가운데 전문가가 필요시에 도움을 줄 때 학습효과는 극대화된다는 가정을 갖고 있다. 액션러닝의 절차는 다음과 같다.
① 액션 러닝을 위한 상황파악
② 액션 러닝 팀 선정 및 조직
③ 브리핑 및 제한범위 설정
④ 팀의 상호작용 촉진
⑤ 해결방안 규명 및 검증권한 부여
⑥ 결과평가
⑦ 향후 방향설정의 단계

04 허츠버그(F. Herzberg)가 제시한 2요인 이론(two factor theory)에서 동기부여요인(motivators)에 포함되지 않는 것은?

① 성취(achievement)

② 임금(wage)

③ 책임(responsibility)

④ 성장(growth)

⑤ 인정(recognition)

답 ②

해설

Herzberg의 동기·위생이론
① 위생요인(유지욕구) : 인간의 동물적 욕구를 반영하는 것으로 Maslow의 욕구 단계에서 생리적, 안전, 사회적 욕구와 비슷하다.
② 동기요인(만족욕구) : 자아실현을 하려는 인간의 독특한 경향을 반영한 것으로 Maslow의 자아실현 욕구와 비슷하다.

[표] 위생요인과 동기요인

위생요인(직무환경)	동기요인(직무내용)
회사 정책과 관리, 개인 상호간의 관계, 감독, 임금, 보수, 작업 조건, 지위, 안전	성취감, 책임감, 안정감, 성장과 발전, 도전감, 일 그 자체(일의 내용)

참고

기업진단·지도 p.136(3. 동기 및 욕구이론)

05 사업부제 조직구조(divisional structure)에 관한 설명으로 옳지 않은 것은?

① 각 사업부는 사업영역에 대해 독자적인 권한과 책임을 보유하고 있어 독립적인 이익센터(profit center)로서 기능할 수 있다.

② 각 사업부들이 경영상의 책임단위가 됨으로써 본사의 최고경영층은 일상적인 업무로부터 벗어나 전사적인 차원의 문제에 집중할 수 있다.

③ 각 사업부 간에 기능의 중복현상이 발생하지 않는다.

④ 각 사업부마다 시장특성에 적합한 제품과 서비스를 생산하고 판매할 수 있게 됨으로써 시장세분화에 따른 제품차별화가 용이하다.

⑤ 각 사업부의 이해관계를 중시하는 사업부 이기주의로 인하여 사업부 간의 협조가 원활하지 못할 수 있다.

답 ③

해설

사업부제 조직구조

① 전통적인 기능적 조직구조와는 달리 단위적 분화의 원리에 따라 사업부 단위를 편성하고 각 단위에 대하여 독자적인 생산·마케팅·재무·인사 등의 독자적인 관리권한을 부여함으로써 제품별·시장별·지역별로 이익중심점을 설정하여 독립채산제를 실시할 수 있는 분권적 조직이다.

② 사업부제는 생산, 판매, 기술개발, 관리 등에 관한 최고경영층의 의사결정 권한을 단위 부서장에게 대폭 위임하는 동시에 각 부서가 마치 하나의 독립회사처럼 자주적이고 독립채산적인 경영을 하는 시스템이다.

③ 사업부제는 고객, 시장욕구에 대한 관심 제고, 사업부 간 경쟁에 따른 단기적 성과 제고 및 목표달성에 초점을 둔 책임경영체제를 실현할 수 있는 장점이 있는 반면에 사업부 간 자원의 중복에 따른 능률 저하, 사업부 간 과당경쟁으로 조직전체의 목표달성 저해를 가져올 수 있는 단점이 있다.

예) 우리나라 정부부처 안전관리의 중복(행자부, 고용부, 국토부, 산자부)

06
6시그마 경영은 모토로라(Motorola)사에서 혁신적인 품질개선의 목적으로 시작된 기업경영전략이다. 6시그마 경영과 과거의 품질경영을 비교 설명한 것으로 옳은 것은?

① 과거의 품질경영 방식은 전체 최적화였으나 6시그마 경영은 부분 최적화라고 할 수 있다.
② 과거의 품질경영 계획대상은 공장 내 모든 프로세스였으나 6시그마 경영은 문제점이 발생한 곳 중심이라고 할 수 있다.
③ 과거의 품질경영 교육은 체계적이고 의무적이었으나 6시그마 경영은 자발적 참여를 중시한다.
④ 과거의 품질경영 관리단계는 DMAIC를 사용하였으나 6시그마 경영은 PDCA cycle을 사용한다.
⑤ 과거의 품질경영 방침결정은 하의상달 방식이었으나 6시그마 경영은 상의하달 방식으로 이루어진다.

답 ⑤

해설

6시그마(Six sigma)

(1) 특징
① 제너럴일렉트릭(GE)의 전 회장 잭 웰치에 의해 유명해진 혁신적 품질경영기법을 말한다.
② 6시그마는 모토로라의 근로자였던 마이클 해리에 의해 1987년 창안되었다.
③ 당시 정부용 전자기기 사업부에서 근무하던 해리는 어떻게 하면 품질을 획기적으로 향상시킬 수 있을 것인가를 고민하던 중 통계지식을 활용하자는 착안을 하게 되었고, 이 통계적 기법과 1970년대 말부터 밥 발빈 회장 주도로 진행되어 온 품질개선 운동을 결합해 탄생한 것이 6시그마 운동이다.
④ 해리는 모토로라 사내에 설치된 모토로라 대학 내에 '6시그마 인스티튜트'를 열고 연구를 거듭해 6시그마를 수준 높게 발전시켰다.
⑤ 그 결과 6시그마는 모토로라 이외의 기업에도 적용 가능한 경영기법으로 확립되었으며, 이후 텍사스인스트루먼트가 1992년 6시그마 운동을 도입하였고, 제너럴일렉트릭(GE)의 전 회장인 잭 웰치에 의해 알려지기 시작한 이후, 소니 등 세계적인 우량기업들이 6시그마를 채택하면서 더욱 유명해지게 되었다.
⑥ 이후 세계적으로 인정되는 기업의 경영혁신을 이루는 핵심방법론으로 평가받으며 이미 제조업에서는 보편화되어 있다.
⑦ 선진국에서는 금융·통신·의료·공공부문 등 서비스 분야까지 6시그마를 확대하여 큰 성과를 이루었다.
⑧ 국내기업 중에서는 삼성과 LG 등에서 6시그마를 도입하여 품질혁신을 이루는 데 성공하였다.
⑨ 기존 혁신 프로그램이 외부 인력에 대한 의존도가 높은 반면, 6시그마는 모든 임원과 직원들의 참여로 기업 스스로가 독자적으로 이를 추진해 나갈 수 있는 힘을 길러준다는 것이 특징이다.

(2) 품질수준
① 6시그마 품질수준이란 3.4PPM(parts per million)으로서, 이는 '100만 개의 제품 중 발생하는 불량품이 평균 3.4개'라는 것을 의미한다.
② 5시그마는 100만 번에 233회, 4시그마는 6,210회의 불량이 발생하는 수준이다.
③ 시그마 앞의 계수값이 커질수록 불량률은 기하급수적으로 줄어들고, 6시그마는 실제 업무상 실현될 수 있는 가장 낮은 수준의 에러로 인정되고 있다.
④ 이처럼 품질관리의 정도를 시그마로 나타내는 이유는 제품과 공정에 따라 달라지는 목표값과 규격한계값을 통일해 품질수준을 표시하는 단일한 기준으로 편리하기 때문이다.
⑤ 서로 다른 공정의 품질수준을 비교하는 데에도 유용할 뿐만 아니라 품질개선의 정도도 객관적인 수치로 측정할 수 있다.

(3) 해결기법
6시그마의 해결기법 과정은 DMAIC로 대표된다. 즉, 정의(define), 측정(measure), 분석(analyze) 개선(improve), 관리(control)를 거쳐 최종적으로 6시그마 기준에 도달하게 된다. 추진 조직인 시그마벨트는 ① 6시그마 이념을 제시하는 최고책임자 또는 사업부장 등의 임원을 이르는 챔피언, ② 블랙벨트의 프로젝트를 관리하고 지도하는 전문 추진 지도자인 마스터 블랙벨트, ③ 전문추진 책임자로서 강력한 리더십과 6시그마 기법을 능숙하게 활용할 수 있는 사람인 블랙벨트, ④ 현업담당자이자 기본교육 이수자인 그린벨트, ⑤ 입문자 전 직원인 화이트벨트로 구분되어진다.

보충학습

6시그마와 전통적 품질관리기법

① 생산성을 높이고 불량률을 낮추기 위해 기존에는 QC(품질관리), TQC(전사적 품질관리), TQM(전사적 품질경영) 품질관리기법이 쓰였다.

② 일본에서 시작된 QC(품질관리)는 처음에는 생산현장이 그 타깃이었으나 TQC(전사적 품질관리), TQM(종합적 품질관리)로 발전하면서 생산현장 이외의 부문에서도 이용되었다. 지금도 여러 나라에서 활용되고 있는 이 기법들은 1980년대 일본 제조업이 세계를 제패할 수 있게 해준 원천의 하나로 평가받는다.

③ 기존의 품질관리기법은 에러가 발생한 부분이나 지점에 국한된 부분 최적화에 관심을 갖거나 생산자 위주의 제조 중심 관리기법이다.

④ 6시그마는 사업 전체의 프로세스, 즉 전사 최적화가 목표인 전사적 품질경영혁신운동이므로 21세기에 좀더 적합하다는 평을 받고 있다.

⑤ 6시그마 경영은 제조뿐만 아니라 제품개발과 영업 등 기업활동의 모든 요소를 작업공정별로 계량화하고 품질에 결정적인 영향을 미치는 요소의 오차범위를 6시그마 내에 묶어두는 것이다.

07 ABC 재고관리에 관한 설명으로 옳지 않은 것은?

① 자재 및 재고자산의 차별 관리방법이며, A등급, B등급, C등급으로 구분된다.

② 품목의 중요도를 결정하고, 품목의 상대적 중요도에 따라 통제를 달리하는 재고관리시스템이다.

③ 파레토 분석(Pareto Analysis) 결과에 따라 품목을 등급으로 나누어 분류한다.

④ 일반적으로 A등급에 속하는 품목의 수가 C등급에 속하는 품목의 수보다 많다.

⑤ 각 등급별 재고 통제수준은 A등급은 엄격하게, B등급은 중간 정도로, C등급은 느슨하게 한다.

답 ④

해설

ABC 재고관리

(1) 자재의 품목별 중요도나 연간 총사용액에 따라 전 품목을 A급, B급, C급 등으로 분류하는 방법으로 일반적으로 A등급은 전체 가치의 80[%]를 차지하는 품목, B등급은 다음 15[%], C등급은 나머지 5[%]를 차지하는 품목들을 나타낸다.

(2) 등급에 따라 A등급에 대해서는 지속적인 예측치 검토와 평가, 엄격한 정확성에 입각한 재고수준 점검, 온라인 방식의 재고측정, 재주문 수량 및 안전재고 산출에 대한 빈번한 검토, 리드타임의 감축 혹은 극소화를 위한 보충확인 및 독촉 등의 가장 높은 관심을 기울인다.

(3) B등급의 경우는 A등급과 유사하나 엄격성과 주기에 있어서 보다 완화된 방식을 취한다.

(4) C등급에 있어서는 주기적 혹은 간헐적으로 관심을 기울인다.
C등급에 대한 기본적인 방침은 단순히 보유하는 것에 의의를 둔다.

(5) 주문량은 크며 주문횟수는 적은 것이 일반적이다.

(6) 기본적인 ABC기법의 원리는 상대적으로 중요성이 낮은 품목에 대하여 적은 관심을 쏟음으로써 얻은 노력을 가치가 높은 품목을 효과적으로 통제하는 데 사용하게 만들 수 있어야 한다.
① A그룹
품목은 적고 보관량과 회전수는 많다. 정기발주시스템
② B그룹
품목, 보관량, 회전수가 중간 정도이다. 정량발주시스템
③ C그룹
품목은 많고, 보관량과 회전수는 적다. Tow bin system 또는 JIT 방식

보충학습

(1) 재고관리
① 의의
고객이 필요로 하는 물품을 즉시 제공할 수 있도록 미리 필요한 예상 수요량을 확보하는 일련의 경영활동으로 생산자의 경우에는 제품의 주문에 신속하게 생산을 할 수 있도록 원자재와 부자재를 미리 확보하는 경영활동이다.
② 적정재고
계획적인 자금운용과 유지비용 및 발주비용 감소를 줄이기 위하여 가장 적정한 재고 수준을 유지하는 것을 의미한다.

> 총재고비용 = 구매비용 + 재고유지비가 최소가 되는 발주량

(2) EOQ, FOQ, POQ
① EOQ(경제적 주문량)
주문비용, 재고유지비용 간의 관계를 이용하여 가장 합리적인 주문량을 결정하는 방법이다.
② FOQ(고정 주문량)
매번 동일한 양을 주문하는 방법으로 공급자로부터 항상 일정한 양만큼씩 공급받는 경우에 가장 많이 사용된다.

③ POQ(주기적 주문량)

재고량에 대한 조사를 주기적으로 하고, 필요한 양만큼 주문을 하는 방법으로 일정기간을 설정하여 그 기간 내에 요구하는 소요량을 주문하는 방법이다.

(3) 전자상거래에 있어서 적정재고관리

① 자동화된 방법 : 대형 판매점, 백화점 등
② 수작업 : 소매점

[표] 품목별 관리기법

품목	내용	관리정도	로트크기	주문주기	안전재고	재고통제
A	가치는 크지만 사용량이 적은 품목	정밀관리	소로트	짧다	소량	Q System
B	가치와 용량이 중간에 속하는 품목	정상관리	중로트	중간	중량	
C	가치는 작지만 사용량은 많은 품목	대강관리	대로트	길다	대량	P system

08 수요예측을 위한 시계열 분석에서 변동에 해당하지 않는 것은?

① 추세변동(trend variation) : 자료의 추이가 점진적, 장기적으로 증가 또는 감소하는 변동
② 계절변동(seasonal variation) : 월, 계절에 따라 증가 또는 감소하는 변동
③ 위치변동(locational variation) : 지역의 차이에 따라 증가 또는 감소하는 변동
④ 순환변동(cyclical variation) : 경기순환과 같은 요인으로 인한 변동
⑤ 불규칙변동(irregular variation) : 돌발사건, 전쟁 등으로 인한 변동

답 ③

해설

시계열의 변동요인 4가지
① 추세변동(trend variation : T)은 기술의 변화, 소비 형태의 변동, 인구 변동, 인플레이션이나 디플레이션 등의 영향을 받아 시계열 자료에 영향을 주는 장기변동 요인이다.
② 계절변동(seasonal variation : S)은 주로 1년을 단위로 발생하는 시계열의 변동 요인이다.
③ 순환변동(cyclical variation : C)은 통상적으로 2년에서 10년의 주기를 가지고 순환하는 시계열의 구성 요소로 중기변동 요인이다.
④ 불규칙변동(irregular variation : I)은 측정 및 예측이 어려운 오차 변동이다.

보충학습

① 시계열(時系列)이란 한 사건 또는 여러 사건에 대하여 시간의 흐름에 따라 일정한 간격으로 이들을 관찰하여 기록한 자료를 말한다. 즉, 시계열 자료란 시간과 더불어 관측된 자료로 이는 종단면 자료(longitudinal data)에 해당한다. 횡단면 자료(cross-sectional data)는 고정된 시간에서 측정된 자료를 의미하며 측정 시간이 고정되어 있는 반면 여러 개의 변수로 구성된다.
② 종단면 자료, 즉 시계열 자료는 주가 지수의 경우처럼 매 단위 시간에 따라 측정되어 생성되는데 횡단면 자료에 비하여 상대적으로 적은 수의 변수로 구성된다. 시계열은 어떠한 경제 현상이나 자연 현상에 비하여 상대적으로 적은 수의 변수로 구성된다. 시계열은 어떠한 경제 현상이나 자연 현상에 관한 시간적 변화를 나타내는 자료이므로 어느 한 시점에서 관측된 시계열 자료는 그 이전까지의 자료들에 의존하게 된다. 따라서 시계열분석(時系列分析, time series analysis)을 통한 예측에서는 관측된 과거의 자료들은 분석하여 이를 모형화하고, 이 추정된 모형을 사용하여 미래에 관측될 값들을 예측하게 된다. 시간이 경과함에 따라 기술진보에 의해서 경제 현상들은 성장하게 되고, 농·수산 부문과 연관된 경제 현상은 자연의 영향 특히 계절적 변동으로부터 많은 영향을 받게 된다.

09 설비배치계획의 일반적 단계에 해당하지 않는 것은?

① 구성계획(construct plan)
② 세부배치계획(detailed layout plan)
③ 전반배치(general overall layout)
④ 설치(installation)
⑤ 위치(location)결정

답 ①

해설

설비배치계획의 일반적 4단계
① 단계1 : 위치선정단계로 공장의 입지 등이 결정
② 단계2 : 전체(반)배치에서는 공장 내 주요부서들의 개략적인 크기, 형태 위치가 전체적으로 결정
③ 단계3 : 세부배치 단계에서는 각 부서의 배치될 기계, 장비 등의 위치와 필요한 공간크기가 구체저으로 결정
④ 단계4 : 배치계획에 대한 승인, 시행, 감독 등의 업무를 수행하게 되며 예를 들어 공장입지를 결정하는 경우에 단계2에서 전체적인 공간소요 등이 미리 계산되어야 공장입지를 설정하고 단계2에서 부서의 공간을 결정하기 위해서는 기계공간, 물자 이동 공간 등에 대한 자료가 수집된 후 공간소요가 결정되는 것이다.(설치)

보충학습

물자취급의 원칙
효과적이고 효율적인 물자취급을 설계하는 데 적용하기 위해서는 물자취급의 원칙이 유용하게 활용될 수 있다. 이들 원칙은 물자취급분야에 종사해온 전문가들의 의견들을 모아놓은 것으로 20가지 정도로 요약할 수 있다.
① 문제이해의 원칙 : 포괄적이고 정확한 이해 필요 - 현취급방법, 장비, 장래 구조적, 경제적 제약 등
② 계획 원칙 : 사전에 계획
③ 단위 적재의 원칙 : 가능한 많은 물자를 한 단위 또는 응집하여 취급
④ 시스템 원칙 : 입하, 검사, 제조, 조립, 포장, 저장, 출하운송 등 모든 활동 및 기능을 포함한 총합시스템의 관점
⑤ 공간이용의 원칙 : 입체공간을 효율적으로 이용, 컨베이어 - 물자의 일시적 저장공간
⑥ 표준화 원칙 : 취급방법, 장비의 표준화 - 표준화된 팔레트
⑦ 보전의 원칙 : 사전 보전과 수리계획
⑧ 인간공학 원칙 : 인간의 한계와 능력 고려, 물자취급 방법과 장비 설계
⑨ 에너지 원칙 : 장비의 정격 용량 이내의 장비사용
⑩ 환경의 원칙 : 소음, 진동, 공해 등의 환경적 영향을 최소화
⑪ 기계화 및 자동화 원칙 : 과기계화 → 예산낭비
⑫ 융통성 원칙 : 다양한 작업 수행
⑬ 단순화 원칙 : 불필요한 작업제거, 비슷한 작업의 group화
⑭ 대체 원칙 : 경제성 고려
⑮ 동력 원칙 : 중력을 이용
⑯ 안전 원칙 : 취급방법, 장비 설계 시 작업자와 운전자의 안전고려
⑰ 전산화 원칙 : 정보처리 및 장비 운영에 컴퓨터 사용 고려
⑱ 물자흐름 원칙 : 가능한 일정방향, 연속적 물자 흐름설계
  물자흐름 + 정보흐름 → 통합
⑲ 배치 원칙 : 설비배치 계획 단계에서 물자 취급 시스템 고려
⑳ 비용 원칙 : 필요작업 수행에 가장 저렴한 비용을 갖는 취급 방법 및 장비 선택

산업보건지도사 · 과년도기출문제

10 심리평가에서 평가 센터(assessment center)에 관한 설명으로 옳지 않은 것은?

① 신규채용을 위하여 입사 지원자들을 평가하거나 또는 승진 결정 등을 위하여 현재 종업원들을 평가하는 데 사용할 수 있다.
② 관리 직무에 요구되는 단일 수행차원에 대해 피평가자들을 평가한다.
③ 기본적인 평가방식은 집단 내 다른 사람들의 수행과 비교하여 개인의 수행을 평가하는 것이다.
④ 평가도구로는 구두발표, 서류함 기법, 역할수행 등이 있다.
⑤ 다수의 평가자들이 피평가자들을 평가한다.

답 ②

해설

평가 센터(assessment center)

(1) 평가 센터의 개요
① 평가 센터는 사람들의 역량을 측정하기 위한 다양한 방식 중의 하나이다. '평가센터'라는 용어 때문에 각종 평가가 이루어지는 장소를 의미하는 것으로 오해하기 쉬우나, 실제로는 특정한 장소가 아닌 역량을 평가하는 하나의 방식을 뜻한다.
② 평가 센터의 가장 큰 특징은 '피평가자들의 실제 업무 역량을 살펴볼 수 있는 다양한 과제'들을 통해 '피평가자의 관찰된 행동'을 '훈련 받은 다수의 평가자'들이 평가한다는 것이다.
③ 평가 센터에서 사용하는 대표적인 과제로는 역할연기, 서류함 기법, 집단 토의, 프레젠테이션, 상황 면접, 사례 분석 과제 등이 있다. 각 평가 주체들은 자신의 상황과 목표에 맞게 다양한 평가 기법을 사용할 수 있다. 다만 이 과정에서 최소 1개 이상의 모의 상황(simulation) 과제가 필수적으로 포함되어야 한다.
④ 평가 센터에서 사용하는 과제들은 실제 업무 활동과 유사하게 조직되어 해당 직무에 대한 피평가자의 업무 능력을 실제적으로 평가할 수 있다.
⑤ 평가 센터에서는 다양한 과제를 통해 피평가자의 행동을 직접 관찰한다.
⑥ 평가 센터가 지필 검사, 인지능력 검사, 성격 검사, 면접 등과 구분되는 점이다. 피평가자의 행동을 직접 평가하기 때문에 평가 센터는 여타의 역량 측정 방법보다 실제 업무 관련 행동을 잘 예측할 수 있다.
⑦ 평가 센터는 피평가자의 역량을 행동으로 도출하여 관찰하기 때문에 그 평가 과정에 평가자의 개입이 필수적이다. 따라서 각 평가자는 가이드라인에 따라 사전에 훈련되어야 하며 편견에 의한 오류를 방지할 수 있어야 한다.

(2) 평가 센터의 정의
'평가 센터 가이드라인을 위한 국제 태스크포스(International Task Force on Assessment Center Guidelines)'가 발행한 〈평가 센터 운용을 위한 가이드라인과 윤리적 지침(guidelines and Ethical Considerations for Assessment Center Operations)〉은 평가 센터의 기본 구성 요소로 다음과 같은 요인을 언급하고 있다.

[표] 평가 센터의 기본 구성요소

1	Job analysis/competency modeling	평가 센터의 평정 기준을 마련하기 위해 직무 분석과 역량 모델링을 해야 함
2	Behavioral classification	참가자의 행동을 분석하기 위한 행동 범주(특성, 기술, 지식 등)를 분류해야 함
3	Assessment techniques	직무 분석의 결과에 따라 평가 방식을 확립함
4	Multiple assessment	다양한 평가 기법(지필 검사, 면접, 설문, 모의 상황 등)을 사용함
5	Simulations	직무와 관련된 모의 상황 평가가 반드시 포함되어야 함

6	Assessors	다수의 평가자가 각 피평가자를 관찰/평가해야 함
7	Assessor training	평가자는 가이드라인에 입각하여 훈련을 받아야 함
8	Recording behavior and scoring	평가자에 의해 피평가자의 행동이 체계적으로 기록되어야 함
9	Data integration	피평가자의 행동 정보가 통합되어야 함

[표] 평가 센터의 장단점

장점	단점
• 폭넓고 복잡한 역량 측정 • 다양한 업무성과 예측 • 조직 특성에 맞는 탄력적 적용 • 피평가자의 공정성 인식 • 편파 효과가 적음 • 거짓응답 줄임 • 평가자와 피평가자에 대한 교육 효과 • 조직 발전에 도움	• 고비용 • 수행의 복잡성 • 많은 인력과 시간 필요 • 평가자, 과제 특성, 평가 시기 등의 영향 • 평가자의 부담 • 평가 과제 효과의 가능성

(3) 평가 센터의 활용

　평가 센터는 다양한 목적으로 활용할 수 있다. 일반적으로는 조직 구성원의 선발과 승진을 위한 평가 도구로 많이 사용하지만, 조직원들의 개발 요구 파악 및 부서 배치, 교육 및 훈련을 위해 평가 센터 기법을 사용할 수도 있다.

① 선발 및 승진 : 직무에서 성공할 것으로 예측되는 개인 역량을 판별하여 조직 구성원의 선발 및 승진 평가에 활용한다. 이 과정에서 차별적인 요소가 없어져야 한다.
② 직원 요구 파악 및 부서 배치 : 조직원들의 부족한 역량을 파악하고 각 조직원의 역량에 가장 적합한 직무에 배치한다. 예를 들어 벤츠(Bentz, 1967)에 따르면 미국 유통업체 시어스(Sears)는 의사소통 능력이 뛰어난 직원을 프레젠테이션이 많은 부서에 배치하고, 조직원들의 역량이 서로 보완될 수 있도록 부서를 구성한다.
③ 훈련 및 개발 : 직원의 결점을 진단하고 필요한 부분에 대한 기술 훈련을 제공할 수 있다. 또한 평가 센터 기법에 참여하는 과정에서 자연스럽게 훈련 및 개발 효과가 발생하기도 한다.

보충학습

① 역할연기(role-play) : 직무 중 일어날 수 있는 상황을 바탕으로 상대 역할연기 대상자(상사, 동료, 고객 등)와 상호작용하여 직무를 수행하는 과제이다. 역할연기를 통해 평가자는 피평가자의 의사소통 방식, 문제 해결 방식, 고객 응대 모습 등을 관찰할 수 있으며, 이를 통해 대인 관계에서의 갈등 해결 능력, 동기 부여 및 이해 조정 능력, 설득력 등을 평가할 수 있다.
② 서류함 기법(in-basket) : 실제 업무 상황과 흡사한 자료들을 여러 정보 매체(달력, 서류, 메모, 보고서, 이메일 등)를 통해 제공하고, 피평가자들이 이 자료를 바탕으로 어떻게 하루 업무 계획을 세우고 처리하는지를 살펴보는 과제이다. 역할연기와 마찬가지로 실제 업무상황을 재현하기 때문에 업무 행동을 잘 반영할 수 있으며, 문제 해결 방식 및 판단력, 결단력, 기획력, 업무절차 설계 능력 등을 살펴볼 수 있다.
③ 집단 토의(group discussion) : 특정 집단에 일정한 과제를 주는 방식이다. 정해진 형식은 없으며, 서로 협력하여 최상의 해결책을 찾거나 각자 맡은 부서를 대변하여 이익을 취하는 상황이 있을 수 있다. 리더의 존재 여부에 따라 리더 없는 집단 토론(Leaderless group discussion)과 리더가 정해진 집단 과제(Assigned-leader group task)로 구분될 수 있으며, 각 팀원에게 역할을 배정하거나 하지 않을 수도 있다. 이 과제를 통해 팀워크와 리더십, 의사소통 기술, 의사결정 기술 등을 평가할 수 있다.
④ 프레젠테이션(presentation) : 기초 자료를 주고 간단한 주제에 대해 발표용 자료를 만들어 발표하게 하는 과제이다. 집단 과제로 제시할 수도 있으며, 발표 후 제한점이나 결점을 지적하여 피평가자를 스트레스 상황에 놓이게 하여 그 반응을 살펴볼 수도 있다. 이 과제를 통해 의사소통 능력, 정보 수집 및 활용 능력, 창의력 등을 평가할 수 있다.

⑤ 상황 면접(situational interview): 업무와 관련된 사람들과 면접을 하는 방식으로 직무에서 발생 가능한 상황에 대해 예상 대응을 묻는 과제이다. 면접 과정에서 피평가자를 스트레스 상황에 처하게 해 반응을 보는 스트레스 면접도 이에 속한다. 의사소통 능력, 순발력, 문제 해결 능력 등을 살펴볼 수 있다.
⑥ 사례 분석(case or project file): 그동안 있었던 사례나 특정 정보를 주고 문제를 분석하고 판단해 보고서를 작성하도록 하는 과제이다. 문제 분석 능력, 의사결정 능력, 정보 분석 및 활용 능력 등을 평가하며 보고 내용 및 형식에 대해서도 살펴볼 수 있다.

[표] 과제·역량 매트릭스 예

구분	역할연기	서류함 기법	집단 토의	프레젠테이션	상황 면접	사례 분석
문제 분석	○	○	○	○	○	○
전략적 사고		○		○		
의사결정 능력	○	○			○	○
팀워크			○			
친화력	○		○			
리더십			○			
계획 및 조직		○				○
구두 의사소통	○		○	○	○	
서면 의사소통		○				○

11 목표설정 이론(goal setting theory)에서 종업원의 직무수행을 향상시킬 수 있는 요인들을 모두 고른 것은?

> ㄱ. 도전적인 목표 ㄴ. 구체적인 목표
> ㄷ. 종업원의 목표 수용 ㄹ. 목표 달성 과정에 대한 피드백

① ㄱ, ㄹ
② ㄴ, ㄷ
③ ㄱ, ㄴ, ㄹ
④ ㄴ, ㄷ, ㄹ
⑤ ㄱ, ㄴ, ㄷ, ㄹ

답 ⑤

해설

목표설정의 특성

(1) 헬리겔과 슬로컴(Hellriegel & Slocum, 1978)은 조직 및 개인이 달성해야 할 목표가 적합하게 설정되어야 하고, 개인의 수행 목표는 다음과 같은 기준을 충족해야 한다고 주장한다.
 ① 수행 목표는 분명하고 세밀하며 모호하지 않아야 한다.
 ② 수행 목표는 필요조건을 정확하게 기술해야 한다.
 ③ 수행 목표는 조직의 정책과 절차에 일치해야 한다.
 ④ 수행 목표는 경쟁성을 지녀야 한다.
 ⑤ 수행 목표는 기대, 동기 부여, 도전감을 유발할 수 있어야 한다.

(2) 밀코비치와 부드로(Milkovich & Boudreau, 1997)는 목표 설정의 필요성을 제시하면서 다음 네 가지 조건을 주장한다.
 ① 첫째, 특정한 결과를 성취할 수 있도록 구체적으로 정해야 한다는 것이다. 이는 목표 구체성으로, 애매하거나 추상적인 목표보다는 양적인 명확하고 구체적인 목표를 제시할 때 효과가 높다. 이를테면 시험 기간에 목표를 세울 때, 열심히 공부하겠다거나 학점을 잘 받겠다는 목표를 설정하기보다 하루에 한 챕터를 공부하겠다거나 A학점을 받겠다고 목표를 설정하는 것이 더 효과적이다.
  예 래섬과 발데스(Latham & Baldes, 1975)는 제재소로 통나무를 운반하는 트럭 운전사들을 대상으로 목표 구체성에 관한 연구를 진행했다. 트럭 운전사들은 대개 최대 법적 하중으로 짐을 싣지 않았는데, 연구자들은 이를 애매한 목표 설정(예컨대 "최선을 다해라") 때문이라고 보았고, 이를 개선하기 위해 실험을 설계했다. 먼저 운전사들은 첫 8주간 최선을 다해 일하라는 지시만 받았다. 이후에는 트럭 중량의 94[%]에 해당하는 짐을 싣도록 구체적인 목표를 제시했다. 이 실험에서 운전사들은 성과 개선에 따른 보상(금전적 보상, 칭찬 등)이나, 감소에 따른 어떠한 보복 조치도 받지 않았다. 하지만 구체적인 목표 설정 이후 수행은 크게 향상되었고, 높은 실적이 유지되었다.
 ② 둘째, 양과 질, 영향력이 측정 가능해야 한다는 것이다.
  예 브룸(Vroom, 1964)은 개인이 어떤 행동을 하려고 할 때, 그 행동을 통해 어떤 결과를 얻을 수 있는가를 생각하고 그 기대에 따라 행동을 결정한다고 했다. 브룸의 기대 이론의 주요 요인으로는 기대감, 유인성, 수단성이 있다. 기대감은 개인이 일정한 수준의 노력을 기울인다면 특정한 목표를 달성할 수 있을 것이라는 기대의 주관적인 확률이다. 유인성은 개인이 특정한 목표를 달성함으로써 얻는 보상의 선호도로, 그 보상에 대해 개인이 느끼는 매력 정도를 나타낸다.
  마지막으로 수단성은 개인이 특정한 성과를 달성하면(1차적 결과) 이에 따라 바람직한 보상이 이어질 것(2차적 결과)이라고 믿는 기대의 주관적인 확률을 말한다. 기업에서 직원들 각자가 열심히 노력하면 좋은 평가를 받고 매력적인 보상(성과급, 승진)을 얻을 것이라고 믿는다면 그 직원들은 높은 수준으로 동기가 부여될 것이다. 이처럼 브룸의 이론은 개인의 행동과 노력이 기대라는 성취 가능성과 유인성이라는 주관적인 가치를 통해 결정되고 이루어진다고 주장한다.

③ 셋째, 설정된 목표가 직무, 조직, 경력 등과 관련하여 달성 가능하고 도전 가치가 있어야 한다는 것이다. 이는 목표 난이도와 관련한 것으로, 사람들은 목표가 어려울수록 더 몰입하게 되어 과제에 대한 흥미와 동기가 높아지고, 직무 성취도와 만족도가 올라간다. 일반적으로 사람들은 자신이 쉽게 달성할 수 있는 목표보다 난이도가 더 높은 목표에 몰입하며 목표 달성을 통한 성취감과 도전의식을 갖는다. 로크(1968)의 연구에 따르면, 개인들에게 낮은 목표, 중간 목표, 높은 목표를 제시했을 때 높은 목표를 가진 사람이 가장 생산성이 높았다.

> 예 유클과 래섬(Yukl & Latham, 1978)은 타이피스트를 대상으로 한 연구에서 어려운 목표가 쉬운 목표보다 성과를 증대시킨다는 것을 확인했다. 하지만 목표가 명백하게 달성될 수 없는 경우에는 오히려 개인의 동기가 감소하여 목표를 수행하지 않게 된다. 목표는 난이도가 높으면서 달성 가능하고 도전할 만한 가치가 있을 때 효과가 극대화된다.

마지막으로, 결과를 완성할 구체적인 시간을 명시해야 한다는 것이다. 언제 완수하겠다는 목표가 명확하고 구체적일수록 더 명확한 동기를 부여하여 목표의 효과를 높일 수 있다.

12 인사선발에 관한 설명으로 옳은 것은?

① 올바른 합격자(true positive)란 검사에서 합격점을 받아서 채용되었지만 채용된 후에는 불만족스러운 직무수행을 나타내는 사람이다.
② 잘못된 합격자(false positive)란 검사에서 불합격점을 받아서 떨어뜨렸지만 채용하였다면 만족스러운 직무수행을 나타냈을 사람이다.
③ 올바른 불합격자(true negative)란 검사에서 불합격점을 받아서 떨어뜨렸고 채용하였더라도 불만족스러운 직무수행을 나타냈을 사람이다.
④ 잘못된 불합격자(false negative)란 검사에서 합격점을 받아서 채용되었고 채용된 후에도 만족스러운 직무수행을 나타내는 사람이다.
⑤ 인사선발 과정의 궁극적인 목적은 올바른 합격자와 잘못된 불합격자를 최대한 늘리고 올바른 불합격자와 잘못된 합격자를 줄이는 것이다.

답 ③

해설

(1) 인사선발의 신뢰성
 ① 신뢰성(reliability): 시험결과의 일관성, 즉 어떤 시험을 동일한 환경에서 동일한 사람이 몇 번 보았을 때, 그 결과가 일치하는 정도를 나타낸다.
 ② 시험 - 재시험법(test-retest method): 동일인에게 동일한 내용의 시험을 서로 다른 시기에 실시하여, 결과를 측정하는 방법이다.
 ③ 대체형식법(alternate form method): 동일인에게 유사한 형태의 시험을 실시하여, 두 형태 간의 상관관계를 살펴보는 방법이다.
 ④ 양분법(half split method): 시험내용이나 문제를 반으로 나누어 각각 검사한 다음, 양자의 결과를 비교하는 방법이다.

[표] 채용 후 직무성과

	구분	만족(성공)	불만족(실패)
채용 여부	거 부	제1종 오류	올바른 결정
	채 용	올바른 결정	제2종 오류

(2) 인사선발의 타당성
 ① 타당성(validity)은 시험이 측정하고자 하는 내용 또는 대상을 정확히 검정하는 정도를 나타낸다.
   예 시험성적과 어떤 기준치(직무성과의 달성도)를 비교하는 기준관련 타당성(criterion related validity)이 대표적이다.
 ② 동시타당성(concurrent validity): 현직 종업원의 시험성적과 직무성과를 비교하여 선발도구의 타당성을 검사한다.
 ③ 예측타당성(predictive validity): 선발시험에 합격한 사람들의 시험성적과 입사후의 직무성과를 비교하여 타당성을 검사한다.
 ④ 내용타당성(content validity): 요구하는 내용을 시험이 얼마나 잘 나타내는가를 검토하는 것으로, 통계적 상관계수가 아닌 논리적 판단으로 검사한다.
 ⑤ 구성타당성(construct validity): 시험의 이론적 구성과 가정을 측정하는 정도를 나타낸다.
(3) 인사평가의 구성요건(평가의 원칙)
 ① 타당성: 시험이 측정하고자 하는 내용 또는 대상을 정확히 검정하는 정도

② 신뢰성: 어떤 시험을 동일한 환경에서 동일한 사람이 몇 번 보았을 때 그 결과가 일치하는 정도
③ 수용성: 인사평가제도에 대해서 피평가자들이 적법하고 필요한 것이라고 생각할 뿐만 아니라 평가는 공정하게 시행되고 있으며, 평가결과가 활용되는 평가목적에 대해서 동의하는 정도
④ 실용성: 인사평가제도의 도입과 운영으로 발생되는 비용보다 인사평가제도의 도입과 운영으로 인하여 발생되는 효과가 더 큰 것과 관련된 개념

(4) 인사평가 오류
① 규칙적 오류: 평가자가 다수의 피평가자를 평가할 때 분포가 특정방향으로 쏠리는 것
  ㉮ 관대화 경향: 모든 대상의 모든 평가요소를 긍정적으로 평가하려는 경향
  ㉯ 중심화 경향: 평가 시 긍정과 부정의 양극단은 피하고 중간점수를 주는 경향
  ㉰ 가혹화 경향: 모든 대상의 모든 평가요소를 부정적으로 평가하려는 경향
② 현혹효과(Halo effect, 후광효과): 어느 한 평가요소가 피평가자의 다른 평가에 영향을 미치는 오류
③ 유사오류: 평가자가 피평가자의 입장과 유사한 입장을 보이는 동시에 동질감을 느끼고 관대하게 평가하는 경향
④ 대조효과(대비오류): 여러 명의 피평가자들을 동시에 평가할 경우에 피평가자 간의 비교를 통하여 평가하게 되는 오류
⑤ 논리적 오류: 고과요소들 간에 상당한 논리적 상관관계가 있을 경우에 발생되는 편견
⑥ 상동적 태도: 사람을 평가함에 있어서 그 사람이 가지는 특성에 기초하지 않고 그 사람이 속한 집단의 특징이나 그가 속한 집단에 대한 고정관념으로 그 사람을 평가하는 오류
⑦ 상관 편견: 평가자가 평가항목의 정확한 차이를 이해하지 못하거나 관련성 없는 평가항목들 간에 상관관계가 있다고 생각하여 발생하는 오류

(5) 평가자 오류
① 후광오류: 하나가 좋으면 나머지도 좋게 평가(편견작용)
② 관대화 오류: 피평가자를 실제보다 관대하게 평가하는 오류로 도식적 평정법에서 가장 많이 발생
③ 중심화 오류: 전반적으로 중간을 선호하는 경향
④ 엄격화 오류: 근무성적평정 등에서 평정 결과의 점수 분포가 낮은 쪽에 집중되는 경향

13. 심리평가에서 타당도와 신뢰도에 관한 설명으로 옳지 않은 것은?

① 구성타당도(construct validity)는 검사문항들이 검사용도에 적절한지에 대하여 검사를 받는 사람들이 느끼는 정도다.
② 내용타당도(content validity)는 검사의 문항들이 측정해야 할 내용들을 충분히 반영한 정도다.
③ 검사 - 재검사 신뢰도(test-retest reliability)는 검사를 반복해서 실시했을 때 얻어지는 검사 점수의 안정성을 나타내는 정도다.
④ 평가자 간 신뢰도(inter-rater reliability)는 두 명 이상의 평가자들로부터의 평가가 일치하는 정도다.
⑤ 내적 일치 신뢰도(internal-consistency reliability)는 검사 내 문항들 간 동질성을 나타내는 정도다.

답 ①

해설

심리평가의 타당도
① 구성타당도
　특정한 연구 계획에서 독립변인과 종속변인이 그것들이 측정하고자 하는 것을 정확하게 반영하거나 측정하는 정도
② 내용타당도(content validity) : 검사의 문항들이 측정해야 할 내용들을 충분히 반영한 정도
③ 준거관련 타당도
④ 수렴타당도
⑤ 확산타당도

보충학습
① 검사방법
　작성된 도구가 개념틀에 부합되는지를 확인하기 위해 시도하는 타당도검사로서 요인분석 같은 통계적 방법을 통해 검사
② 심리평가(심리검사) 신뢰도
　㉮ 검사 - 재검사 신뢰도(test-retest reliability) : 검사를 반복해서 실시했을 때 얻어지는 검사 점수의 안정성을 나타내는 정도
　㉯ 평가자 간 신뢰도(inter-rater reliability) : 두 명 이상의 평가자들로부터의 평가가 일치하는 정도
　㉰ 내적 일치 신뢰도(internal-consistency reliability) : 검사 내 문항들 간의 동질성을 나타내는 정도

참고
2018년 3월 4일(문제 14번 해설)

14 인사평가 시기가 되자 홍길동 부장은 매우 우수한 성과를 보인 이순신 사원을 평가하고, 다음 차례로 이몽룡 사원을 평가하였다. 이때 이몽룡 사원은 평균적인 성과를 보였음에도 불구하고, 평균 이하의 평가를 받았다. 홍길동 부장의 평가에서 발생한 오류는?

① 후광 오류
② 관대화 오류
③ 중앙집중화 오류
④ 대비 오류
⑤ 엄격화 오류

답 ④

해설

평가 오류

(1) 인사선발 오류

인재를 제대로 선발하기는 정말 어려운 일이다. 기껏 좋은 인재라고 뽑아서 온갖 정성과 관심을 갖고 키운 인재가 몇 달 후에 다른 기업으로 가겠다고 사표를 쓰고 이직하는 경우가 종종 있다. 서류전형과 시험에 통과한 지원자들 중에서 면접을 통해 우수한 사람(오래 근무하면서, 일 잘하고, 성과도 높고, 조직에도 잘 적응할 사람)을 뽑는다. 그런데 이런 기대치가 무너지는 경우가 비일비재하다.

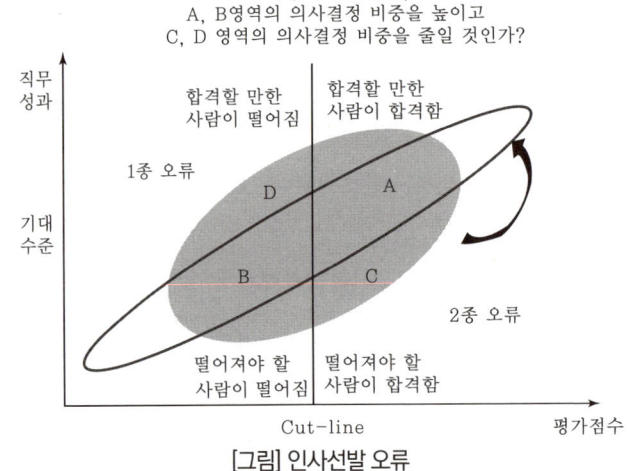

[그림] 인사선발 오류

(2) 평가자 오류

① 후광효과(halo effect)

하나가 좋으면 나머지도 모두 좋게, 하나가 나쁘면 나머지도 나쁘게 평가함(편견 작용) - 소통 능력이 뛰어나면, 다른 역량도 좋은 것으로 판단함

㉮ 학력, 외모, 출신 배경 등 비평가 요소에 의한 영향
㉯ 과거의 성적에 영향받음
㉰ 평가자 자신이 중요시하는 요소가 뛰어나면, 다른 요소도 우수하게 인식

후광 오류로 인해 평가점수가 낮아지는 경우에는 특히 나팔오류(horns effect)라고도 함
인사평가 장면에서 직무 수행의 성과 차원에 대해 비슷한 평가 점수를 줌으로써 발생하는 것이 후광 오류이다. 원인으로는 첫째, 평가자의 지체되는 시간 때문이다. 둘째, 평가자가 피평가자를 잘 모르는 경우 전반적 인상에 따라 평가하게 된다.

② 중심화 경향(관대화 : 엄격화 경향)
　㉮ 전반적으로 중간을 선호하는 경향(높거나 낮은 점수를 주는 경향)
　㉯ 직무능력이 아닌 인간관계(혈연, 학연, 지연, 친밀관계 등)에 비중을 두거나, 관찰·기록의 부족으로 인해 평가의 자신감이 부족할 때 자주 나타남
　㉰ 피평가자를 잘 모르는 경우에 낮은 평가점수를 주는 것을 회피하는 경향이 나타날 수 있음(관대화 경향)
　㉱ 평가요소의 기준이 불명확할 때도 나타남
③ 대비오차(유사성 효과)
　㉮ 평가자 본인 또는 특정인, 특히 바로 직전에 평가한 다른 피평가자와 대비해서 판단을 내리는 경향(주관적 관찰로 인한 오류)
　㉯ 평가자 본인과 유사한 특성(성격, 종교, 가치관 등)이 뛰어나면 우수하게 평가하는 자기중심적 판단성향을 특히 유사성 오류라고 함
　㉰ 우수관리자가 평가자일 때 자주 나타남
　　　예) 내가 젊었을 때에는 이러이러했다는 것이 기준이 됨
④ 논리적 착오
　- 평가요소 간의 겉으로 보이는 논리적 일치(탁상공론식 평가로부터 오는 오류)
⑤ 기말효과(최신효과)
　㉮ 평가 시기의 어떤 임박한 사실에 큰 영향을 받음 - 대개 과거(3~4개월 전)일은 잊어버림 - 평소 피평가자에 대한 업무수행 기록을 남기지 않음
　㉯ 시뮬레이션이 종료되기 바로 직전의 정보에 큰 비중을 두고 이전에 있었던 많은 정보를 무시하고 판단하는 오류
⑥ 첫인상효과
　㉮ 처음 5분 정도에 느낀 인상을 근거로 피평가자에 대한 호·불호, 우수·열위, 특정의 이미지 등을 범주화시켜서 평가하는 경향
　㉯ 평가자가 시간이 흐르면서 얻게 되는 새로운 정보를 객관적으로 수용하기보다는, 먼저 내린 자신의 결정을 확인하고 지지하는 정보를 선택적으로 반응하는 경향이 나타남
⑦ 부정적 정보효과
　- 몇 가지 긍정적인 정보보다는 한 가지 부정적인 정보로부터 더 큰 영향을 받아 판단을 내리는 경향(부정적인 정보가 지닌 가치, 영향력을 과대평가하기 때문)
⑧ 고정관념 효과
　- 면접관이 이상적인 지원자에 대해 자기 나름대로 고정관념을 가지고 있는 경우 응답 내용이나 표준 답안보다도 고정관념과 지원자의 이미지가 일치하는 정도에 따라서 평가하는 경향
　　　예) 20대가 40대의 패션 코드 → 고루한 성격일 거야
　　　예) 유명대학 졸업 → 모든 걸 잘 할거야
⑨ 시각단서 효과
　- 지원자가 답변하는 말의 내용보다 지원자의 태도나 동작, 행동 등과 같은 비언어적 시각 단서가 면접관의 평가에 더 큰 영향을 미치는 경향
　　　예) 메라비언 연구 : 몸짓 55[%], 음색 : 38[%], 말 : 7[%](노먼 라이트 연구)
⑩ 방어적 관념
　- 자기가 알고 있는 사실은 집중적으로 파고들어 가면서도 보고 싶지 않은 것은 외면해 버리는 경향(Perceptional Defence)

15
인간정보처리(human information processing)이론에서 정보량과 관련된 설명이다. 다음 중 옳지 않은 것은?

① 인간정보처리이론에서 사용하는 정보 측정단위는 비트(bit)이다.

② 힉-하이만 법칙(Hick-Hyman law)은 선택반응시간과 자극 정보량 사이의 선형함수 관계로 나타난다.

③ 자극-반응 실험에서 인간에게 입력되는 정보량(자극 정보량)과 출력되는 정보량(반응 정보량)은 동일하다고 가정한다.

④ 정보란 불확실성을 감소시켜 주는 지식이나 소식을 의미한다.

⑤ 자극-반응 실험에서 전달된(transmitted) 정보량을 계산하기 위해서는 소음(noise) 정보량과 손실(loss) 정보량도 고려해야 한다.

답 ③

해설

정보량(amount of information : 情報量)

자극의 불확실성과 반응의 불확실성은 정보전달이 완벽할 수 없게 한다. X는 자극의 입력, Y는 반응의 출력을 나타낸 것이고, 중복된 부분은 제대로 전달된 정보량을 나타낸다.

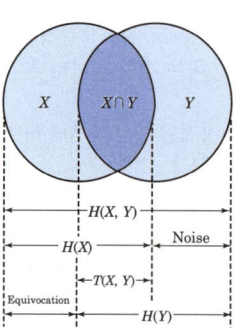

[그림] 정보전달의 개념도

① 정보의 전달량은 다음 식과 같이 나타낼 수 있다.
$$T(X, Y) = H(X) + H(Y) - H(X, Y)$$

② 정보전달 체계는 완벽하지 못하기 때문에 전달하고자 하는 자극의 정보량, 반응의 정보량, 전달된 정보량이 다를 수 있는데, 이는 Equivocation과 Noise가 존재하기 때문이다.

㉮ Equivocation
전달하고자 의도한 입력 정보량 중 일부가 체계 밖으로 빠져 나간 것을 말한다.
$$\text{Equivocation} = H(X) - T(X, Y)$$

㉯ Noise
전달된 정보량 속에 포함되지 않았지만 전달체계 내에서 또는 외부에서 생성된 잡음으로 출력 정보량에 포함된다.
$$\text{Noise} = H(Y) - T(X, Y)$$

16 하인리히(H. Heinrich)의 연쇄성 이론에 관한 설명으로 옳지 않은 것은?

① 연쇄성 이론은 도미노 이론이라고 불리기도 한다.
② 사고를 예방하는 방법은 연쇄적으로 발생하는 사고 원인들 중에서 어떤 원인을 제거하여 연쇄적인 반응을 막는 것이다.
③ 연쇄성 이론에 의하면 5개의 도미노가 있다.
④ 사고 발생의 직접적인 원인은 불안전한 행동과 불안전한 상태다.
⑤ 연쇄성 이론에서 첫 번째 도미노는 개인적 결함이다.

답 ⑤

해설

하인리히(H.W. Heinrich)의 산업재해 도미노 이론
① 제1단계 : 사회적 환경과 유전적 요소(가정 및 사회적 환경의 결함)
② 제2단계 : 개인적 결함
③ 제3단계 : 불안전 상태 및 불안전 행동
④ 제4단계 : 사고
⑤ 제5단계 : 상해(재해)

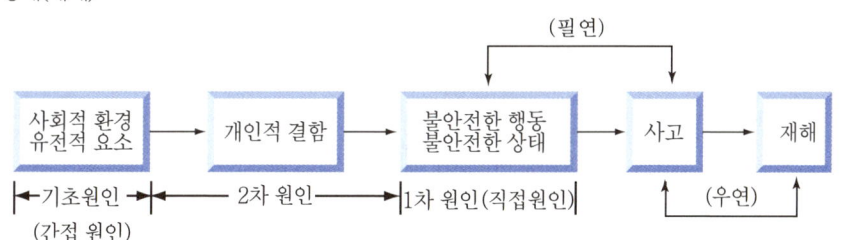

[그림] 사고발생 메커니즘(mechanism)

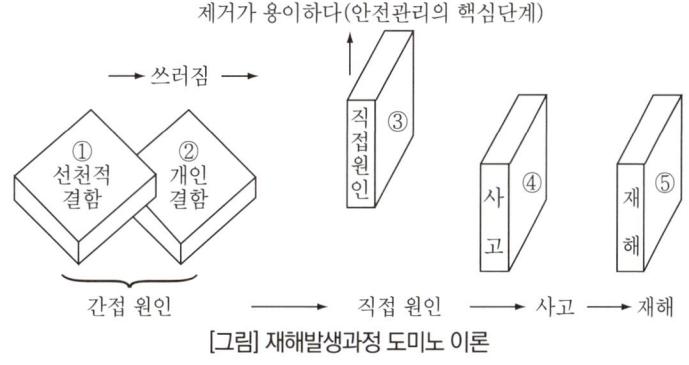

[그림] 재해발생과정 도미노 이론

참고
산업안전일반 p.298(1. 재해발생메커니즘)

합격키
2017년 3월 25일 출제

17 작업장의 적절한 조명수준을 결정하려고 한다. 다음 중 옳은 것을 모두 고른 것은?

> ㄱ. 직접조명은 간접조명보다 조도는 높으나 눈부심이 일어나기 쉽다.
> ㄴ. 정밀 조립작업을 수행할 경우에는 일반 사무작업을 할 때보다 권장조도가 높다.
> ㄷ. 40세 이하의 작업자보다 55세 이상의 작업자가 작업할 때 권장조도가 높다.
> ㄹ. 작업환경에서 조명의 색상은 작업자의 건강이나 생산성과 무관하다.
> ㅁ. 표면 반사율이 높을수록 조도를 높여야 한다.

① ㄱ, ㄴ
② ㄱ, ㄴ, ㄷ
③ ㄱ, ㄷ, ㅁ
④ ㄴ, ㄷ, ㄹ
⑤ ㄱ, ㄴ, ㄷ, ㄹ, ㅁ

답 ②

해설

조명
(1) 전반조명과 국부조명
　① 전반조명
　　조명 기구를 일정한 높이와 간격으로 배치하여 작업장 전체를 균일하게 밝히는 조명방식
　② 국부조명
　　필요한 곳만을 강하게 조명하는 조명법으로 정밀한 작업 또는 시력을 집중시켜줄 수 있는 일에 사용하는 조명방식
(2) 직접조명과 간접조명
　① 직접조명
　　등기구에서 발산되는 광속의 90[%] 이상을 직접 작업면에 투사하는 조명방식

[표] 직접조명의 장·단점

장점	• 조명률이 크므로 소비전력은 간접조명의 1/2~1/3이다. • 설비기가 저렴하며 설계가 단순하다. • 효율이 좋다. • 조명기구의 점검, 보수가 용이하다.
단점	• 눈이 부시다. • 빛이 반사되어 물체를 식별하기가 어렵다. • 균일한 조도를 얻기 어렵다.

　② 간접조명
　　등기구에서 발산되는 광속의 90[%] 이상을 천장이나 벽에 투사시켜 이로부터 반사 확산된 광속을 이용하는 조명방식

[표] 간접조명의 장·단점

장점	• 눈부심이 적고 조도가 균일하다. • 그림자가 부드럽다. • 등기구의 사용을 최소화하여 조명 효과를 얻을 수 있다.
단점	• 밝지 않다. • 천장색에 따라 조명 빛깔이 변한다. • 효율성이 떨어진다. • 설비비가 많이 들고 보수가 쉽지 않다.

18 소리와 소음에 관한 설명으로 옳은 것은?

① 인간의 가청주파수 영역은 20,000[Hz]~30,000[Hz]다.
② 인간이 지각한(perceived) 음의 크기는 음의 세기(dB)와 항상 정비례한다.
③ 강력한 소음에 노출된 직후에 발생하는 일시적 청력손실은 휴식을 취하더라도 회복되지 않는다.
④ 우리나라 소음노출기준은 소음강도 90[dB(A)]에 8시간 노출될 때를 허용기준선으로 정하고 있다.
⑤ 소음노출지수가 100[%] 이상이어야 소음으로부터 안전한 작업장이다.

답 ④

해설

소리와 소음

(1) 소음 기준 및 소음노출한계
　① 소음 작업 : 1일 8시간 작업을 기준으로 85[dB] 이상의 소음이 발생하는 작업
　② 강력한 소음작업
　　㉮ 90[dB] 이상의 소음이 1일 8시간 이상 발생하는 작업
　　㉯ 95[dB] 이상의 소음이 1일 4시간 이상 발생하는 작업
　　㉰ 100[dB] 이상의 소음이 1일 2시간 이상 발생하는 작업
　　㉱ 105[dB] 이상의 소음이 1일 1시간 이상 발생하는 작업
　　㉲ 110[dB] 이상의 소음이 1일 30분 이상 발생하는 작업
　　㉳ 115[dB] 이상의 소음이 1일 15분 이상 발생하는 작업
　③ 충격소음작업
　　소음이 1초 이상의 간격으로 발생하는 작업
　　㉮ 120[dB]을 초과하는 소음이 1일 1만회 이상 발생하는 작업
　　㉯ 130[dB]을 초과하는 소음이 1일 1천회 이상 발생하는 작업
　　㉰ 140[dB]을 초과하는 소음이 1일 1백회 이상 발생하는 작업

정보제공

산업안전보건기준에 관한 규칙 제512조(정의)
　④ 복합소음
　　㉮ 두 소음 수준차가 10[dB] 이내일 때 : 복합소음 발생
　　㉯ 같은 소음 수준의 기계 2대일 때 : 3[dB] 소음이 증가하는 현상을 말한다.

> **합성소음도(전체소음, 여러 소음원 동시 가동 시의 소음도)**
>
> $$L = 10\log\left(10^{\frac{L_1}{10}} + 10^{\frac{L_2}{10}} + \cdots + 10^{\frac{L_n}{10}}\right)[dB]$$
>
> 여기서, L : 합성소음도[dB]
> 　　　　$L_1 \sim L_n$: 각 소음원의 소음[dB]

　⑤ 은폐현상(Masking 현상)
　　㉮ 두 음의 차가 10[dB] 이상인 경우 발생한다.
　　㉯ 높은 음이 낮은 음을 상쇄시켜 높은 음만 들리는 현상이다.

[표] 소음의 노출기준(충격소음 제외)

1일 노출시간(hr)	8	4	2	1	1/2	1/4
소음강도[dB(A)]	90	95	100	105	110	115

주 : 115[dB(A)]를 초과하는 소음 수준에 노출되어서는 안 됨

[표] 충격소음의 노출기준

1일 노출횟수	100	1,000	10,000
충격소음의 강도[dB(A)]	140	130	120

주: 1. 최대음압수준이 140[dB(A)]를 초과하는 충격소음에 노출되어서는 안 됨
    2. 충격소음이라 함은 최대음압수준에 120[dB(A)] 이상인 소음이 1초 이상의 간격으로 발생하는 것을 말함

(2) 소음과 청력손실
  ① 청력손실
    ㉮ 진동수가 높아짐에 따라 청력손실도 심해진다.
    ㉯ 청력손실의 정도는 노출 소음 수준에 따라 증가한다.
    ㉰ 초기 청력손실은 4,000[Hz]에서 가장 크게 나타난다.
    ㉱ 강한 소음에 대해서는 노출기간에 따라 청력손실이 증가하지만 약한 소음과는 관계가 없다.

소음을 내는 기계로부터 거리가 d_2 만큼 떨어진 곳의 소음 계산

$$dB_2 = dB_1 - 20 \times \log\left(\frac{d_2}{d_1}\right) [dB]$$

소음기계로부터 d_1 떨어진 곳의 소음: dB_1
소음기계로부터 d_2 떨어진 곳의 소음: dB_2

  ② 음량수준 측정 척도
    ㉮ phone에 의한 음량수준
    ㉯ sone에 의한 음량수준
    ㉰ 인식소음 수준
  ③ 소음 대책
    ㉮ 소음원 통제: 기계에 고무받침대 부착, 차량에 소음기 부착 등
    ㉯ 소음의 격리: 씌우개, 방, 장벽, 창문 등으로 격리
    ㉰ 차폐장치, 흡음제 사용
    ㉱ 음향처리제 사용
    ㉲ 적절한 배치(Layout)
    ㉳ 배경음악
    ㉴ 보호구 사용: 귀마개, 귀덮개
  ④ 난청발생에 따른 조치
    사업주는 소음으로 인하여 근로자에게 소음성 난청 등의 건강장해가 발생하였거나 발생할 우려가 있는 경우에 다음 각 호의 조치를 하여야 한다.
    ㉮ 해당 작업장의 소음성 난청 발생 원인조사
    ㉯ 청력손실을 감소시키고 청력손실의 재발을 방지하기 위한 대책 마련
    ㉰ ㉯에 따른 대책의 이행 여부 확인
    ㉱ 작업전환 등 의사의 소견에 따른 조치

19 일반적으로 재해가 발생하였을 때 재해조사를 실시하게 된다. 재해조사를 할 때 유의사항으로 옳지 않은 것은?

① 재해발생 현장의 사실을 수집한다.

② 사람과 기계설비 양면의 재해요인을 모두 도출한다.

③ 2차 재해의 예방을 위해 보호구를 착용한다.

④ 목격자의 증언을 배제하고 주관적으로 조사에 임한다.

⑤ 조사는 신속하게 실시하고, 피재 설비를 정지시켜 2차 재해의 방지를 도모한다.

답 ④

해설

재해조사 시 유의사항
① 사실을 수집한다.
② 목격자 등이 증언하는 사실 이외의 추측의 말은 참고로만 한다.
③ 조사는 신속하게 행하고 긴급조치를 하여 2차 재해의 방지를 도모한다.
④ 사람, 기계설비, 환경의 측면에서 재해요인을 모두 도출한다.
⑤ 객관적인 입장에서 공정하게 조사하며 조사는 2인 이상이 한다.
⑥ 책임추궁보다 재발방지를 우선하는 기본 태도를 갖는다.

보충학습

(1) 재해조사의 목적
목적은 산업재해에 대한 원인을 분명하게 함으로써 가장 적절한 예방대책을 찾아내어 동종재해 또는 유사재해를 미연에 방지하기 위한 데 목적이 있으며 세부사항은 다음과 같다.
① 재해발생 원인 및 결함 규명
② 재해예방 자료 수집
③ 동종재해 및 유사재해 재발방지

(2) 조사자의 태도
① 항상 객관성을 가지고 제3자의 입장에서 공평하게 조사한다.
② 책임추궁보다 재발방지를 우선하는 기본 태도를 갖는다.
③ 사고조사 목적 이외의 상황은 조사하지 않도록 한다.

20 전기설비기술기준상 대지전압이 220 V일 경우 저압 절연전선의 절연저항값은 최소 몇 MΩ 이상으로 하여야 하는가?

① 0.1
② 0.2
③ 0.3
④ 0.4
⑤ 0.5

답 ②

해설

절연전선의 절연저항치

전압 구분	전로(電路)의 사용전압구분	절연저항치
300V 이하	대지전압(접지식 전로에 있어서는 전선과 대지와의 사이의 전압. 비접지식 전로에 있어서는 전선간의 전압을 말한다)이 150V 이하의 경우	0.1MΩ
	기타의 경우	0.2MΩ
300V가 넘는 것		0.4MΩ

보충학습

절연전선의 절연저항(絶縁電線-絶縁抵抗)

① 절연전선의 절연피복이 전기적 및 기계적으로 열화·손상되면 단락(短絡)사고나 지락(地絡)사고의 원인이 되어 기기의 소손이나 감전재해의 우려가 있다.
② 전선 상호간 및 전선과 대지 사이의 절연저항을 측정하여 표와 같은 값 이상의 절연을 항상 유지하여야 한다.
③ 전선 상호간의 절연저항이란 전기기계기구 내의 전선을 포함하지 않으므로 전기기계기구를 제외한 상태에서 옥내배선이나 이동 전선만의 선간(線間) 절연저항을 측정한다.

21 위험성평가에 사용되는 용어의 설명이다. 제시된 내용과 일치하는 용어에 해당하는 것은?

> 유해·위험별로 추정한 위험성의 크기가 허용 가능한 범위인지 여부를 판단하는 것

① 위험성
② 위험성 추정
③ 위험성 결정
④ 유해·위험요인 파악
⑤ 위험성 감소대책 수립 및 실행

답 ③

해설

제11조(위험성 결정) ① 사업주는 제10조에 따라 파악된 유해·위험요인이 근로자에게 노출되었을 때의 위험성을 제9조제2항제1호에 따른 기준에 의해 판단하여야 한다.
② 사업주는 제1항에 따라 판단한 위험성의 수준이 제9조제2항제2호에 의한 허용 가능한 위험성의 수준인지 결정하여야 한다.

합격정보

제3조(정의) ① 이 고시에서 사용하는 용어의 뜻은 다음과 같다.
1. "유해·위험요인"이란 유해·위험을 일으킬 잠재적 가능성이 있는 것의 고유한 특징이나 속성을 말한다.
2. "위험성"이란 유해·위험요인이 사망, 부상 또는 질병으로 이어질 수 있는 가능성과 중대성 등을 고려한 위험의 정도를 말한다.
3. "위험성평가"란 사업주가 스스로 유해·위험요인을 파악하고 해당 유해·위험요인의 위험성 수준을 결정하여, 위험성을 낮추기 위한 적절한 조치를 마련하고 실행하는 과정을 말한다.
② 그 밖에 이 고시에서 사용하는 용어의 뜻은 이 고시에 특별히 정한 것이 없으면 「산업안전보건법」(이하 "법"이라 한다), 같은 법 시행령(이하 "영"이라 한다), 같은 법 시행규칙(이하 "규칙"이라 한다) 및 「산업안전보건기준에 관한 규칙」(이하 "안전보건규칙"이라 한다)에서 정하는 바에 따른다.

제7조(위험성평가의 방법) ① 사업주는 다음과 같은 방법으로 위험성평가를 실시하여야 한다.
1. 안전보건관리책임자 등 해당 사업장에서 사업의 실시를 총괄 관리하는 사람에게 위험성평가의 실시를 총괄 관리하게 할 것
2. 사업장의 안전관리자, 보건관리자 등이 위험성평가의 실시에 관하여 안전보건관리책임자를 보좌하고 지도·조언하게 할 것
3. 유해·위험요인을 파악하고 그 결과에 따른 개선조치를 시행할 것
4. 기계·기구, 설비 등과 관련된 위험성평가에는 해당 기계·기구, 설비 등에 전문 지식을 갖춘 사람을 참여하게 할 것
5. 안전·보건관리자의 선임의무가 없는 경우에는 제2호에 따른 업무를 수행할 사람을 지정하는 등 그 밖에 위험성평가를 위한 체제를 구축할 것

② 사업주는 제1항에서 정하고 있는 자에 대해 위험성평가를 실시하기 위해 필요한 교육을 실시하여야 한다. 이 경우 위험성평가에 대해 외부에서 교육을 받았거나, 관련학문을 전공하여 관련 지식이 풍부한 경우에는 필요한 부분만 교육을 실시하거나 교육을 생략할 수 있다.
③ 사업주가 위험성평가를 실시하는 경우에는 산업안전·보건 전문가 또는 전문기관의 컨설팅을 받을 수 있다.
④ 사업주가 다음 각 호의 어느 하나에 해당하는 제도를 이행한 경우에는 그 부분에 대하여 이 고시에 따른 위험성평가를 실시한 것으로 본다.
1. 위험성평가 방법을 적용한 안전·보건진단(법 제47조)
2. 공정안전보고서(법 제44조). 다만, 공정안전보고서의 내용 중 공정위험성 평가서가 최대 4년 범위 이내에서 정기적으로 작성된 경우에 한한다.
3. 근골격계부담작업 유해요인조사(안전보건규칙 제657조부터 제662조까지)

4. 그 밖에 법과 이 법에 따른 명령에서 정하는 위험성평가 관련 제도
⑤ 사업주는 사업장의 규모와 특성 등을 고려하여 다음 각 호의 위험성평가 방법 중 한 가지 이상을 선정하여 위험성평가를 실시할 수 있다.
1. 위험 가능성과 중대성을 조합한 빈도·강도법
2. 체크리스트(Checklist)법
3. 위험성 수준 3단계(저·중·고) 판단법
4. 핵심요인 기술(One Point Sheet)법
5. 그 외 규칙 제50조제1항제2호 각 목의 방법

22
K사는 세계 곳곳에 생산 공장을 두고 있는 글로벌 기업이다. 각 생산공장에 적용 가능한 안전보건경영시스템을 조사하고자 한다. 국내·외에 존재하는 안전보건경영시스템 관련 규격명과 제정한 국가의 연결이 옳지 않은 것은?

① ISRS (International Safety Rating System) - 노르웨이
② KOSHA (Korea Occupational Safety & Health Agency) 18001 - 한국
③ HS(G)65 (Successful Health and Safety Management) - 영국
④ VPP (Voluntary Protection Program) - 미국
⑤ Work Safe Plan - 독일

답 ⑤

해설

국가별 안전보건경영시스템
① 영국 - BS8800
② 일본 - COHSMS
③ 유럽 - OHSAS18001
④ 미국 - VPP, SHARP, JHA
⑤ 일본 - OHSMSCI
⑥ 싱가포르 - SMS
⑦ 홍콩 - SMR
⑧ 노르웨이 - IMS
⑨ 말레이시아 - OSHA, DOSH
⑩ 호주 - OHS
⑪ 핀란드 - TR법

보충학습1

외국의 안전보건경영시스템 중 국내에 도입된 제도

(1) 미국
① 미국VPP(Voluntary Protection Program)
노사협력 자율안전 프로그램 추진사업장에 정부에서 등급별로 인정, 혜택을 부여하는 제도 → 공공기관(도로공사 등)이 제도를 적용하여 등급별로 인센티브를 적용
② 미국SHARP(Safety and Health Achievement Recognition Program)
모범 사업장에 대한 인정서 교육 및 감독 면제 → 우수 위험성평가 사업장 등 고용노동부 등에서 추진하는 사업 등에 활용
③ 미국JHA(Job Hazard Analysis)
작업절차의 수립 등 특정작업에 대한 위험을 인지하는 기법 → 국내 사업장 위험성 평가 기법으로 적용

(2) 말레이시아
① 유해·위험작업에 대한 취업제한 규정 등에 적용되고 있고, 타워크레인 신호수 법정교육 등 유사한 제도
② Green Card System 도입 : 신규채용근로자 교육 시스템으로 국내에서는 "건설업 기초안전보건교육"이 이와 유하제도

(3) 호주
① 1983년 무과실 책임주의에 관련되는 OHS 관련법은 현재 우리나라의 중대기업처벌법과 같은 유형
② 호주에서는 기업살인법(Company manslaughter law)로 표현
③ 협력업체 SWMS(Safe Work Method Statement) 작성하도록 하는데, 우리나라에서 작업허가서 PTW(Permit to Work)제도와 유사

보충학습2

안전보건경영시스템의 적용 범위 결정방법에 관한 지침

1. 목적
사업장은 안전보건 관련 현안 사항을 파악하여 체계적인 대응 관리를 위해 안전보건경영시스템(KOSHA-MS)을 구축한다. 그리고, 시스템의 조직 내 적용 범위를 결정하여 선택과 집중을 통한 최대 효과를 도출하고자 한다. 본 가이드라인은 안전보건경영시스템의 적용 범위(경계) 결정을 위해 요구되는 기본 개념과 그 방법을 안내하는 것을 목적으로 한다.

2. 적용범위
본 가이드라인은 KOSHA-MS 실무담당자 및 내부 심사원, 안전보건경영체제 지원사업을 담당하는 행정 관리인의 업무 역량 증진에 적용한다. 아울러, 안전보건관리를 통해 지속적인 안전 성과를 개선하고 경쟁력을 강화하려는 사업장과 공공행정기관의 관리 책임자에도 적용하도록 권고한다.

3. 용어의 정의
(1) 경영시스템 : 경영시스템(Management System)이란 소정 업무의 완수 또는 특정 결과를 유지하거나 성취하기 위하여 조직의 구조, 방침, 정책, 비전, 역할과 책임, 기획, 절차, 운영, 성과평가 및 개선 등의 구성 요소가 계획·실행-검토-조치(P-D-C-A) 사이클 원리에 따라서 체계적이고 유기적으로 개선을 향해 지속 진화하는 체제다.

(2) 안전보건경영 : 안전·보건경영(occupational safety and health management)이란 사업주가 자율적으로 안전하고 건강한 사업장을 제공하기 위하여, 작업-관련 상해 및 건강상 재해 예방 시스템을 자율적으로 구축하고 정기적으로 위험성을 평가하여 잠재적 유해·위험 요인을 지속으로 개선하면서 산업재해 성과를 개선하는 일련의 조치 사항을 체계적으로 관리하는 제반 활동이다.

(3) 적용 범위 : 안전·보건 경영시스템은 조직 그룹 전체, 단위 개별 조직 또는 특정한 사업부를 대상으로 적용될 수 있으며, 기능 역시 하나의 기능 또는 그 이상의 기능을 포함할 수 있다. 적용 범위(the scope)는 이 과정에서 경계(boundaries)를 정하는 의사 결정 활동이다.

(4) 이해관계자 : 조직의 운영과 관계되는 집단들로 주주, 경영진, 근로자(종업원)인 내부 이해관계자와 고객, 노동조합, 경쟁자, 정부, 노동단체, 협력업체, 지역사회, 금융기관, 언론매체인 외부 이해관계자로 구분된다. 그 밖에 이 지침에서 사용하는 용어의 정의는 이 지침에 특별한 규정이 있는 경우를 제외하고는 산업안전보건법, 같은 법 시행령, 같은 법 시행규칙, 산업안전보건기준에 관한 규칙에서 정하는 바에 의한다.

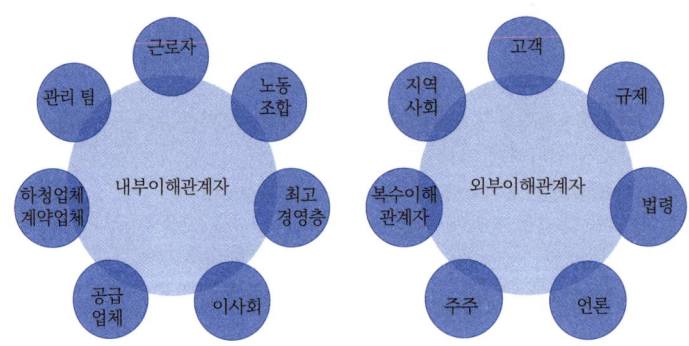

[그림 1] 이해관계자 구분

4. 적용범위 결정 방법
(1) 의의와 핵심 과정
① 안전보건경영시스템을 구축하려는 조직(사업장)은 조직환경, 사업장 소재지 특성, 산업특성을 고려하여 경영시스템의 적용 범위를 규정하여 적용할 수 있다.
  ㉮ 모든 안전보건 요소가 경영시스템에 적용되는 것이 원칙이나, 업종의 종류, 조직의 규모 또는 업무특성에 따라 각 요소의 적용 범위를 조정하여 적용할 수 있다.
  ㉯ 안전보건경영시스템의 적용 범위는 자유와 유연성을 갖는다.

㉢ 타당성 없는 일방적인 적용 범위 결정은 경영시스템의 신뢰성에 영향을 미친다. 따라서, 적용 범위 결정 의사 결정 관련 모든 자료는 문서화 되어 적합성을 보여야 한다.
② 안전보건경영시스템의 범위(경계) 결정의 핵심 과정은 안전·보건 관련 내부 및 외부 이슈를 파악하는 과정; 근로자 및 기타 이해관계자의 니즈와 기대를 파악하는 과정; 그리고 핵심 작업 활동 관련 이슈이다.

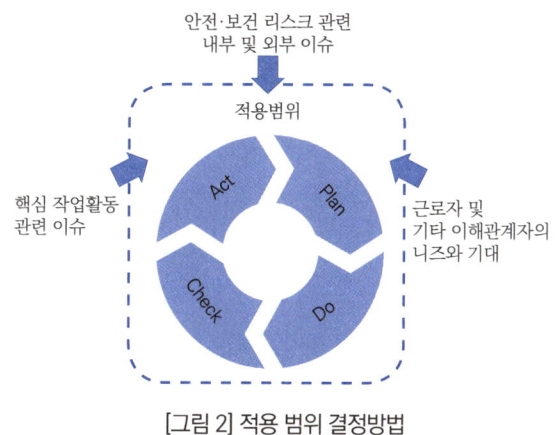

[그림 2] 적용 범위 결정방법

(2) 외부 및 내부 안전보건 이슈 파악 과정
안전보건경영시스템의 적용 범위를 규정하기 위한 1차 과업은 조직(사업장) 관련 외부 및 내부 안전보건 이슈를 파악하고, 조직의 안전보건경영시스템의 의도된 결과를 달성하기 위한 조직의 능력에 영향을 주는 이슈를 정하는 경영 활동이다. 일반적으로 이 활동은 KOSHA MS 4.1과 연계되며, 외·내부 카테고리로 구분한다.

참고문헌

KOSHA GUIDE Z-12-2022

23 ABE형 안전모의 성능 시험항목에 해당되는 것을 모두 고른 것은?

> ㄱ. 내수성 시험　　　　　ㄴ. 내관통성 시험
> ㄷ. 내열성 시험　　　　　ㄹ. 충격흡수성 시험
> ㅁ. 내전압성 시험　　　　ㅂ. 내약품성 시험

① ㄱ, ㄴ, ㄷ
② ㄴ, ㄹ, ㅂ
③ ㄱ, ㄴ, ㄹ, ㅁ
④ ㄱ, ㄹ, ㅁ, ㅂ
⑤ ㄴ, ㄷ, ㄹ, ㅁ

답 ③

해설

안전모의 성능시험

1. 내관통성 시험(대상 안전모 : AB, AE, ABE)
   ① 시험방법 : 시험 안전모를 땀방지대가 느슨한 상태로 사람머리 모형에 장착하고 0.45kg(1Pound)의 철제추를 높이 3.04m(10피트)에서 자유낙하시켜 관통거리 측정
   ② 성능기준(관통거리는 모체 두께를 포함하여 철제추가 관통한 거리)
      - AB 안전모 : 관통거리 11.1mm 이하
      - AE, ABE 안전모 : 관통거리 9.5mm 이하

2. 충격흡수성 시험(대상 안전모 : AB, ABE)
   ① 시험장치에 따라 땀방지대가 느슨한 상태로 사람머리 모형에 장착하고 3.6ks의 철제추를 높이 1.52m에서 자유낙하시켜 전달충격력 측정
   ② 성능기준
      - 최고 전달 충격력이 4450N을 초과해서는 안 됨
      - 모체와 장착제의 기능이 상실되지 않을 것

3. 내전압성 시험(대상 안전모 : AE, ABE)
   ① 시험방법 : 안전모의 모체 내외의 수위가 동일하게 되도록 물을 넣고 이상태에서 모체 내외의 수중에 전극을 담그고 20kV의 전압을 가해 충전 전류를 측정
   ② 성능기준 : 교류 20kV에서 1분간 절연파괴 없이 견뎌야 하고 또한 노설되는 충격 전류가 10mA 이내어야 함

4. 내수성 시험(대상 안전모 : AE, ABE)
   ① 시험방법
      - 안전모의 모체를 20~25도의 수중에 24시간 담근 후 마른 천 등으로 표면의 수분을 제거 후 질량 증가율(%)을 산출
      - 진량증가율(%) = (담근 후의 무게 - 담그기전의 무게) / 담그기 전의 무게 * 100
   ② 성능기준 : 질량증가율이 1% 이내이어야함

5. 난연성 시험
   ① 시험방법 : 프로판 Gas 사용한 분젠버너(직경 10mm)로 모체의 연소 부위가 불꽃 접촉면과 수평이 된 상태에서 10초간 연소시킨 후에 불꽃을 제거한 후 모체의 재료가 불꽃을 내고 계속 연소되는 시간을 측정
   ② 성능기준 : 불꽃을 내며 5초 이상 타지 않을 것

6. 턱끈 풀림
    150N 이상 250N 이하에서 턱끈이 풀릴 것

7. 일반구조
    ① AB종 안전모는 일반 구조조건에 적합하고 충격흡수재를 가져야 하며, 리벳 등 기타 돌출부가 모체의 표면에서 5mm 이상 돌출되지 않아야 한다.
    ② 모체, 착장제를 포함한 질량은 440kg을 초과하지 않을 것
    ③ 모리받침끈이 섬유인 경우에는 각각의 폭은 15mm 이상이어야 하며, 교차 폭 합은 72mm 이상일 것
    ④ 턱끈의 폭은 10mm 이상일 것
    ⑤ 모체, 착장제를 포함한 질량은 440g을 초과하지 않을 것

24. 위험성평가의 방법과 절차에 관한 설명으로 옳지 않은 것은?

① 상시근로자 수 20명 미만 사업장(총 공사금액 20억원 미만의 건설공사)의 경우 위험성평가 절차 중 위험성 추정을 생략할 수 있다.
② 위험성평가를 수행한 기록물은 3년 이상 보존하고, 최초평가 기록은 영구보존하는 것을 권장한다.
③ 위험성평가는 사업장의 작업·공정에 대하여 지속적·정기적으로 실시하고, 공정·설비 변경 등 새로운 위험이 발생할 경우에도 실시한다.
④ 위험성평가는 최초평가, 특별평가, 수시평가로 나누며, 최초평가는 위험성평가를 사업장에 도입하여 처음 실시하는 것이다.
⑤ 정상작업뿐 아니라 비정상작업의 경우(계획적 비정상작업, 예측 가능한 긴급 작업)에도 위험성평가를 실시할 필요가 있다.

답 ④

해설

제7조(위험성평가의 방법) ① 사업주는 다음과 같은 방법으로 위험성평가를 실시하여야 한다.
1. 안전보건관리책임자 등 해당 사업장에서 사업의 실시를 총괄 관리하는 사람에게 위험성평가의 실시를 총괄 관리하게 할 것
2. 사업장의 안전관리자, 보건관리자 등이 위험성평가의 실시에 관하여 안전보건관리책임자를 보좌하고 지도·조언하게 할 것
3. 유해·위험요인을 파악하고 그 결과에 따른 개선조치를 시행할 것
4. 기계·기구, 설비 등과 관련된 위험성평가에는 해당 기계·기구, 설비 등에 전문 지식을 갖춘 사람을 참여하게 할 것
5. 안전·보건관리자의 선임의무가 없는 경우에는 제2호에 따른 업무를 수행할 사람을 지정하는 등 그 밖에 위험성평가를 위한 체제를 구축할 것

② 사업주는 제1항에서 정하고 있는 자에 대해 위험성평가를 실시하기 위해 필요한 교육을 실시하여야 한다. 이 경우 위험성평가에 대해 외부에서 교육을 받았거나, 관련학문을 전공하여 관련 지식이 풍부한 경우에는 필요한 부분만 교육을 실시하거나 교육을 생략할 수 있다.
③ 사업주가 위험성평가를 실시하는 경우에는 산업안전·보건 전문가 또는 전문기관의 컨설팅을 받을 수 있다.
④ 사업주가 다음 각 호의 어느 하나에 해당하는 제도를 이행한 경우에는 그 부분에 대하여 이 고시에 따른 위험성평가를 실시한 것으로 본다.
1. 위험성평가 방법을 적용한 안전·보건진단(법 제47조)
2. 공정안전보고서(법 제44조). 다만, 공정안전보고서의 내용 중 공정위험성 평가서가 최대 4년 범위 이내에서 정기적으로 작성된 경우에 한한다.
3. 근골격계부담작업 유해요인조사(안전보건규칙 제657조부터 제662조까지)
4. 그 밖에 법과 이 법에 따른 명령에서 정하는 위험성평가 관련 제도

⑤ 사업주는 사업장의 규모와 특성 등을 고려하여 다음 각 호의 위험성평가 방법 중 한 가지 이상을 선정하여 위험성평가를 실시할 수 있다.
1. 위험 가능성과 중대성을 조합한 빈도·강도법
2. 체크리스트(Checklist)법
3. 위험성 수준 3단계(저·중·고) 판단법
4. 핵심요인 기술(One Point Sheet)법
5. 그 외 규칙 제50조제1항제2호 각 목의 방법

제8조(위험성평가의 절차) 사업주는 위험성평가를 다음의 절차에 따라 실시하여야 한다. 다만, 상시근로자 5인 미만 사업장(건설공사의 경우 1억원 미만)의 경우 제1호의 절차를 생략할 수 있다.
1. 사전준비
2. 유해·위험요인 파악

3. 삭제
4. 위험성 결정
5. 위험성 감소대책 수립 및 실행
6. 위험성평가 실시내용 및 결과에 관한 기록 및 보존

합격정보

사업장 위험성평가에 관한 지침[시행 2023. 5. 22.] [고용노동부고시 제2023-19호, 2023. 5. 22., 일부개정]

25 안전장치에 관한 설명으로 옳은 것을 모두 고른 것은?

> ㄱ. 고전압용 기계 설비의 플러그 모양이 일반 제품과 다른 것은 트립(trip)기구 안전장치에 해당된다.
> ㄴ. 정전이 되어도 일정 시간 긴급 발전을 해서 제어기가 작동하도록하는 장치는 페일-패시브(fail-passive) 안전장치에 해당된다.
> ㄷ. 회전부 덮개가 완전히 닫히지 않으면 정상 작동하지 않는 장치는 인터로크(interlock) 안전장치에 해당된다.

① ㄱ
② ㄷ
③ ㄱ, ㄴ
④ ㄴ, ㄷ
⑤ ㄱ, ㄴ, ㄷ

답 ②

해설

절삭가공기계에 사용되는 주된 fool proof기구

종류	구분	기능
가드 (guard)	고정가드 (fixed guard)	개구부로부터 가공물과 공구 등을 넣어도 손은 위험 영역에 머무르지 않는다.
	조정가드 (adjustable guard)	가공물과 공구에 맞도록 형상과 크기를 조절한다.
	경고가드 (warning guard)	손이 위험 영역에 들어가기 전에 경고한다.
	인터로크 가드 (interlock guard)	기계가 작동 중에 개폐되는 경우 기계가 정지한다.
조작기구	양수조작식	양손으로 동시에 조작하지 않으면 기계가 작동하지 않고, 손을 떼면 정지 또는 역전 복귀한다.
	인터로크가드 (interlock guard)	조작기구를 겸한 가드로서 가드를 닫으면 기계가 작동하고 열면 정지한다.
로크기구 (lock 기구)	인터로크 (interlock)	기계식, 전기식, 유공압식 또는 이들의 조합으로 2개 이상의 부분이 상호 구속된다.
	키식 인터로크 (key type interlock)	열쇠를 사용하여 한쪽을 잠그지 않으면 다른 쪽이 열리지 않는다.
	키로크 (key lock)	1개 또는 상호 다른 여러개의 열쇠를 사용한다. 전체의 열쇠가 열리지 않으면 기계가 조작되지 않는다.
트립기구 (trip 기구)	접촉식 (contact type)	접촉판, 접촉봉 등에 신체의 일부가 접촉하면 기계가 정지 또는 역전 복귀한다.
	비접촉식 (non-contact type)	광전자식, 정전용량식 등으로 신체의 일부가 위험 영역에 접근하면 기계가 정지 또는 역전 복귀한다. 신체의 일부가 위험 영역에 들어가면 기계는 작동하지 않는다.
오버런기구 (overrun 기구)	검출식 (detecting)	스위치를 끈 후 관성운동과 잔류전하를 검지하여 위험이 있는 동안은 가드가 열리지 않는다.
	타이밍식 (timing)	기계식 또는 타이머 등을 이용하여 스위치를 끈 후 일정시간이 지나지 않으면 가드가 열리지 않는다.

종류	구분	기능
밀어내기 기구 (push&pull기구)	자동가드	가드의 가동 부분이 열렸을 때 자동적으로 위험 영역으로부터 신체를 밀어낸다.
	손을 밀어냄 손을 끌어당김	위험한 상태가 되기 전에 손을 위험 지역으로부터 밀어내거나 끌어당겨 제자리로 온다.
기동방지 기구	안전블록	기계의 기동을 기계적으로 방해하는 스토퍼 등으로서 통상 안전블록과 같이 쓴다.
	안전플러그	제어회로 등으로 설계된 접점을 차단하는 것으로 불의의 작동을 방지한다.
	레버로크	조작레버를 중립위치에 놓으면 자동적으로 잠긴다.

보충학습

페일세이프(fail safe)

(1) 정의
① 본질 안전화의 또 하나의 요건인 페일세이프(fail safe)란 기계나 그 부품에 고장이나 기능 불량이 생겨도 항상 안전하게 작동하는 구조와 그 기능을 말한다.
② 좁은 의미로는 기계를 안전하게 작동한다는 것은 기계를 정지시키는 것으로 생각되고 있다.
③ 넓은 의미로는 반드시 정지에만 한정되지는 않는다.

(2) fail safe의 기능면 3단계
① fail-passive : 부품이 고장나면 통상 기계는 정지하는 방향으로 이동한다.
② fail-active : 부품이 고장나면 기계는 경보를 울리는 가운데 짧은 시간 동안은 운전이 가능하다.
③ fail-operational : 부품의 고장이 있어도 기계는 추후의 보수가 될 때까지 안전한 기능을 유지한다. 이것은 병렬계통 또는 대기여분(stand-by redundancy) 계통으로 한 것이다. 기계운전 중에서 fail-operational이 운전상 제일 선호하는 방법이고 산업기계에서는 일반적으로 fail-passive로 많이 채택하고 있다. fail safe기구는 강도와 안전성을 유지할 목적으로 구조적 fail safe와 기능의 유지를 목적으로 하는 기능적 fail safe가 있으며, 후자는 다시 기계적 fail safe와 전기적 fail safe로 나뉘어진다.

산업보건지도사 · 과년도기출문제

2019년도 3월 30일 필기문제

산업보건지도사 자격시험
제1차 시험문제지

제3과목 기업진단·지도	총 시험시간 : 90분 (과목당 30분)	문제형별 A

수험번호	20190330	성 명	도서출판 세화

【수험자 유의사항】

1. 시험문제지 표지와 시험문제지 내 **문제형별의 동일여부** 및 시험문제지의 **총면수·문제번호 일련순서·인쇄상태** 등을 확인하시고, 문제지 표지에 수험번호와 성명을 기재하시기 바랍니다.
2. 답은 각 문제마다 요구하는 **가장 적합하거나 가까운 답 1개**만 선택하고, 답안카드 작성 시 시험문제지 **형별누락, 마킹착오**로 인한 불이익은 전적으로 **수험자에게 책임**이 있음을 알려 드립니다.
3. 답안카드는 국가전문자격 공통 표준형으로 문제번호가 1번부터 125번까지 인쇄되어 있습니다. 답안 마킹 시에는 반드시 **시험문제지의 문제번호와 동일한 번호**에 마킹하여야 합니다.
4. **감독위원의 지시에 불응하거나 시험 시간 종료 후 답안카드를 제출하지 않을 경우** 불이익이 발생할 수 있음을 알려 드립니다.
5. 시험문제지는 시험 종료 후 가져가시기 바랍니다.

【안 내 사 항】

1. 수험자는 **QR코드를 통해 가답안을 확인**하시기 바랍니다.
   (※ 사전 설문조사 필수)
2. 시험 합격자에게 **'합격축하 SMS(알림톡) 알림 서비스'**를 제공하고 있습니다.

▲ 가답안 확인

- 수험자 여러분의 합격을 기원합니다 -

3. 기업진단·지도

01 직무관리에 관한 설명으로 옳지 않은 것은?

① 직무분석이란 직무의 내용을 체계적으로 분석하여 인사관리에 필요한 직무정보를 제공하는 과정이다.
② 직무설계는 직무 담당자의 업무 동기 및 생산성 향상 등을 목표로 한다.
③ 직무충실화는 작업자의 권한과 책임을 확대하는 직무설계방법이다.
④ 핵심직무특성 중 과업중요성은 직무 담당자가 다양한 기술과 지식 등을 활용하도록 직무설계를 해야 한다는 것을 말한다.
⑤ 직무평가는 직무의 상대적 가치를 평가하는 활동이며, 직무평가 결과는 직무급의 산정에 활용된다.

답 ④

해설

직무특성이론[Job Characteristics Theory, 職務特性理論]

(1) 개요
　① 핵심직무특성이론(Core Characteristics Model)은 그렉 올드햄(Greg R.Oldham)과 리차드 해크만(J.Richard Hechman)에 의해서 1970년대 후반과 1980년대 초반에 개발된 이론이다.
　② 직무 성과, 직무 만족과 같은 요인들이 어떻게 직무의 특성에 의해 영향을 받는지를 잘 설명해주는 이론으로서, 올드햄과 해크만은 핵심적인 다섯 가지의 직무특성이 개인의 심리상태에 영향을 미쳐 직무 성과를 결정짓는 요인으로 작용하며, 그 과정에서 개인의 성장욕구가 중요한 변수로서 작용한다고 보았다.
　③ 직무특성의 조절을 통해 반복적이고 기계적인 직무로부터 비롯되는 직무 불만족 등을 최소화하고 개인적 성취감, 만족감 등을 느낄 수 있도록 하는 데 활용된다.
　④ 산업심리학 용어로, 직무가 가지고 있는 특성이 개인의 내적 심리상태에 영향을 주어 생산성, 직무 성과 등에 영향을 미친다는 이론이다.

(2) 직무특성 5가지
　① 기술 다양성(Skill Variety)
　　㉮ 직무를 수행하기 위해 요구되는 기술이 다양할수록 개인은 직무에 대하여 더 의미와 가치가 있는 것으로 느끼며, 자기 효능감을 경험한다.
　　㉯ 항상 같은 업무를 담당하거나 특정 기술만이 요구되는 직무를 한다면 개인은 성장하거나 해당 직무가 의미있다는 느낌을 갖지 못한다.
　② 과업 정체성(Task Identity)
　　㉮ 직무의 범위로서, 직무가 전체 작업 공정 중 일부만을 담당하는 것인지 전체를 모두 포함하는 것인지와 관련되어 있다.
　　㉯ 전체 과정 중 특정 부분만을 담당할 때보다 전체 과정을 담당할 때 개인은 직무를 더 보람된 것으로 느끼게 된다.
　③ 과업중요(성)도(Task Significance)
　　㉮ 직무가 고객이나 주변 사람들에게 미치는 영향을 정도로, 이는 조직 내에서의 영향력을 의미하는 것일 수도 있고, 조직을 넘어선 더 큰 영역에서의 영향력일 수도 있다.
　　㉯ 개인은 자신의 직무가 타인에게 더 많은 영향을 미친다고 느낄수록 과업을 중요한 것으로 생각한다.
　④ 자율성(Autonomy)
　　㉮ 직무를 담당함에 있어서 주어지는 권한과 독립성의 정도로, 개인은 스스로 직무를 계획, 관리, 조절할 수 있을 때 직무에 대해서 더 많은 의미를 부여한다.

㉯ 언제 일을 시작할 것인지, 어떤 과정을 거칠지 등에 대해서 독립성을 가지고 스스로 결정할 수 있을 때, 개인은 업무 성과의 성공이나 실패에 대해서 더 많은 개인적 책임감을 느낀다.
⑤ 피드백(Feedback)
㉮ 결과에 대해서 개인이 어느 정도의 지식이나 정보를 가지고 있는지에 관한 것이다.
㉯ 업무결과에 대해 구체적이고 명확한 정보를 얻고, 성과 향상을 위해 어떤 행동을 하면 될 지 알 수 있을 때 개인은 생산성을 향상시키는 방향으로 직무를 담당할 수 있다.

(3) 직무특성의 영향
① 5가지의 직무특성은 잠재적 동기지수(MPS : Motivating Potential Score)로서, 직무에 대해서 부여하는 의미, 책임감, 직무에 대한 지식과 같은 개인의 심리적 상태에 영향을 미친다.
② 구체적으로 기술 다양성과 직무 정체성, 직무 중요성은 직무 의미에 영향을 주며, 자율성은 직무에 대한 책임감, 피드백은 직무 지식에 영향을 미친다.
③ 심리적 상태는 다시 직무에 대한 내적 동기, 작업 수행, 결근율, 이직률, 직무 만족도와 같은 직무 성과에 영향을 준다.
④ 개인의 성장욕구가 높을수록 다섯가지 직무특성의 효과적 조절을 통한 내적 만족감, 동기부여의 증진이 더 많이 나타난다.

(4) 직무특성 활용
① 직무특성이론은 직무특성의 조절을 통하여 개인의 심리상태와 성과를 향상시키는 전략으로서, 산업 및 조직심리학, 행정학, 교육공학 등 다양한 학문 영역과 기업, 기관 등에서 활용되어 왔다.
② 기술 다양성을 높이기 위해서 기업에서는 직무능력 향상을 위해 지속적인 교육 및 순환보직을 통한 반복적 업무의 감소, 유사한 업무 단위로 조직을 구성하거나 기획 및 생산의 전 과정을 경험할 수 있는 방식으로의 업무 조정, 직무의 중요도를 조직원이 직접 느낄 수 있도록 고객과 직접 접촉할 수 있는 환경에서의 업무기회 제공, 자율성 향상을 위한 직무권한의 위임, 피드백 향상을 위한 정보 제공 등 다양한 노력을 기울인다.

(5) 직무특성이론의 한계
① 직무특성이론은 효과적인 직무설계를 통하여 개인이 직무에 대해서 더 긍정적인 태도를 가지고 성과향상을 이룰 수 있도록 한다는 점에서 의미가 있다.
② 개인과 직무 사이의 적합도에 대한 관심을 증폭시키는 계기가 되었다.
③ 개인의 내적 상태가 항상 가변적이며 수많은 개인차를 모두 고려하는 것을 불가능하다는 점 등은 한계점으로 지적된다.

결론

핵심직무특성 : 개인적 성취감, 만족감, 개인의 성장욕구가 중요변수

02 노동조합에 관한 설명으로 옳지 않은 것은?

① 직종별 노동조합은 산업이나 기업에 관계없이 같은 직업이나 직종 종사자들에 의해 결성된다.
② 산업별 노동조합은 기업과 직종을 초월하여 산업을 중심으로 결성된다.
③ 산업별 노동조합은 직종 간, 회사 간 이해의 조정이 용이하지 않다.
④ 기업별 노동조합은 동일 기업에 근무하는 근로자들에 의해 결성된다.
⑤ 기업별 노동조합에서는 근로자의 직종이나 숙련 정도를 고려하여 가입이 결정된다.

답 ⑤

해설

기업별 노동조합(企業別 勞動組合, enterprise union)

(1) 개요
　① 기업별 노동조합은 하나의 기업 또는 사업장에 속하는 근로자들이 직종에 관계없이 결합한 노동조합이다.
　② 근로자들의 조합의식이 미약한 가운데 단시일 내에 사용자와 단체교섭을 하기 위해 등장한 조합으로, 동종 산업 내 기업별 규모에 큰 차이가 있고 기업에 따라 근로조건이 크게 다르며 노동력의 이동이 적은 경우에 활용되었다.
　③ 세계 제2차대전 후 종신고용제와 연공가금제가 정착된 일본에서 이용된 형태이다.
(2) 장점
　① 조합결합이 손쉽고 조합원의 참여의식이 강하다.
　② 근로자의 연대의식에 따른 전국적인 대규모의 노사분규가 없다.
　③ 개별기업 내부에서 노동조합과 사용자와의 관계가 긴밀하다.
　④ 기업의 특수성을 반영하여 노사협조가 잘 이루어질 수 있다.
(3) 단점
　① 사용자에 의한 어용화의 위험이 크다.
　② 기업 내 근로자의 직종에 따라 이해관계가 대립되어 조합원의 분열이 심하다.
　③ 근로조건의 개선이 단위조합에 제한되어 기업마다 근로조건이 다르므로 노동이동이 심하다.
　④ 소규모조합으로 노동운동의 전문가를 양성할 수 없다.
　⑤ 단체교섭의 전술이나 전략을 개발하기 어렵다.
　⑥ 단체교섭과 노사협의의 기능이 혼돈되어 사업장 내 분규가 끊이지 않는다.

결론

기업별 노동조합 : 근로자의 직종이나 숙련 정도에 관계없이 결성된 노동조합

참고

2016년 5월 11일(문제 2번)

보충학습

노동조합의 구분
① 직종별 노조 : 특정직종 종사자, 그것도 일정수준 이상의 숙련공만을 조합원으로 조직
② 기업별 노조 : 특정기업 또는 특정사업장에 종사하는 정규직 노동자만으로 조직
③ 산업별 노조 : 일정산업에 속하기만 하면 직종, 연령, 숙련도, 남녀를 구별하지 않고 조직
④ 일반 노조 : 모든 노동자를 대상으로 조직

03 조직구조 유형에 관한 설명으로 옳지 않은 것은?

① 기능별 구조는 부서 간 협력과 조정이 용이하지 않고 환경변화에 대한 대응이 느리다.
② 사업별 구조는 기능 간 조정이 용이하다.
③ 사업별 구조는 전문적인 지식과 기술의 축적이 용이하다.
④ 매트릭스 구조에서는 보고체계의 혼선이 야기될 가능성이 높다.
⑤ 매트릭스 구조는 여러 제품라인에 걸쳐 인적자원을 유연하게 활용하거나 공유할 수 있다.

답 ③

해설

조직구조[組織構造, organizational structure]

① 조직 구성원의 '유형화된 교호작용(patterned interaction)'의 구조를 말한다.
② 조직 구성원들은 조직 목표를 달성하기 위해 서로 협동하면서 끊임없이 상호작용을 계속하는 바, 이러한 계속적인 교호작용 속에서 조직 구성원들의 행위의 유형이 형성된다.
③ 조직 내의 수평적 분화 및 수직적 계층에 따라 다양한 형태를 띤 대표적인 조직구조는 베버(M. Weber)가 제시한 관료제 조직으로 분업화와 집권화 및 공식화 정도가 높은 조직 형태다.
④ 그 밖의 조직구조로는 애드호크라시(adhocracy)·사업부제조직·직능조직·행렬조직 등이 있으며, 기계적 조직과 유기체적 조직으로 나눌 수 있다.
⑤ 조직을 형성하고 있는 여러 요소(要素)들에 의하여 이루어진 관계형(關係型)보다 구체적으로 말하면, 조직구조란 조직 구성원들의 상호관계, 즉 조직 내에서의 권력관계, 지위·계층 관계, 조직 구성원들의 역할 배분·조정의 양태, 조직 구성원들의 활동에 관한 관리체계 등을 통틀어 일컫는 말이다.
⑥ 사회 단위로서의 조직이 갖는 구조는 생물이나 기계의 조직처럼 눈으로 볼 수 있는 것이 아니고 조직의 운영이나 행태를 통해서만 그 존재를 인식할 수 있는 개념상의 존재인 것이다.
⑦ 조직의 구조를 이해하려면 조직을 형성하고 있는 여러 부분 요소들의 역할을 통해 간접적으로 그 존재를 추정할 수밖에 없다.
⑧ 조직의 기본 요소로는 목표·구성원·구조·기술·환경 등을 들 수 있다. 그러고 보면 구조도 역시 조직의 기본 요소 중의 하나이다.
⑨ 구조는 조직의 다른 여러 요소들이 유기적으로 상호작용할 수 있게 잘 배열시켜 놓은 상태라 말할 수 있다.
⑩ 구성원의 배열만을 예로 든다 하더라도 계층제·부서편성·계선과 참모·공식조직과 비공식조직 등을 순열(順列) 또는 조합(組合)으로 배열하면 대단히 복잡 다양하게 전개될 수 있다.
⑪ 조직의 구조는 하나의 집단을 이루고 있는 구성원들의 상호관계에 관한 규범적인 질서를 비롯하여 상호권력관계, 구성원의 행동을 조정(調整)하는 체계이므로 어떤 집단일지라도 그것이 구조화되어 있지 않으면 조직이라 말할 수 없다.
⑫ 엄밀한 의미에 있어서 조직과 집단은 이런 점에서 서로 구별된다.

결론

① 사업별 구조 : 전문적 지식·기술축적 불가
② 보기 ③은 기능별 구조의 특징

참고

2016년 5월 11일(문제 4번)

보충학습

조직의 종류 및 특징

구분	특징
프로젝트 조직	① 특정 프로젝트를 수행하기 위해서 일시적으로 구성되는 조직 ② 목적지향적이고 목적달성을 위해 기존의 조직보다 효율적이고 유연하게 운영가능 ③ 태스크포스(Task forces)라고도 함
사업부제 조직	① 제품이나 시작, 지역을 기초로 만들어진 조직 ② 다국적 기업들이 보편적으로 채택하여 운영하는 조직형태 ③ 사업부마다 중복된 부서가 있어 자원의 낭비가 심히 커 지나친 경쟁이 유발되어 전체적인 목표달성을 방해할 가능성이 있음
팀 조직	① 의사결정과정을 단순화하여 빠른 대응이 가능하도록 만든 조직 ② 상호보완적인 기술이나 지식을 갖는 구성원이 자율권을 갖고 업무를 수행하도록 한 조직 ③ 신속한 의사결정조직으로 동기부여가 쉬우나 유능한 구성원이 필요
매트릭스형 조직	① 중규모 형태의 기업에서 시장상황에 따라 인적 자원을 효율적으로 활용하는 조직형태 ② 사업부 조직의 단점을 해결하기 위해 기능별, 목적별 부문화를 혼합한 형태 ③ 팀 중심 활동 및 구성원 간의 협동심에 증가하나 역할갈등의 소지를 가지고 있음
위원회 조직	① 집단토의방식을 도입한 조직의 형태 ② 광범위한 정보를 필요로 하거나 참가자의 충분한 사전이해가 있어야 하는 경우에 사용 ③ 시간낭비 및 기동성이 떨어지고 책임소재가 불분명한 것이 단점

04 JIT(Just-In-Time) 생산방식의 특징으로 옳지 않은 것은?

① 간판(kanban)을 이용한 푸시(push) 시스템
② 생산준비시간 단축과 소(小)로트 생산
③ U자형 라인 등 유연한 설비배치
④ 여러 설비를 다룰 수 있는 다기능 작업자 활용
⑤ 불필요한 재고와 과잉생산 배제

답 ①

해설

JIT(적기생산방식)

① JIT는 일본의 도요타자동차사가 원가절감을 통한 생산성 향상을 위해 창안한 독자적인 생산방식이다.
② JIT는 'Just In Time'의 약자로, 필요한 때에 맞추어 물건을 생산·공급하는 것을 의미한다.
③ 제조업체가 부품업체로부터 부품을 필요한 시기에 필요한 수량만큼만 공급받아 재고가 없도록 해주는 재고관리 시스템이다.
④ 도요타 방식은 JIT 실천을 위해 '물건과 정보의 흐름도'라는 그림을 만들어서 활용하고 있다.
⑤ 설비능력과 인력을 미리 준비하는 것이 아니라 제품이 판매되는 속도에 맞춰 설비능력과 인력을 준비해 낭비요소를 없애고 있다.
⑥ 공정간 생산 차질을 빚지 않도록 생산제품의 정보를 간판(看板)에 적어 앞뒤 공정 간 정보를 주고받는 방식(간판방식)으로 진행되어 '간판(看板)방식'이라고도 불린다.
⑦ JIT는 미국 하버드대 경영대학원이 도요타의 성공을 연구하면서 '간판'과 '가이젠'을 일본어 발음대로 표기할 정도로 유명해진 방식으로, 이후 우리나라를 비롯하여 세계의 여러 기업들이 이 방식을 도입했다.

보충학습

① 간판방식 : 앞뒤 공정 정보 교환
② 푸시(push) 시스템 : 한 공정만 정보제공
③ 보기 ①은 풀(pull) 시스템
④ 용어정의
  ㉮ 간판시스템(看板方式, kanban system) : JIT시스템에서 생산을 허가하고 물자를 이동시키는 방법으로 최종조립 라인으로 부품을 끌어오는 (pulling) 시스템을 말한다.
  ㉯ 고객 주문에 의해 생산이 시작되며, 부품의 생산과 공급이 후속 공정의 필요에 의해 결정되는 풀(pull)시스템의 자재흐름 체계이다.
  ㉰ 자동화, 작업자의 라인정지 권한 부여, 안돈(andon), 오작동 방지, 5S의 활성화로 일관성 있는 고품질을 달성하고 있는 시스템이다.
  ㉱ 안돈(andon) : 등(lamp)의 의미를 갖는 일본말로서 생산현장에서 작업자들이 도움을 요청할 때 사용되어지는 시각적 관리장치(Visual Control)를 말한다.

합격키

2016년 5월 11일(문제 8번)

05. 매슬로우(A. Maslow)의 욕구단계이론 중 자아실현욕구를 조직행동에 적용한 것은?

① 도전적 과업 및 창의적 역할 부여
② 타인의 인정 및 칭찬
③ 화해와 친목분위기 조성 및 우호적인 작업팀 결성
④ 안전한 작업조건 조성 및 고용 보장
⑤ 냉난방 시설 및 사내식당 운용

답 ①

해설

매슬로우의 욕구단계이론
(1) 매슬로우가 1954년 발표한 논문 "동기부여와 인간성(Motive and Personality)"에서 인간욕구의 5단계설을 제시하면서 동기부여와 욕구의 변화단계를 말하였다.
(2) 1970년에 자아초월의 욕구를 추가하여 현재는 매슬로우 인간욕구 6단계설을 제안하였다.
(3) 매슬로우의 인간욕구 6단계설[Maslow's hierarchy of needs(6 categories), 1970]
  ① 제1단계 : 생리적 욕구(Physiological Needs)
  ② 제2단계 : 안전의 욕구(Safety security Needs)
  ③ 제3단계 : 사회적 욕구(Acceptance Needs)
  ④ 제4단계 : 자아의 욕구(Self-esteem Needs)
  ⑤ 제5단계 : 자아실현의 욕구(Self-actualization Needs)
  ⑥ 제6단계 : 자아초월의 욕구(Self-transcendence Needs)

결론
자아초월 = 이타정신 = 남을 배려하는 마음

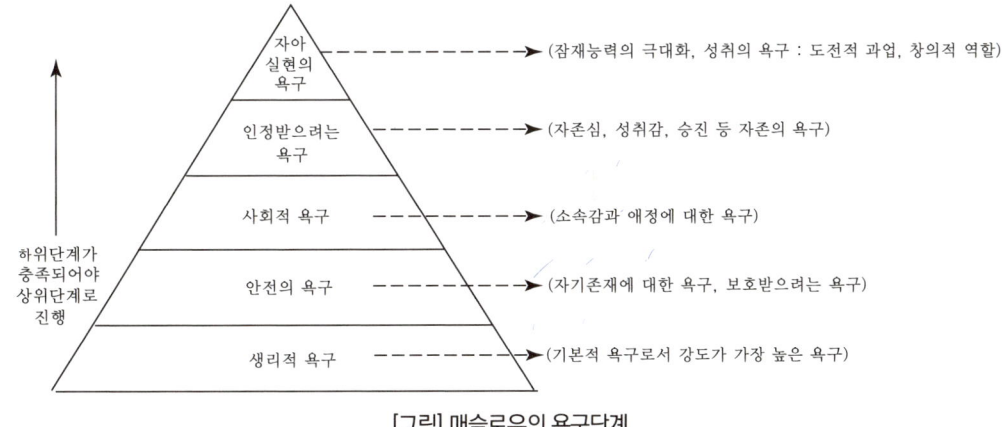

[그림] 매슬로우의 욕구단계

결론
자아실현욕구 : 도전적 과업, 창의적 역할

06 품질개선 도구와 그 주된 용도의 연결로 옳지 않은 것은?

① 체크시트(check sheet) : 품질 데이터의 정리와 기록
② 히스토그램(histogram) : 중심위치 및 분포 파악
③ 파레토도(Pareto diagram) : 우연변동에 따른 공정의 관리상태 판단
④ 특성요인도(cause and effect diagram) : 결과에 영향을 미치는 다양한 원인들을 정리
⑤ 산점도(scatter plot) : 두 변수 간의 관계를 파악

답 ③

해설

전사적 품질관리(TQC)의 7가지 도구

구분	특징
히스토그램	데이터가 어떤 분포를 하고 있는지를 알아보기 위해 작성(분포도)
파레토그램	불량 등의 발생건수를 분류항목별로 나누어 크기 순서대로 나열(영향도, 하자도)
특성요인도	결과에 원인이 어떻게 관계하고 있는가를 한눈에 알 수 있도록 작성(원인결과도)
체크시트	계수치의 데이터가 분류항목의 어디에 집중되어 있는가를 알아보기 쉽게 나타냄(집중도)
산점도	대응되는 두 개의 짝으로 데이터를 그래프 용지 위에 점으로 나타냄(상관도, 산포도)
층별	집단을 구성하고 있는 데이터를 특징에 따라 몇 개의 부분집단으로 나누는 것(부분집단도)
관리도(Control Chart)	불량발생 건수 등의 추이를 파악하여 목표관리를 행하는 데 필요한 월별 관리선을 설정하여 관리하는 방법

결론

① 파레토도 : 불량 등의 발생건수를 항목별로 나누어 크기순서대로 나열하는 방식
② 보기 ③은 관리도의 특징

07 어떤 프로젝트의 PERT(Program Evaluation and Review Technique) 네트워크와 활동소요시간이 아래와 같을 때, 옳지 않은 설명은?

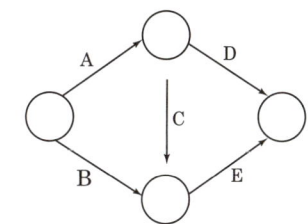

활동	소요시간(日)
A	10
B	17
C	10
D	7
E	8
계	52

① 주경로(crtical path)는 A - C - E이다.

② 프로젝트를 완료하는 데에는 적어도 28일이 필요하다.

③ 활동 D의 여유시간은 11일이다.

④ 활동 E의 소요시간이 증가해도 주경로는 변하지 않는다.

⑤ 활동 A의 소요시간을 5일만큼 단축시킨다면 프로젝트 완료시간도 5일만큼 단축된다.

답 ⑤

해설

(1) 주경로(CP)찾기(각 경로 중 가장 긴 경로가 CP임)
  ① 경로1) A→D = 17일
  ② 경로2) A→C→E = 28일
  ③ 경로3) B→E = 25일
(2) 활동구간
  ① 주경로(CP)는 A - C - E이다.

  보충설명
  주경로는 전체 작업경로 중 작업소요시간이 가장 긴 구간을 말함. 이 문제의 경우 작업시간이 가장 긴 경로2) A - C - E이다.
  ② 프로젝트를 완료하는 데에는 적어도 28일이 필요하다.

  보충설명
  이프로젝트의 완료시간은 최소한 주경로인 28일 이상이 필요하다.
  ③ 활동 D의 여유시간은 11일이다.

  보충설명
  각 공정별 여유시간은 앞 공정에 영향을 주지 않는 것을 전제로 주경로일만큼의 여유를 가질 수 있다.
  ex) A→D = 17일, A→C→E = 28 ∴ 28 - 17 = 11일
  ④ 활동 E의 소요시간이 증가해도 주경로는 변하지 않는다.

  보충설명
  E공정의 작업소요시간이 증가해도 작업완료일은 증가할 수 있어도 주경로가 변경되지는 않는다.
  ⑤ 활동 A의 소요시간을 5일만큼 단축시키면 프로젝트의 완료시간도 5일만큼 단축된다.

보충설명

A공정을 5일 단축하면 현재 주경로인 경로 2)의 작업소요시간이 23일 단축되어, 주경로가 경로 3)으로 바뀌게 되며, 또한 주경로를 경로 2)로 유지하게 되면 B공정에 최소 3일의 공기가 부족하게 된다. 따라서 E공정에서 단축가능한 작업일수는 경로 3)의 소요일수와 같은 25일이며, 최대 3일까지만 단축이 가능하다.

참고

① PERT : 공사를 진행하기 위한 계획을 작성할 때 어떠한 방법과 어떠한 공정의 진전 방법을 이용해야 인원이나 자재의 낭비를 막고 공정기간을 단축할 수 있는지를 밝히는 공정관리기법으로, 작업순서나 작업이 진행된 정도를 한눈에 알 수 있도록 작성하는데 이것은 공사일정이나 납기를 산출하는 데 자주 이용된다.
② 2017년 3월 25일(문제 5번)

08 공장의 설비배치에 관한 설명으로 옳은 것을 모두 고른 것은?

> ㉠ 제품별 배치(product layout)는 연속, 대량 생산에 적합한 방식이다.
> ㉡ 제품별 배치를 적용하면 공정의 유연성이 높아진다는 장점이 있다.
> ㉢ 공정별 배치(process layout)는 범용설비를 제품의 종류에 따라 배치한다.
> ㉣ 고정위치형 배치(fixed position layout)는 주로 항공기 제조, 조선, 토목건축 현장에서 찾아볼 수 있다.
> ㉤ 셀형 배치(cellular layout)는 다품종 소량생산에서 유연성과 효율성을 동시에 추구할 수 있다.

① ㉠, ㉤
② ㉠, ㉣, ㉤
③ ㉡, ㉢, ㉣
④ ㉠, ㉡, ㉣, ㉤
⑤ ㉠, ㉢, ㉣, ㉤

답 ②

해설

시설배치의 원칙

1. 배치원칙
(1) 바람직한 공장배치란, 불필요한 운반을 지양하고 공간을 최대한 활용하면서 적은 노력으로 빠른 시간에 목적하는 제품을 경제적으로 생산할 수 있도록 설비를 배치하는 것을 말한다.
(2) 설비배치 본래의 목적은 생산 시스템의 효율성을 높이도록 기계, 원자재, 작업자 등의 생산요소와 서비스시설의 배열을 최적화하는 것이며, 설비배치를 할 때에는 다음 6가지 원칙으로 정리해 표현할 수 있다.
  ① 종합적인 조화의 원칙(principle of overall integration)
  ② 최단운반거리의 원칙(principle of minimum distance moved)
  ③ 원활한 흐름의 원칙(principle of flow)
  ④ 공간활용의 원칙(principle of cubic space)
  ⑤ 작업자의 안전도와 만족감의 원칙(principle of satisfaction and safety)
  ⑥ 융통성의 원칙(principle of flexibility)

2. 설비배치의 종류
  (1) 공정별 배치(process layout)
  (2) 제품별 배치(product layout)
  (3) 셀형 배치(cellular layout)
  (4) 혼합형 배치(hybrid layout)
  (5) 위치고정형 배치(fixed position layout)
  (6) U자형 배치(U-Shaped layout)

3. 배치의 특징
제품을 효율적으로 생산하기 위해서는 생산 설비의 효율적인 배치가 중요하다. 효율적인 설비배치란 자재의 흐름이 정체됨 없이 원활하도록 하여 자재의 불필요한 운반을 최소화하고, 공간을 최대한 활용하면서 적은 노력으로 빠른 시간에 목적하는 제품을 생산할 수 있도록 설비를 배치하는 것이다. 일반적으로 설비배치의 방식은 주로 제품의 종류나 그 수량을 고려하여 결정되며, 다음의 세 가지 방식으로 크게 나뉜다.
  (1) 제품별 배치(Product Layout)방식
    ① 생산하려는 제품의 종류는 적지만 생산량이 많은 경우에 주로 사용된다.
    ② 각 제품별로 완성품이 될 때까지의 공정 순서에 따라 설비를 배열해 부품 및 자재의 흐름을 단순화하는 것이 핵

심이다.
③ 이 방식을 활용하면 공정의 흐름에 따라 제품이 생산되므로 자재의 운반 거리를 최소화할 수 있어 전체 공정 관리가 쉽다.
④ 기계 고장과 같은 문제가 발생하면 전체 공정이 지연될 수 있고, 규격화된 제품 생산에 최적화된 설비 및 배치 방식을 사용하기 때문에 제품의 규격이나 디자인이 변경되면 설비배치 방식을 재조정해야 하는 문제가 있다.

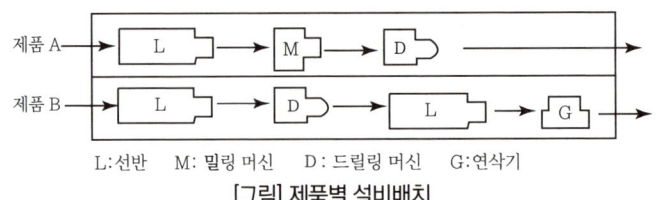

[그림] 제품별 설비배치

[장점]
① 빠른 생산 속도
② 낮은 재고 수준
③ 품목 교체와 자재 운반에 따른 낭비 시간의 제거

[단점]
① 수명이 짧거나 불확실한 제품에 대해 배치를 재설계해야 할지도 모르는 위험의 증대
② 유연성의 감소
③ 수요가 적은 제품/서비스에 대한 낮은 자원가동률

(2) 기능별 배치(Process Layout)방식
① 다양한 종류의 제품들을 소량으로 생산하는 경우에 적합한 방식이다.
② 고객의 요구가 다양하고 제품의 디자인이 수시로 변하는 패션 의류나 규격화가 어려운 특수 부품을 생산하는 공장에서 볼 수 있다.
③ 핵심은 기능의 설비들을 한데 모아 배치한다는 것이다.
④ 기능별 배치를 하게 되면 동일한 설비들을 한곳에 집중시킬 수 있어 설비 관리가 쉽고, 기계 고장과 같은 문제 상황에 융통성 있게 대응할 수 있다.
⑤ 설비에 따라 자재가 이동하므로 자재의 이동 및 대기 시간이 길어질 수 있고, 제품별 공정이 서로 달라서 전체 공정을 관리하기가 쉽지 않다.

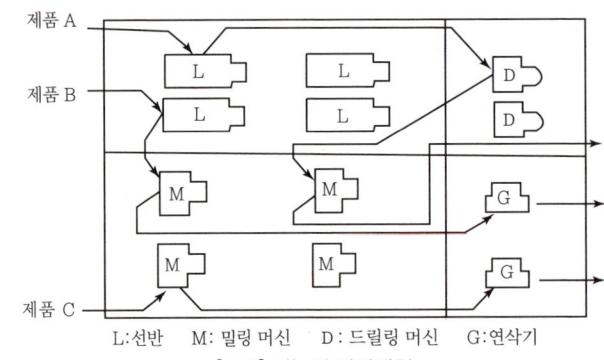

[그림] 기능별 설비배치

(3) 그룹 배치(Group Layout)방식
① 기능별 배치 방식의 단점을 해소하기 위한 설비배치 방식으로서 다품종 소량생산을 더 효과적으로 수행하기 위해 고안되었다.
② 핵심은 형태나 공정이 유사한 제품들을 하나의 제품군으로 묶고, 그러한 제품군들이 공통적으로 거치는 설비들을 하나의 설비군으로 묶어 소그룹화된 작업장인 셀(Cell)에 배치하는 것이다.
③ 하나의 설비군 안에서 특정 제품군에 속한 모든 제품들이 필요한 공정을 거치도록 하기 때문에 공정 흐름의 복잡성을 줄일 수 있다.

④ 자재의 이동 및 대기 시간을 줄여 생산성을 향상시킬 수 있다.
⑤ 셀별로 공정이 진행되기 때문에 전체 공정의 관리가 훨씬 수월해진다.

4. 공정별 배치 장단점
(1) 장점
① 인력과 장비의 범용으로 인한 낮은 자본집약도
② 새로운 제품의 도입이나 새로운 마케팅 전략에 따른 영향이 작은 높은 유연성
③ 수요가 적을 경우도 한 생산설비나 종업원이 여러 제품의 생산에 참여함으로써 높은 장비 가동률을 보임
④ 공정별 배치에서는 여유 능력이 있어야 고객화(customization)된 제품/서비스에 대한 불확실한 수요에 대처가 가능함
⑤ 전문화된 종업원의 감독

(2) 단점
① 느린 작업속도
② 한 제품에서 다른 제품으로 전환하는 과정에서 시간 손실이 큼
③ 많은 재고가 필요함
④ 작업 시작에서 종료 시까지의 시간이 길어짐
⑤ 높은 자재 운반 비용
⑥ 작업 경로가 분화되고 흐름이 복잡하여 융통성 있는 운반장치가 필요함
⑦ 생산계획과 통제가 어려움

결론

① 제품별 배치:유연성 감소가 단점
② 공정별 배치:인력과 장비를 범용으로 배치
③ 보기 ⓒ:공정별 배치
④ 보기 ⓒ:제품별 배치

09 리더십이론의 설명으로 옳은 것을 모두 고른 것은?

㉠ 블레이크(R, Blake)와 머튼(J.Mouton)의 리더십 관리격자모형에 의하면 일(생산)에 대한 관심과 사람에 대한 관심이 모두 높은 리더가 이상적 리더이다.
㉡ 피들러(F.Fiedler)의 리더십상황이론에 의하면 상황이 호의적일 때 인간중심형 리더가 과업지향형 리더보다 효과적인 리더이다.
㉢ 리더 - 부하 교환이론(leader-member exchange theory)에 의하면 효율적인 리더는 믿을 만한 부하들을 내 집단(in-group)으로 구분하여, 그들에게 더 많은 정보를 제공하고, 경력개발 지원 등의 특별한 대우를 한다.
㉣ 변혁적 리더는 예외적인 사항에 대해 개입하고, 부하가 좋은 성과를 내도록 하기 위해 보상 시스템을 잘 설계한다.
㉤ 카리스마 리더는 강한 자기 확신, 인사관리, 매력적인 비전 제시 등을 특징으로 한다.

① ㉠, ㉡, ㉣
② ㉠, ㉢, ㉤
③ ㉡, ㉢, ㉣
④ ㉠, ㉡, ㉢, ㉤
⑤ ㉠, ㉢, ㉣, ㉤

답 ②

해설

리더십이론

(1) 피들러의 상황리더십이론(Fiedler's Contingency Theory of Leadership)
  ① 상황을 고려한 최초의 리더십이론으로 피들러(Fiedler, F. E.)는 과업의 성공적 수행은 이를 이끌어 나가는 리더십의 스타일과 과업이 수행되는 상황의 호의성(favorableness)에 따라 달라진다고 보고 있다.
  ② Fiedler는 리더십 스타일을 과업지향형(task-oriented)과 관계지향형(relationship-oriented)으로 분류하고 있다.
  ③ 과업지향형이 리더십 행사의 초점을 과업 자체의 진척과 성취에 맞추고, 여기에 방해되는 일탈행위를 예방하거나 차단하는 데 주력하는 통제형 리더십(controlling leadership) 스타일이라면, 관계지향형은 통솔 하에 있는 부하직원들과의 원만한 관계형성을 통해 과업의 성취를 이끌어 내려는 배려형 리더십(considerate leadership) 스타일을 의미한다.
  ④ 피들러의 리더십 상황모델에서 리더의 성격특성은 8개 항목(질문)들로 이루어져 있으며 리더십유형은 18개 항목(질문)으로 구성된 LPC(Least Preferred Co-Worker) 설문에 의하여 측정된다.

(2) 변혁적 리더십(Transformational Leadership)
  ① 변혁적 리더십은 베버(Weber, T.)가 처음 논의를 한 후에 번스(Burns, J. M.), 바스(Bass, B. M.)에 의해 행동리더십 모델로 정립되었다. 이는 거래적 리더(transactional leader)와 대별되는 리더 모델이다.
  ② 거래적 리더는 하위자에게 각자의 책임과 기대하는 바를 명확하게 제시하며, 각자의 행동에 어떤 대가가 돌아갈 것인지 합의하여 리더십을 발휘한다.
  ③ 변혁적 리더는 주어진 목적의 중요성과 의미에 대한 하위자의 인식수준을 제고시키고, 하위자가 개인적 이익을 넘어서서 자신과 집단, 조직 전체의 이익을 위해 일하도록 만든다.
  ④ 하위자의 욕구수준을 매슬로우(Maslow, A. H.)가 제시하였던 상위수준으로 끌어올림으로써 하위자를 근본적으로 변혁시키는 리더이다.
  ⑤ 거래적 리더십을 발휘하는 리더는 "기대되었던 성과"만을 하위자로부터 얻어내는 반면, 변혁적 리더십을 발휘하는 리더는 하위자로부터 "기대이상의 성과"를 얻어낼 수 있다.

보충학습

관리 그리드(Managerial grid)이론

리더의 행동을 생산에 대한 관심(production concern)과 인간에 대한 관심(people concern)으로 나누고 그리드로 개량화한 이론

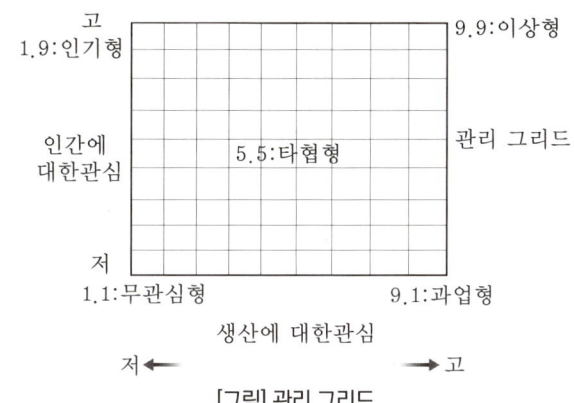

[그림] 관리 그리드

[표] 관리 그리드 5가지 유형

형	구분	특징
1.1형	무관심형	① 생산, 사람에 대한 관심도가 모두 낮음 ② 리더 자신의 직분 유지에 필요한 노력만 함
1.9형	인기형	① 생산, 사람에 대한 관심도가 매우 높음 ② 구성원 간의 친밀감에 중점을 둠
9.1형	과업형	① 생산에 대한 관심도 매우 높음, 사람에 대한 관심도 낮음 ② 업무상 능력을 중시함
5.5형	타협형	① 사람과 업무의 절충형 ② 적당한 수준성과를 지향함
9.9형	이상형	① 구성원과의 공동목표, 상호 의존관계를 중요시함 ② 상호신뢰, 상호존경, 구성원을 통해 과업 달성함

참고

산업안전지도사(3. 기업·진단지도) p.118(3. 관리 그리드의 5가지 유형)

10 산업심리학의 연구방법에 관한 설명으로 옳지 않은 것은?

① 관찰법: 행동표본을 관찰하여 주요 현상들을 찾아 기술하는 방법이다.

② 사례연구법: 한 개인이나 대상을 심층 조사하는 방법이다.

③ 설문조사법: 설문지 혹은 질문지를 구성하여 연구하는 방법이다.

④ 실험법: 원인이 되는 종속변인과 결과가 되는 독립변인의 인과관계를 살펴보는 방법이다.

⑤ 심리검사법: 인간의 지능, 성격, 적성 및 성과를 측정하고 정보를 제공하는 방법이다.

답 ④

해설

심리학연구방법

(1) 실험적 연구: 원인과 결과에 관한 조사연구

　실험법(experimental method)은 심리학에서 가장 많이 쓰이는 연구방법이다. 모든 연구는 탐구심을 야기하는 의문에서 시작되며 그 다음에는 그 답을 얻는 실험이 실시된다. 실험이란 실험자가 조작한 독립변인과 종속변인들이 다른 변인들에 영향을 미치는가를 확인하려고 실시되는 매우 통제가 잘된 과학적 절차이다.

① 이론: 심리학의 이론들은 행동에 관한 철저한 연구와 과학적 관찰이 성립된 후 행동에 관해서 개발된 설명들이다.

② 가설: 원인과 결과의 예측으로써 연구대상인 한 행동에 관해 가능한 설명이다.

③ 독립변인과 종속변인

　㉮ 독립변인이란 실험자가 통제한 변인이며 독립변인의 효과를 확인하려고 피험자에게 실험을 실시하는 행동특징들을 말한다.(•원인 : 독립변인　•결과 : 종속변인)

　㉯ 종속변인이란 피험자가 실험 중에 자기의 행동으로 나타내고 독립변인의 변화에 따라 영향을 받은 측정 가능한 행동이다.

④ 실험연구

　㉮ 실험연구는 한 집단의 결과와 다른 집단의 결과가 비교될 수 있도록 최소한 두 집단의 피험자들을 필요로 한다.

　㉯ 한 집단은 통제 조건이며 독립변인의 영향을 받지 않는다.

　㉰ 다른 집단은 실험조건이며 독립변인의 영향을 받는다.

(2) 비 실험적 연구: 행동들 간의 상관관계들 연구

　어떤 경우에는 행동을 실험하기가 힘들다. 그래서 다수의 비 실험적 기교들이 개발되어 연구되었다.

① 관찰법

　㉮ 자연 상태에서 사람이나 동물의 행동을 관찰하여 다양한 행동에 대한 정보를 수집하는 것이다.

　㉯ 경우에 따라서는 관찰 그 자체가 궁극의 목표일 수도 있겠으나 관찰 연구는 보다 잘 통제된 실험 연구로 발전되는 경우가 많다.

② 조사법(survey method)

　㉮ 조사방법들, 즉 검사, 질문지, 그리고 면접 등으로 알고 싶은 것을 '물어보는 것'이다.

　㉯ 조사법은 정치적인 여론, 소비자 기호, 인간의 성행동, 건강에 대한 연구 등 많은 부분에서 사용되고 있다.

　㉰ 특히 갤럽 여론 조사(Gallup poll)와 미국 인구 통계(U.S.census)가 가장 대표적인 설문조사이다.

③ 사례연구(case history)

　㉮ 특정 개인의 생애의 일부를 심층적으로 연구하는 것이다.

　㉯ 연구의 관심이 성인 우울증의 아동기 선행요인에 있다면 연구자는 생애 초기의 사건들에 대한 질문으로 연구를 시작할 수 있다.

　㉰ 사례사들은 과학적인 목적을 위해 작성된 전기이며, 개인차를 연구하는 심리학자들에게 중요한 데이터이다.

④ 상관관계연구: 행동의 원인들을 확인할 수 없으나 이런 연구는 변인들 간의 상관관계를 제시한다.

> 보충학습

심리학의 분야(구분)

(1) 기초심리학: 인간의 마음과 행동에 관한 기본적인 사실을 수집, 예측할 수 있는 이론 정립(인간내면의 행동을 연구, 무의식의 세계를 연구)
  ① 생리심리학
  ② 학습심리학
  ③ 성격심리학
  ④ 발달심리학
  ⑤ 사회심리학
  ⑥ 지각심리학

(2) 응용심리학: 기초심리학의 연구결과를 일상적인 삶에 적용하여 삶을 향상시킴(인간행동의 겉면을 연구, 의식의 세계를 연구)
  ① 임상심리학
  ② 상담심리학
  ③ 교육심리학/학교심리학
  ④ 산업 및 조직 심리학
  ⑤ 기타: 범죄심리학, 법정심리학, 생태심리학, 군사심리학, 건축심리학 등

> 결론

실험법: 한 집단은 통제 조건으로 독립변인의 영향을 받지 않는다.
① 원인: 독립변수
② 결과: 종속변수

[표] 장·단점

장점	단점
① 가외변인의 영향을 엄격히 통제할 수 있음 ② 피험자의 무선할당이 가능함 ③ 독립변인을 자유롭게 조작할 수 있음 ④ 정확한 측정이 가능함	① 제한된 상황에서 연구를 하기 때문에 외적 타당도가 낮음 ② 인위적인 환경에서 연구를 하기 때문에 독립변인의 효과가 약하게 나타나거나 실제와 다르게 나타날 수도 있음.

산업보건지도사 · 과년도기출문제

11 일-가정 갈등(work-family conflict)에 관한 설명으로 옳지 않은 것은?

① 일과 가정의 요구가 서로 충돌하여 발생한다.

② 장시간 근무나 과도한 업무량은 일-가정 갈등을 유발하는 주요한 원인이 될 수 있다.

③ 적은 시간에 많은 것을 해내기를 원하는 경향이 강한 사람은 더 많은 일-가정갈등을 경험한다.

④ 직장은 일-가정 갈등을 해소시키는 데 중요한 역할을 담당하지 않는다.

⑤ 돌봐 주어야 할 어린 자녀가 많을수록 더 많은 일-가정 갈등을 경험한다.

답 ④

해설

일-가정 갈등의 배경

① '역할 갈등'이란 한 영역에서 적응하고 효과적으로 기능하려고 학습한 기술이나 가치가 다른 영역에서는 효과적이지 못한 경우를 의미한다.
② 일-가정 갈등의 문제는 현대사회의 변화 속에서 직장과 가정의 책임 역할이 변화하면서 더욱 부각되고 있다.
③ 프론(Frone, 1995)은 서구 직장인의 40~78[%]가 일-가정 갈등을 겪고 있다고 보고했다.
④ 레페티(Reppetti, 1987)는 사람들이 가진 신체적, 정신적, 정서적 자원들이 제한되어 있고 직장과 가정 영역 각각에서 이런 자원들을 조화롭게 사용하지 못함으로써 나타나는 역할 갈등이 일-가정 갈등이라고 했다.
⑤ 1980년대에는 연구자들이 일-가정 갈등을 매우 단순한 시각에서 보았고 이 두 영역 사이의 갈등 해소가 주요한 사회적 관심의 대상으로 떠올랐다.
⑥ 1990년대에는 일-가정 갈등과 가정-일 갈등의 양방향에서 접근하기 시작했으며 2000년대 이후에는 일과 가정의 역할 수행이 기존의 연구에서 지적하는 것처럼 갈등만을 빚는 것이 아니라 상호 이익이 되도록 작용할 수도 있음을 지적하는 연구들이 활발하게 이루어지고 있다.
⑦ 현재의 일-가정 갈등 연구는 가정에 대한 관심과 중요도가 일 못지않게 중요하다는 사회 현실을 반영하고 있다.

[표] 일과 가정의 균형과 갈등

결정 요인	갈등과 균형의 성격	결과/영향
조직요인	주관적 지표	직무만족
업무의 요구 조직문화 내지 업무 풍토 가정의 요구 가정문화	일과 삶 동등한 균형 일 중심적 균형 가정 중심적 균형 일의 삶 방해 또는 전이에 의한 갈등 삶의 일 방해 또는 전이에 의한 갈등	삶 만족 정신 건강/복지 스트레스/질병 직무상의 행태 내지 성과 가정에서의 행태 내지 성과 직장에서 타인에게 미치는 영향 가정에서 타인에게 미치는 영향
개인 요인	객관적 지표	
일에 대한 가치관 성격 에너지 개인적 통제 및 대처 성 연령 생애 및 경력 단계	노동 시간 자유 시간 가족 역할	

결론

직장은 일-가정 갈등을 해소시키는 역할을 한다.

12 인간의 정보처리 방식 중 정보의 한 가지 측면에만 초점을 맞추고 다른 측면은 무시하는 것은?

① 선택적 주의(selective attention)

② 분할 주의(divided attention)

③ 도식(schema)

④ 기능적 고착(functional fixedness)

⑤ 분위기 가설(atmosphere hypothesis)

답 ①

해설

선택적 주의:한 가지 측면만 초점을 맞추고 다른 측면을 무시

보충학습

인간의 정보처리과정[人間-情報處理過程]

① 인간이 범하는 불안전행동의 구조는 아직 분명하지 않지만, 인간의 행동에는 생리학, 심리학, 인간공학 등이 관련을 가지면서, 그것들은 결국 「인간의 정보처리」라는 것으로 집약된다.

② 정보처리과정을 분석해서 관련되는 여러 가지 조건이나 인자를 정비하는 데 따라서 불안전행동, 특히 오판단, 오조작의 기회를 감소시킬 수 있다.

③ 인간의 정보처리과정은 표시기(정보근원), 감각, 지각, 판단, 응답, 출력, 조작기구로 나누어 생각할 수 있다.

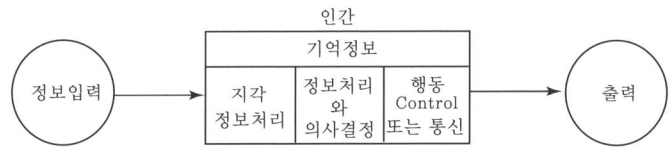

[그림] 인간의 정보처리과정

[표] 일의 난이도에 따른 정보처리 채널(5단계)

구분	특징
반사채널	위급한 상황에 대처하기 위해 대뇌와 관계없이 일어나는 무의식적인 반사
주시하지 않고 처리되는 작업	이미 학습된 간단한 조직행위이며, 동시에 다른 정보처리도 가능한 단계
루틴작업	정보처리 순서를 미리 알고 있는 정상적인 작업(동시에 다른 정보처리 불가능)
동적의지 결정	정보순서를 미리 알지 못하며 상황에 따라 동적인 의지결정이 필요한 조작(비정상적인 작업)
문제해결	미경험상황에 대처하기 위한 창의력이 필요한 조작(보관된 기억만으로는 처리 불가)

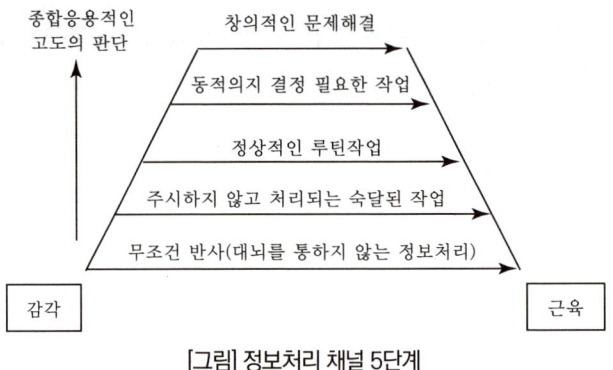

[그림] 정보처리 채널 5단계

13 다음에 해당하는 갈등 해결방식은?

> 근로자가 동료나 관리자와 같은 제3자에게 갈등에 대해 언급하여, 자신과 갈등하는 대상을 직접 만나지 않고 저절로 갈등이 해결되는 것을 희망한다.

① 순응하기 방식(accommodating style)
② 협력하기 방식(collaborating style)
③ 회피하기 방식(avoiding style)
④ 강요하기 방식(forcing style)
⑤ 타협하기 방식(compromising style)

답 ③

해설

회피하기 방식
① 근로자가 동료나 관리자와 같은 제3자에게 갈등에 대해 언급
② 자신과 갈등하는 대상을 직접 만나지 않고 저절로 갈등이 해결되는 것을 희망

참고

Super.D.E의 적응과 역할이론 4가지

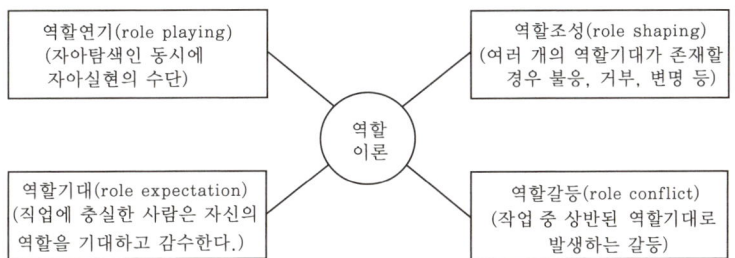

결론

① 회피하기 방식(avoiding style) - 나 lose, 너 lose
② 순응하기 방식(accommodating style) - 나 lose, 너 win

14 직무분석에 관한 설명으로 옳은 것을 모두 고른 것은?

> ㉠ 직무분석 접근 방법은 크게 과업중심(task-oriented)과 작업자중심(worker-oriented)으로 분류할 수 있다.
> ㉡ 기업에서 필요로 하는 업무의 특성과 근로자의 자질을 파악할 수 있다.
> ㉢ 해당 직무를 수행하는 근로자들에게 필요한 교육훈련을 계획하고 실시할 수 있다.
> ㉣ 근로자에게 유용하고 공정한 수행 평가를 실시하기 위한 준거(criterion)를 획득할 수 있다.

① ㉠, ㉡
② ㉡, ㉢
③ ㉡, ㉣
④ ㉠, ㉢, ㉣
⑤ ㉠, ㉡, ㉢, ㉣

답 ⑤

해설

직무분석(job analysis, 職務分析)
(1) 직무분석 항목
  ① 한 사람의 종업원이 수행하는 일의 전체를 직무라고 하며, 인사관리나 조직관리의 기초를 세우기 위하여 직무의 내용을 분석하는 일을 직무분석이라고 한다.
  ② 직무에 대해서 밝혀야 할 항목
    ㉮ 직무내용(목적·개요·방법·순서)
    ㉯ 노동부담(노동의 강도·밀도)
    ㉰ 노동환경(온도·환기·분진·소음·습도·오염)
    ㉱ 위험재해(감전·폭발·화재·고소·재해율·직업병)
    ㉲ 직무조건(체력·지식·경험·자격·개성)
    ㉳ 결과책임(직무를 수행하지 않았을 경우의 인적·물적 손해의 정도)
    ㉴ 지도책임(후진자 지도의 책임)
    ㉵ 감독책임
    ㉶ 권한
  ③ 직무분석의 방법에는 실제담당자에 의한 자기기입(自己記入), 분석자에 의한 관찰, 면접청취, 통계, 측정, 검사 등이 있다.
  ④ 어느 것이나 모두 주도면밀한 준비와 세심한 주의가 필요하다.
  ⑤ 직무분석의 결과는 직무 기술서나 직무 명세서로 종합·정리되어, 채용·승진·배치전환·교육훈련·임금·안전위생 등 인사관리나 직무분담·부서편성·지휘감독 등의 조직관리에 자료를 제공한다.
(2) 직무분석 단계
  ① 직무분석을 위한 행정적 준비
  ② 직무분석의 설계
  ③ 직무에 관한 자료 수집과 분석
  ④ 직무 기술서와 작업자 명세서 작성 및 결과 정리
  ⑤ 각 관련 부서에서 직무분석의 결과 제공
  ⑥ 시간 경과에 따른 직무 변화 발생 시 직무 기술서나 작업자 명세서에 최신 직무 정보를 반영하여 수정
(3) 직무의 역량 모델링(competency modeling)
  ① 역량 모델링(competency modeling)은 원하는 결과를 만들고 성과를 극대화하기 위해 필요한 역량을 체계적으로 추출하여 쓰임에 따라 지식, 기술, 태도, 지적 전략을 포함하는 역량 모델을 정의하고 만드는 활동이다(McLagan, 1989).
    ㉮ 역량 모델링은 특정한 역할을 성공적으로 수행하는 데 중요한 역량을 도출하는 과정이라고 할 수 있다.

㉯ 역량 모델은 효과적으로 역할을 수행하고 높은 성과를 창출하는 데 필요한 지식, 기술, 가치 및 행동을 기술하여 체계화한 것으로 모집 및 선발, 성과 관리, 교육 훈련 및 개발, 승진, 보상 및 승계 계획 등과 같은 모든 인적 자본 시스템의 기초 자료를 제공한다.

② 맥클레랜드(McClelland, 1973)는 역량(competency) 개념을 처음으로 제안했다. 그는 전통적인 의미의 지능 검사보다 직무에서 실제 성과로 나타나는 역량 평가가 더 의미 있다고 했다. 따라서 적성 검사나 성취도 검사가 업무의 성과 또는 직업에서의 성공을 예측할 수 있지만 개선의 여지가 있기 때문에 고성과자와 평균적인 업무 수행 수준을 보이는 사람들을 비교하여 성공이나 고성과와 관련된 특성을 규명하는 데 초점을 두었다. 이러한 역량은 핵심 역량과 개인 역량으로 구분할 수 있다.

㉮ 핵심 역량(core competency)은 조직 내부의 기술이나 단순한 기능을 뛰어넘는 노하우를 포함한 종합적인 강점과 기술력으로서 조직 경쟁력의 원천이라고 할 수 있다.

㉯ 개인 역량은 조직 구성원이 각자의 업무에 부여하는 지식, 기술, 태도의 집합체로서 높은 성과를 창출하는 고성과자로부터 일관되게 관찰되는 행동 특성이다.

㉰ 역량은 어떤 사람이 보유하고 있는 지식, 기술, 태도를 바탕으로 결과를 내기 위해 취한 행동이라고 할 수 있다(이홍민, 2009).

15 조명과 직무환경에 관한 설명으로 옳지 않은 것은?

① 조도는 어떤 물체나 표면에 도달하는 빛의 양을 말한다.
② 동일한 환경에서 직접조명은 간접조명보다 더 밝게 보이도록 하며, 눈부심과 눈의 피로도를 줄여준다.
③ 눈부심은 시각 정보 처리의 효율을 떨어뜨리고, 눈의 피로도를 증가시킨다.
④ 작업장에 조명을 설치할 때에는 빛의 밝기뿐만 아니라 빛의 배분도 고려해야 한다.
⑤ 최적의 밝기는 작업자의 연령에 따라서 달라진다.

답 ②

해설
조명방법

구분	특징
직접조명	① 조명기구 간단, 효율성 좋고 설치비용 저렴 ② 기구구조에 따라 눈부심 현상, 균일한 조도 얻기 힘들고 강한 음영 생성
간접조명	① 눈부심 현상 없고 조도가 균일 ② 설치가 복잡, 기구효율이 나쁘고 실내입체감이 작아짐
전반조명	① 균등한 조도를 얻기 위해 일정한 간격과 일정한 높이로 광원배치 ② 공장 등에서 많이 사용
국소조명	① 작업면상의 필요한 장소만 높은 조도를 취하는 방법 ② 밝고 어둠의 차가 심해 눈부심 현상이 나타나고 눈의 피로가중
전반·국소 조명 혼합	① 작업면 전반에 적당한 조도 제공 ② 필요한 장소에 높은 조도를 주는 방식

결론
직접조명
① 요구하는 곳 더 밝게 보인다.
② 눈의 피로도가 높다.

16 다음 중 인간의 정보처리와 표시장치의 양립성(compatibility)에 관한 내용으로 옳은 것을 모두 고른 것은?

> ㉠ 양립성은 인간의 인지기능과 기계의 표시장치가 어느 정도 일치하는가를 말한다.
> ㉡ 양립성이 향상되면 입력과 반응의 오류율이 감소한다.
> ㉢ 양립성이 감소하면 사용자의 학습시간은 줄어들지만, 위험은 증가한다.
> ㉣ 양립성이 향상되면 표시장치의 일관성은 감소한다.

① ㉠, ㉡
② ㉡, ㉢
③ ㉢, ㉣
④ ㉠, ㉡, ㉣
⑤ ㉠, ㉡, ㉢, ㉣

답 ①

해설

양립성[compatibility, 兩立性]
① 자극들 간의, 반응들 간의, 혹은 자극-반응들 간의 관계가(공간, 운동, 개념적) 인간의 기대에 일치되는 정도를 말한다.
② 양립성 정도가 높을수록, 정보처리 시 정보변환(암호화, 재암호화)이 줄어들게 되어 학습이 더 빨리 진행되고, 반응시간이 더 짧아지고, 오류가 적어지며, 정신적 부하가 감소하게 된다.

[표] 양립성의 종류

구분	특징
공간적(spatial)양립성	표시장치나 조종장치에서 물리적 형태 및 공간적 배치
운동(movement)양립성	표시장치의 움직이는 방향과 조종장치의 방향이 사용자의 기대와 일치
개념적(conceptual)양립성	이미 사람들이 학습을 통해 알고 있는 개념적 연상
양식(modality)양립성	직무에 알맞은 자극과 응답의 존재에 대한 양립성 ㉮ 소리로 제시된 정보는 말로 반응하게 하고, 시각적으로 제시된 정보는 손으로 반응하는 것이 양립성이 높다.

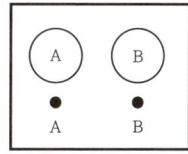
① 공간적 양립성

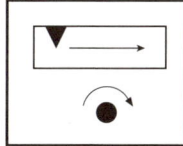
② 운동 양립성

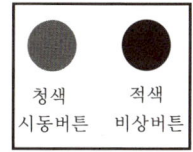
③ 개념적 양립성

[그림] 양립성

결론
① 양립성 감소 시 학습시간은 늘어나고 위험도 증가한다.
② 양립성이 향상되면 일관성은 증가한다.

참고
산업안전지도사(3.기업진단·지도) p.113(4. 양립성)

17 아래 그림에서 평행한 두 선분은 동일한 길이임에도 불구하고 위의 선분이 더 길어 보인다. 이러한 현상을 나타내는 용어는?

① 포겐도르프(Poggendorff) 착시현상   ② 뮬러-라이어(Müller-Lyer) 착시현상
③ 폰조(Ponzo) 착시현상   ④ 티체너(Titchener) 착시현상
⑤ 쵤너(Zöllner) 착시현상

답 ③

해설
착시의 종류(현상)

학설	그림	현상
Müller-Lyer의 착시	(a) >—< (b) <—>	(a)가 (b)보다 길게 보인다. 실제 (a) = (b)
Helmholtz의 착시	(a) 세로줄 / (b) 가로줄	(a)는 세로로 길어 보이고, (b)는 가로로 길어보인다.
Hering의 착시	방사형 직선	가운데 두 직선이 곡선으로 보인다.
Köhler의 착시	평행한 호와 직선	우선 평행의 호(弧)를 본 경우에 직선은 호의 반대반향으로 굽어 보인다.
Poggendorff의 착시	사선과 두 평행선	(a)와 (c)가 일직선상으로 보인다. 실제는 (a)와 (b)가 일직선이다.
Zöllner의 착시	사선이 교차하는 세로선	세로의 선이 굽어 보인다.

Orbigon의 착시		안쪽 원이 찌그러져 보인다.
Sander의 착시		두 점선의 길이가 다르게 보인다.
Ponzo의 착시		두 수평선부의 길이가 다르게 보인다.

참고

산업안전지도사(3. 기업·진단지도) p.151(2. 착시의 종류)

18 다음 중 산업재해이론과 그 내용의 연결로 옳지 않은 것은?

① 하인리히(H.Heinrich)의 도미노 이론 : 사고를 촉발시키는 도미노 중에서 불안전 상태와 불안전 행동을 가장 중요한 것으로 본다.

② 버드(F.Bird)의 수정된 도미노 이론 : 하인리히(H.Heinrich)의 도미노 이론을 수정한 이론으로, 사고 발생의 근본적 원인을 관리 부족이라고 본다.

③ 아담스(E.Adams)의 사고연쇄반응 이론 : 불안전 행동과 불안전 상태를 유발하거나 방치하는 오류는 재해의 직접적인 원인이다.

④ 리전(J.Reason)의 스위스 치즈 모델 : 스위스 치즈 조각들에 뚫려 있는 구멍들이 모두 관통되는 것처럼 모든 요소의 불안전이 겹쳐져서 산업재해가 발생한다는 이론이다.

⑤ 하돈(W.Haddon)의 매트릭스 모델 : 작업자의 긴장 수준이 지나치게 높을 때, 사고가 일어나기 쉽고 작업 수행의 질도 떨어지게 된다는 것이 핵심이다.

답 ⑤

해설

하돈(W.Haddon)의 매트릭스 모델

① 1960년대에 개발된 '하돈 매트릭스'는 교통사고로 발생하는 상해의 요소를 사고가 진행되기 전후, 그리고 사고 과정에 따라 세분화한다.

② 한 건의 교통사고를 다양한 요소로 세분화하는 건 보다 사고를 막거나 탑승객의 상해를 줄이기 위한 기능을 체계적으로 파악하기 위해서이다.

보충학습

① 하인리히(H.W.Heinrich)의 도미노 이론(사고연쇄성)

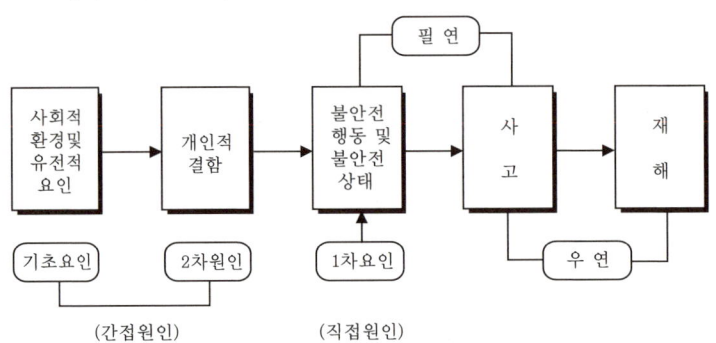

결론
도미노 이론의 핵심은 직접원인을 제거하여 사고와 재해에 영향을 못 미치도록 하는 것

② 버드(Bird)의 최신의 도미노(domino) 이론

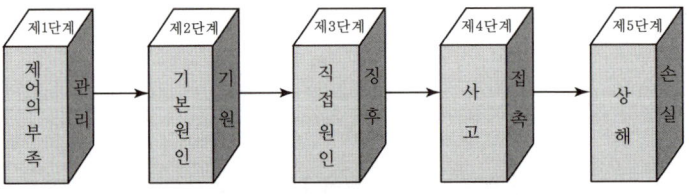

[그림] 최신의 재해 연쇄(Frank E. Bird Jr)

> **결론**

이론의 핵심
㉠ 기본원인의 제거(직접원인을 제거하는 것만으로는 재해가 발생한다.)
㉡ 직접원인을 해결하는 것보다 그 근원이 되는 근본원인을 찾아서 유효하게 제어하는 것이 중요

[표] 기본적 원인(배후적 원인) – 기원

기원	내용
개인적 요인	지식 및 기능의 부족, 부적당한 동기부여, 육체적 또는 정신적인 문제 등
작업상의 요인	기계설비의 결함, 부적절한 작업기준, 부적당한 기기의 사용방법, 작업체제 등

③ 아담스(Adams)의 사고 요인과 관리 시스템

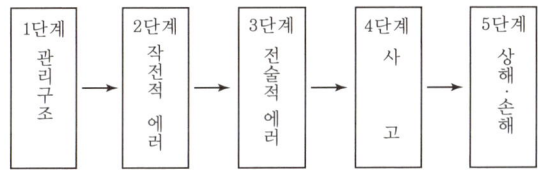

> **결론**

전술적 에러
㉠ 재해의 직접원인을 관리 시스템 내의 불안전 행동과 불안전 상태에 두고 이것을 강조하기 위하여 전술적 에러로 설명
㉡ 전술적 에러는 작전적 에러의 영향으로 발생하며, 이것은 감독자 및 관리자의 관리적인 잘못에 기인한 것으로 아담스는 관리상 잘못으로 인한 개념을 강조

④ 웨버(D.A. Weaver)의 신도미노 이론
작전적 에러와 징후의 개념을 도미노 이론의 연쇄형태에 결합한 이론으로 불안전한 행동과 상태뿐만 아니라 사고와 상해도 모두 작전적 에러의 징후라는 원리를 적용

⑤ 리전(J.Reason)의 스위스 치즈 모델
낱개의 치즈 조각에 만들어진 구멍들이 비슷한 위치에 배열되어야만 관통할 수 있듯이 안전 사고 또한 치즈 구멍과 같이 다양한 위험 요인들이 우연치 않게 동시에 일어날 때 발생한다. 즉, 사고가 일어나는 것은 사실 쉽지 않다는 뜻이다. 안전불감증이 일어나기 쉽다는 것이다.

19 안전보건 안전보전경영시스템 인증기준(KOSTA 18001)에서 사용하는 주요 용어의 정의로 옳지 않은 것은?

① 사업장 또는 조직이란 사업을 운영하는 조직과 기능을 갖추고 있는 회사, 기업, 연구소 또는 이들의 복합집단을 말한다.
② 유해·위험요인이란 유해·위험을 일으킬 잠재적 가능성이 있는 것의 고유한 특징이나 속성을 말한다.
③ 위험성이란 유해·위험요인이 부상 또는 질병으로 이어질 수 있는 가능성(빈도)과 중대성(강도)을 조합한 것을 말한다.
④ 관찰사항이란 사업장 또는 조직의 안전보정활동이 안전보건경영체제상의 기준이나 작업표준, 지침, 절차 규정 등으로부터 벗어난 상태를 말한다.
⑤ 예방조치란 잠재적인 부적합사항, 기타 바람직하지 않은 잠재적 상황의 원인을 제거하여 발생을 방지하기 위한 조치를 말한다.

답 ④

해설

인증기준

1. 안전보건경영시스템
한국산업안전보건공단 안전보건관리책임자가 안전보건을 제1의 경영가치로 선언하고 실행계획(Plan)을 통한 운영(Do), 점검 및 시정초치(Check), 개선(Action)을 실시하는 등 P-D-C-A선순환과정을 통하여 지속적으로 추진하는 체계적인 안전보건활동을 말한다.

2. 용어정의
① 관찰사항(Observation)
  사업장 또는 조직의 안전보건활동이 현재 안전보건경영시스템의 기준이나 작업표준, 지침, 절차, 규정 등으로부터 벗어난 상태는 아니지만 향후에 벗어날 가능성이 있는 경우를 말한다.
② 권고사항(Recommendation)
  안전보건경영시스템 운영의 효율성을 높이기 위해 개선의 여지가 있는 경우 또는 사내 규정(표준)대로 시행되고 있으나 업무의 목적상 비효율적 이거나 불합리하다고 판단되는 경우를 말한다.

합격정보
KOSHA 18001(용어정의)

20 제조업 등 유해·위험방지계획서 제출·심사·확인에 관한 고시에서 규정하고 있는 유해·위험방지계획서 제출 대상으로 옳은 것은?

① 금속 또는 비금속광물을 해당물질의 녹는점 이상으로 가열하여 용해하는 노(爐)로서 용량이 3톤 이상인 것

② 열원기준으로 연료의 최대소비량이 시간당 30킬로그램 이상인 건조설비

③ 열원기준으로 정격소비전력이 30킬로와트 이상인 건조설비

④ 유해물질로부터 나오는 가스·증기 또는 분진의 발산원을 밀폐·제거하기 위해 배풍량이 분당 50세제곱미터인 이동식 국소배기장치

⑤ 용접·용단용으로 사용하기 위하여 2개의 인화성가스 저장 용기를 상호간에 도관으로 연결한 이동식 가스집합장치로부터 용접 토치까지의 일관 설비로서 인화성가스 집합량이 500킬로그램인 가스집합 용접장치

답 ①

해설

제3조(계획서 제출대상)

영 제42조제2항에 따른 계획서 제출대상 기계·기구 및 설비의 구체적인 대상은 다음 각 호의 어느 하나에 해당하는 설비를 포함하는 단위공정을 말한다.

1. 영 제42조제2항제1호에 따른 "금속이나 그 밖의 광물의 용해로"는 금속 또는 비금속광물을 해당물질의 녹는점 이상으로 가열하여 용해하는 노(爐)로서 용량이 3톤 이상인 것
2. 영 제42조제2항제2호에 따른 "화학설비"는 안전보건규칙 제273조에 따른 "특수화학설비"로 단위공정 중에 저장되는 양을 포함하여 하루동안 제조 또는 취급할 수 있는 양이 안전보건규칙 별표 9에 따른 위험물질의 기준량 이상인 것(단, 영 제43조제2항에서 정한 설비는 제외)
3. 영 제42조제2항제3호에 따른 "건조설비"는 건조기본체, 가열장치, 환기장치를 포함하며, 열원기준으로 연료의 최대소비량이 시간당 50킬로그램 이상이거나 정격소비전력이 50킬로와트 이상인 설비로서 다음 각 목의 어느 하나에 해당할 것
   가. 건조물에 포함된 유기화합물을 건조하는 경우
   나. 도료, 피막제의 도포코팅 등 표면을 건조하여 인화성 물질의 증기가 발생하는 경우
   다. 건조를 통한 가연성 분말로 인해 분진이 발생하는 설비
4. 영 제42조제2항제4호에 따른 "가스집합 용접장치"는 용접·용단용으로 사용하기 위하여 1개 이상의 인화성가스의 저장 용기 또는 저장탱크를 상호간에 도관으로 연결한 고정식의 가스집합장치로부터 용접 토치까지의 일관 설비로서 인화성가스 집합량이 1,000킬로그램 이상인 것
5. 영 제42조제2항제5호의 "근로자의 건강에 상당한 건강장해를 일으킬 우려가 있는 물질로서 고용노동부령으로 정하는 물질의 밀폐·환기·배기를 위한 설비"는 안전보건규칙 제422조부터 제425조, 제428조, 제430조, 제453조, 제471조, 제474조, 제607, 제608조에 따른 국소배기장치(이동식은 제외한다), 밀폐설비 및 전체환기설비(강제 배기방식의 것과 급기·배기 환기장치에 한정한다)로서 다음 각 목과 같다.
   가. 「안전검사 절차에 관한 고시」 별표 1의 제7호에 명시된 유해물질로부터 나오는 가스·증기 또는 분진의 발산원을 밀폐·제거하기 위해 설치하는 국소배기장치, 밀폐설비 및 전체환기장치. 다만, 국소배기장치 및 전체환기장치는 배풍량이 분당 60세제곱미터 이상인 것에 한정한다.
   나. 가목에서 정한 유해물질 이외의 허가대상 또는 관리대상 물질로부터 나오는 가스·증기 또는 분진의 발산원을 밀폐·제거하기 위하여 설치하거나 안전보건규칙 별표 16의 분진작업을 하는 장소에 설치하는 국소배기장치, 밀폐설비 및 전체환기장치. 다만, 국소배기장치 및 전체환기장치는 배풍량이 분당 150세제곱미터 이상인 것에 한정한다.

합격정보

제조업 등 유해·위험방지계획서 제출·심사·확인에 관한 고시
[시행 2023. 10. 12.] [고용노동부고시 제2023-50호, 2023. 10. 6., 일부개정]

보충학습

1. 산업안전보건법

제42조(유해위험방지계획서의 작성·제출 등)

① 사업주는 다음 각 호의 어느 하나에 해당하는 경우에는 이 법 또는 이 법에 따른 명령에서 정하는 유해·위험 방지에 관한 사항을 적은 계획서(이하 "유해위험방지계획서"라 한다)를 작성하여 고용노동부령으로 정하는 바에 따라 고용노동부장관에게 제출하고 심사를 받아야 한다. 다만, 제3호에 해당하는 사업주 중 산업재해발생률 등을 고려하여 고용노동부령으로 정하는 기준에 해당하는 사업주는 유해위험방지계획서를 스스로 심사하고, 그 심사결과서를 작성하여 고용노동부장관에게 제출하여야 한다. 〈개정 2020. 5. 26.〉

1. 대통령령으로 정하는 사업의 종류 및 규모에 해당하는 사업으로서 해당 제품의 생산 공정과 직접적으로 관련된 건설물·기계·기구 및 설비 등 전부를 설치·이전하거나 그 주요 구조부분을 변경하려는 경우
2. 유해하거나 위험한 작업 또는 장소에서 사용하거나 건강장해를 방지하기 위하여 사용하는 기계·기구 및 설비로서 대통령령으로 정하는 기계·기구 및 설비를 설치·이전하거나 그 주요 구조부분을 변경하려는 경우
3. 대통령령으로 정하는 크기, 높이 등에 해당하는 건설공사를 착공하려는 경우

② 제1항제3호에 따른 건설공사를 착공하려는 사업주(제1항 각 호 외의 부분 단서에 따른 사업주는 제외한다)는 유해위험방지계획서를 작성할 때 건설안전 분야의 자격 등 고용노동부령으로 정하는 자격을 갖춘 자의 의견을 들어야 한다.
③ 제1항에도 불구하고 사업주가 제44조제1항에 따라 공정안전보고서를 고용노동부장관에게 제출한 경우에는 해당 유해·위험설비에 대해서는 유해위험방지계획서를 제출한 것으로 본다.
④ 고용노동부장관은 제1항 각 호 외의 부분 본문에 따라 제출된 유해위험방지계획서를 고용노동부령으로 정하는 바에 따라 심사하여 그 결과를 사업주에게 서면으로 알려 주어야 한다. 이 경우 근로자의 안전 및 보건의 유지·증진을 위하여 필요하다고 인정하는 경우에는 해당 작업 또는 건설공사를 중지하거나 유해위험방지계획서를 변경할 것을 명할 수 있다.
⑤ 제1항에 따른 사업주는 같은 항 각 호 외의 부분 단서에 따라 스스로 심사하거나 제4항에 따라 고용노동부장관이 심사한 유해위험방지계획서와 그 심사결과서를 사업장에 갖추어 두어야 한다.
⑥ 제1항제3호에 따른 건설공사를 착공하려는 사업주로서 제5항에 따라 유해위험방지계획서 및 그 심사결과서를 사업장에 갖추어 둔 사업주는 해당 건설공사의 공법의 변경 등으로 인하여 그 유해위험방지계획서를 변경할 필요가 있는 경우에는 이를 변경하여 갖추어 두어야 한다.

2. 산업안전보건법 시행령

제42조(유해위험방지계획서 제출 대상)

① 법 제42조제1항제1호에서 "대통령령으로 정하는 사업의 종류 및 규모에 해당하는 사업"이란 다음 각 호의 어느 하나에 해당하는 사업으로서 전기 계약용량이 300킬로와트 이상인 경우를 말한다.

1. 금속가공제품 제조업; 기계 및 가구 제외
2. 비금속 광물제품 제조업
3. 기타 기계 및 장비 제조업
4. 자동차 및 트레일러 제조업
5. 식료품 제조업
6. 고무제품 및 플라스틱제품 제조업
7. 목재 및 나무제품 제조업
8. 기타 제품 제조업
9. 1차 금속 제조업
10. 가구 제조업
11. 화학물질 및 화학제품 제조업
12. 반도체 제조업

13. 전자부품 제조업

② 법 제42조제1항제2호에서 "대통령령으로 정하는 기계·기구 및 설비"란 다음 각 호의 어느 하나에 해당하는 기계·기구 및 설비를 말한다. 이 경우 다음 각 호에 해당하는 기계·기구 및 설비의 구체적인 범위는 고용노동부장관이 정하여 고시한다. 〈개정 2021. 11. 19.〉

1. 금속이나 그 밖의 광물의 용해로
2. 화학설비
3. 건조설비
4. 가스집합 용접장치
5. 근로자의 건강에 상당한 장해를 일으킬 우려가 있는 물질로서 고용노동부령으로 정하는 물질의 밀폐·환기·배기를 위한 설비
6. 삭제 〈2021. 11. 19.〉

③ 법 제42조제1항제3호에서 "대통령령으로 정하는 크기 높이 등에 해당하는 건설공사"란 다음 각 호의 어느 하나에 해당하는 공사를 말한다.

1. 다음 각 목의 어느 하나에 해당하는 건축물 또는 시설 등의 건설·개조 또는 해체(이하 "건설등"이라 한다) 공사
   가. 지상높이가 31미터 이상인 건축물 또는 인공구조물
   나. 연면적 3만제곱미터 이상인 건축물
   다. 연면적 5천제곱미터 이상인 시설로서 다음의 어느 하나에 해당하는 시설
      1) 문화 및 집회시설(전시장 및 동물원·식물원은 제외한다)
      2) 판매시설, 운수시설(고속철도의 역사 및 집배송시설은 제외한다)
      3) 종교시설
      4) 의료시설 중 종합병원
      5) 숙박시설 중 관광숙박시설
      6) 지하도상가
      7) 냉동·냉장 창고시설
2. 연면적 5천제곱미터 이상인 냉동·냉장 창고시설의 설비공사 및 단열공사
3. 최대 지간(支間)길이(다리의 기둥과 기둥의 중심사이의 거리)가 50미터 이상인 다리의 건설등 공사
4. 터널의 건설등 공사
5. 다목적댐, 발전용댐, 저수용량 2천만톤 이상의 용수 전용 댐 및 지방상수도 전용 댐의 건설등 공사
6. 깊이 10미터 이상인 굴착공사

산업보건지도사 · 과년도기출문제

21 산업안전보건기준에 관한 규칙상 악천후 및 강풍 시 작업 중지에 관한 내용이다. ( )에 들어갈 내용으로 옳은 것은?

> 사업주는 순간풍속이 초당(ㄱ)미터를 초과하는 경우 타워크레인의 설치·수리·점검 또는 해체 작업을 중지하여야 하며, 순간풍속이 초당 (ㄴ)미터를 초과하는 경우에는 타워크레인의 운전작업을 중지하여야 한다.

① ㄱ : 5, ㄴ : 5
② ㄱ : 8, ㄴ : 10
③ ㄱ : 10, ㄴ : 10
④ ㄱ : 10, ㄴ : 12
⑤ ㄱ : 10, ㄴ : 15

답 ⑤

해설

제37조(악천후 및 강풍 시 작업 중지) ① 사업주는 비·눈·바람 또는 그 밖의 기상상태의 불안정으로 인하여 근로자가 위험해질 우려가 있는 경우 작업을 중지하여야 한다. 다만, 태풍 등으로 위험이 예상되거나 발생되어 긴급 복구작업을 필요로 하는 경우에는 그러하지 아니하다.
② 사업주는 순간풍속이 초당 10미터를 초과하는 경우 타워크레인의 설치·수리·점검 또는 해체 작업을 중지하여야 하며, 순간풍속이 초당 15미터를 초과하는 경우에는 타워크레인의 운전작업을 중지하여야 한다. 〈개정 2017. 3. 3.〉

합격정보
산업안전보건기준에 관한 규칙(약칭: 안전보건규칙)
[시행 2024. 1. 1.] [고용노동부령 제399호, 2023. 11. 14., 일부개정]

2019년도 3월 30일 필기문제

22 제조물 책임법상 제조물의 결함에 해당하는 것을 모두 고른 것은?

> ㄱ. 제조상의 결함   ㄴ. 설계상의 결함
> ㄷ. 표시상의 결함   ㄹ. 원가공개 결함

① ㄱ
② ㄴ, ㄹ
③ ㄷ, ㄹ
④ ㄱ, ㄴ, ㄷ
⑤ ㄱ, ㄴ, ㄷ, ㄹ

답

해설

제2조(정의)
이 법에서 사용하는 용어의 뜻은 다음과 같다.
1. "제조물"이란 제조되거나 가공된 동산(다른 동산이나 부동산의 일부를 구성하는 경우를 포함한다)을 말한다.
2. "결함"이란 해당 제조물에 다음 각 목의 어느 하나에 해당하는 제조상·설계상 또는 표시상의 결함이 있거나 그 밖에 통상적으로 기대할 수 있는 안전성이 결여되어 있는 것을 말한다.
   가. "제조상의 결함"이란 제조업자가 제조물에 대하여 제조상·가공상의 주의의무를 이행하였는지에 관계없이 제조물이 원래 의도한 설계와 다르게 제조·가공됨으로써 안전하지 못하게 된 경우를 말한다.
   나. "설계상의 결함"이란 제조업자가 합리적인 대체설계(代替設計)를 채용하였더라면 피해나 위험을 줄이거나 피할 수 있었음에도 대체설계를 채용하지 아니하여 해당 제조물이 안전하지 못하게 된 경우를 말한다.
   다. "표시상의 결함"이란 제조업자가 합리적인 설명·지시·경고 또는 그 밖의 표시를 하였더라면 해당 제조물에 의하여 발생할 수 있는 피해나 위험을 줄이거나 피할 수 있었음에도 이를 하지 아니한 경우를 말한다.
3. "제조업자"란 다음 각 목의 자를 말한다.
   가. 제조물의 제조·가공 또는 수입을 업(業)으로 하는 자
   나. 제조물에 성명·상호·상표 또는 그 밖에 식별(識別) 가능한 기호 등을 사용하여 자신을 가목의 자로 표시한 자 또는 가목의 자로 오인(誤認)하게 할 수 있는 표시를 한 자[전문개정 2013. 5. 22.]

합격정보
제조물 책임법 제2조(정의)

합격키
2022년 문제 20번 출제

보충학습
제조물 책임(PL)의 권리
① 1964년 미국의 케네디 대통령이 소비자의 4대 권리를 주장하고 법령으로 제정
② 소비자의 4대 권리
   ㉮ 알리는 권리(The Right to be Informed)
   ㉯ 안전의 권리(The Right to be Safety)
   ㉰ 선택의 권리(The Right to be Chosen)
   ㉱ 들어주는 권리(The Right to be Heard)
   [시행 2018. 4. 19.] [법률 제14764호, 2017. 4. 18., 일부개정]

읽을거리
1961.1.20 제35대 미 대통령 취임 연설
"국민 여러분, 조국이 여러분을 위해 무엇을 할 수 있을 것인지 묻지 말고, 여러분이 조국을 위해 무엇을 할 수 있는지 스스로에게 물어보십시오. 세계의 시민 여러분, 미국이 여러분을 위해 무엇을 베풀 것인지 묻지 말고 우리모두가 손잡고 인간의 자유를 위해 무엇을 할 수 있을지 스스로에게 물어보십시오."

[사진] 존 F. 케네디
1917.5.29~1963.11.22

23 보호구 안전인증의 추락 및 감전 위험방지용 안전모의 성능기준에 관한 내용으로 안전모의 시험성능기준의 항목이 아닌 것은?

① 내관통성 ② 충격흡수성
③ 부식성 ④ 내전압성
⑤ 난연성

답 ③

해설

1. 안전모의 종류 및 용도

종류 기호	사용구분	모체의 재질	내전압성
AB	물체낙하, 날아옴, 추락에 의한 위험을 방지, 경감시키는 것	합성수지	비내전압성
AE	물체낙하, 날아옴에 의한 위험을 방지 또는 경감하고 머리부위 감전에 의한 위험을 방지하기 위한 것	합성수지 (FRP)(주②)	내전압성 (주①)
ABE	물체의 낙하 또는 날아옴 및 추락에 의한 위험을 방지하기 위한 것 및 감전 방지용	합성수지 (FRP)	내전압성

주 ① 내전압성이란 7,000[V] 이하의 전압에 견디는 것을 말한다.
② FRP : Fiber Glass Reinforced Plastic(유리섬유 강화 플라스틱)

2. 안전모의 시험성능기준 및 부가성능기준

항목		성능
시험 성능 기준	내관통성	종류 AE, ABE종 안전모는 관통거리가 9.5 [mm] 이하이고, AB종 안전모는 관통거리가 11.1[mm] 이하이어야 한다.(자율안전확인에서는 관통거리가 11.1[mm] 이하)
	충격흡수성	최고전달충격력이 4,450[N]을 초과해서는 안되며, 모체와 착장체의 기능이 상실되지 않아야 한다.
	내전압성	AE, ABE종 안전모는 교류 20[kV]에서 1분간 절연파괴 없이 견뎌야 하고, 이때 누설되는 충전전류는 10 [mA] 이하이어야 한다.(자율안전확인에서는 제외)
	내수성	AE, ABE종 안전모는 질량증가율이 1[%] 미만이어야 한다.(자율안전확인에서는 제외)
	난연성	모체가 불꽃을 내며 5초 이상 연소되지 않아야 한다.
	턱끈 풀림	150[N] 이상 250[N] 이하에서 턱끈이 풀려야 한다.
부가 성능 기준	측면변형 방호	최대 측면변형은 40 [mm], 잔여변형은 15 [mm] 이내이어야 한다.
	금속 용융물 분사 방호	• 용융물에 의해 10 [mm] 이상의 변형이 없고 관통되지 않아야 한다. • 금속 용융물의 방출을 정지한 후 5초 이상 불꽃을 내며 연소되지 않을 것 (자율안전확인에서는 제외)

합격키
① 2021년 문제 21번 ③ 내수성
② 2023년 문제 19번 출제

합격정보
보호구 안전인증 고시 제4조(성능기준 및 시험방법)

24 다음과 같은 특징을 가지고 있는 위험성평가 기법은?

> • 사업장에서 위험성과 운전성을 체계적으로 분석·평가한다.
> • 가이드워드에 의해 위험요소를 도출하는 것이 고유한 특성이다.
> • 토론에 의해 위험요소를 도출한다.
> • 공정의 설계의도에서 이탈을 찾아낸다.

① FMEA
② HAZOP
③ FTA
④ Checklist
⑤ PHA

답 ②

해설

1. 위험 및 운용성 분석(HAZOP : HAZard and OPerability study)
각각의 장비에 대해 잠재된 위험이나 기능저하, 운전 잘못 등과 전체로서의 시설을 결과적으로 미칠 수 있는 영향 등을 평가하기 위해서 공정이나 설계도 등에 체계적이고 비판적인 검토를 행하는 것을 말한다.(예 화학공장 등 위험성 평가)

2. 결함수[FTA(故障樹木 : fault tree)] 분석
① 정상사상인 재해현상으로부터 기본사상인 재해원인을 향해 연역적 분석을 행하는 것이 특징이다.
② FTA 창안자는 1962년 미국 벨전화연구소의 Watson에 의해 군용으로 고안되었다.

보충학습
① 고장 형태 및 영향분석(FMEA : Failure Modes and Effects Analysis)
   FMEA는 서브시스템 위험분석이나 시스템 위험분석을 위하여 일반적으로 사용되는 전형적인 정성적, 귀납적 분석방법으로 시스템에 영향을 미치는 모든 요소의 고장을 형태별로 분석하여 그 영향을 검토하는 것이다.
② 결함위험분석(FHA : Fault Hazards Analysis)
   FHA는 분업에 의하여 여럿이 분담 설계한 subsystem간의 interface를 조정하여 각각의 subsystem 및 전 시스템의 안전성에 악영향을 끼치지 않게 하기 위한 분석기법이다.
③ 원인결과 분석기법(Cause Consequence Analysis : CCA)
   결함수 분석기법(FTA) 및 사건수 분석기법(ETA)을 결합한 것으로, 잠재된 사고의 결과 및 근본적인 원인을 찾아내고, 사고결과와 원인 사이의 상호관계를 예측하며, 리스크 정량적으로 평가하는 리스크 평가방법
④ 예비위험분석(PHA : Preliminary Hazards Analysis)
   PHA는 모든 시스템안전 프로그램의 최초 개발 단계의 분석으로서 시스템 내의 위험요소가 얼마나 위험한 상태에 있는가를 정성적으로 평가하는 것이다.
⑤ MORT(Management Oversight and Risk Tree : 경영소홀 및 위험수 분석)
   ㉮ 1970년 이후 미국의 W.G.Johnson 등에 의해 개발된 최신 시스템 안전프로그램으로서 원자력 산업의 고도 안전 달성을 위해 개발된 분석기법이다. 이는 산업안전을 목적으로 개발된 시스템안전 프로그램으로서의 의의가 크다.
   ㉯ FTA와 같은 논리기법을 이용하여 관리, 설계, 생산, 보전 등의 광범위한 안전을 도모하는 원자력산업 외에 일반 산업안전에도 적용이 기대된다.
⑥ DT와 ETA(사상수분석법) : 정량적, 귀납적 분석법
⑦ THERP(인간과오율 예측기법) : 인간과오의 정량적 분석법

25 사업장 위험성평가에 관한 지침에서 명시하고 있는 위험성 감소대책 수립 시 우선적으로 고려해야 할 사항을 순서대로 옳게 나열한 것은?

> ㄱ. 개인용 보호구의 사용
> ㄴ. 사업장 작업절차서 정비 등의 관리적 대책
> ㄷ. 위험한 작업의 폐지·변경, 유해·위험물질 대체 등의 조치 또는 설계나 계획 단계에서 위험성을 제거 또는 저감하는 조치
> ㄹ. 연동장치, 환기장치 설치 등의 공학적 대책

① ㄱ → ㄴ → ㄷ → ㄹ
② ㄱ → ㄴ → ㄹ → ㄷ
③ ㄴ → ㄱ → ㄹ → ㄷ
④ ㄷ → ㄹ → ㄱ → ㄴ
⑤ ㄷ → ㄹ → ㄴ → ㄱ

답 ⑤

해설

위험성 감소대책 수립순서
① 위험한 작업의 폐지·변경, 유해·위험물질 대체 등의 조치 또는 설계나 계획 단계에서 위험성을 제거 또는 저감하는 조치
② 연동장치, 환기장치 설치 등의 공학적 대책
③ 사업장 작업절차서 정비 등의 관리적 대책
④ 개인용 보호구의 사용

합격정보
사업장 위험성 평가에 관한 지침 제2023-151호 제12조(정의)

SAFETY ENGINEER

2020년도 7월 25일 필기문제

산업보건지도사 자격시험
제1차 시험문제지

제3과목 기업진단·지도	총 시험시간 : 90분 (과목당 30분)	문제형별 A

수험번호	20200725	성 명	도서출판 세화

【수험자 유의사항】

1. 시험문제지 표지와 시험문제지 내 **문제형별의 동일여부** 및 시험문제지의 **총면수·문제번호 일련순서·인쇄상태** 등을 확인하시고, 문제지 표지에 수험번호와 성명을 기재하시기 바랍니다.
2. 답은 각 문제마다 요구하는 **가장 적합하거나 가까운 답 1개**만 선택하고, 답안카드 작성 시 시험문제지 **형별누락, 마킹착오**로 인한 불이익은 전적으로 **수험자에게 책임**이 있음을 알려 드립니다.
3. 답안카드는 국가전문자격 공통 표준형으로 문제번호가 1번부터 125번까지 인쇄되어 있습니다. 답안 마킹 시에는 반드시 **시험문제지의 문제번호와 동일한 번호**에 마킹하여야 합니다.
4. **감독위원의 지시에 불응하거나 시험 시간 종료 후 답안카드를 제출하지 않을 경우** 불이익이 발생할 수 있음을 알려 드립니다.
5. 시험문제지는 시험 종료 후 가져가시기 바랍니다.

【안 내 사 항】

1. 수험자는 **QR코드를 통해 가답안을 확인**하시기 바랍니다.
   (※ 사전 설문조사 필수)
2. 시험 합격자에게 **'합격축하 SMS(알림톡) 알림 서비스'**를 제공하고 있습니다.

▲ 가답안 확인

- 수험자 여러분의 합격을 기원합니다 -

2020년도 7월 25일 필기문제

3. 기업진단·지도

01 인사평가 방법에 관한 설명으로 옳지 않은 것은?

① 서열(ranking)법은 등위를 부여해 평가하는 방법으로, 평가 비용과 시간을 절약할 수 있다.
② 평정척도(rating scale)법은 평가 항목에 대해 리커트(Likert) 척도 등을 이용해 평가한다.
③ BARS(Behaviorally Anchored Rating Scale) 평가법은 성과 관련 주요 행동에 대한 수행정도로 평가한다.
④ MBO(Management by Objectives) 평가법은 상급자와 합의하여 설정한 목표 대비 실적으로 평가한다.
⑤ BSC(Balanced Score Card) 평가법은 연간 재무적 성과 결과를 중심으로 평가한다.

답 ⑤

해설

균형성과표(BSC : Balanced Score Card)

(1) 개요
① 기업의 전략적 목표를 일련의 성과측정 지표로 전환할 수 있는 종합적인 틀로서 재무적 관점, 고객 관점, 내부프로세스 관점, 학습과 성장 관점의 4개 범주로 구분하여 평가하는 것을 의미한다.
② 균형성과표의 목표와 측정치는 조직의 비전과 전략으로부터 도출되는 것으로, 주주와 고객을 위한 외부적인 측정치와 내부프로세스의 개선 및 학습과 성장이라는 내부적인 측정치 간의 균형, 과거노력의 산출물인 결과 측정치와 미래성과를 창출할 측정치 간의 균형, 객관적으로 정량화되는 재무적 측정치와 주관적인 판단이 요구되는 비재무적 측정치 간의 균형, 재무적 관점에 의한 단기적 성과와 나머지 세 가지 관점에 의한 장기적 성과 간의 균형을 강조하고 있다.
③ 기존의 성과표는 재무적 관점에 대한 것만 존재하였으나, 균형성과표를 통해 다른 관점의 것도 측정하여 상호 간의 균형을 강조하게 되어 균형성과표라고 한다.

(2) 관점비교
① 재무적 관점 : 주주에게 어떻게 보일 것인가를 중요시하는 관점으로, 전략을 실행하여 영업이익이나 순이익 등과 같은 재무 성과가 얼마나 개선되었는지를 측정하는 것이다. 재무적 관점은 성과측정 지표로 영업이익, 투자수익률, 잔여이익, 경제적 부가가치 등을 사용하지만, 판매성장이나 현금흐름 등에도 사용될 수 있다.
② 고객관점 : 고객에게 어떻게 보일 것인가를 중요시하는 관점으로, 전략을 실행하여 고객과 관련된 성과가 얼마나 개선되었는지를 측정하는 것이다. 고객관점은 성과측정 지표로 고객만족도, 시장점유율, 고객수익성 등을 사용한다.
③ 내부프로세스 관점 : 주주나 고객을 만족시키기 위해 어떤 내부프로세스가 탁월해야 하는지를 중요시하는 관점으로, 전략을 실행하여 기업내부에 가치를 창출할 수 있는 프로세스가 얼마나 개선되었는지를 측정하는 것이다.
④ 학습과 성장 관점 : 비전을 달성하기 위해 변화하고 개선하는 능력을 어떤 방법으로 향상시켜야 하는지를 중요시하는 관점으로, 전략을 실행하여 장기적인 성장과 발전을 위해 인적자원과 정보시스템 및 조직의 절차 등이 얼마나 개선되었는지를 측정하는 것이다.

합격키

2014년 4월 12일(문제 2번)

> 보충학습

1. 현대적 인사평가 방법(절대고과법, 상대고과법)

(1) 행동기준 평가법(BARS : Behaviorally Anchored Rating Scales)
　① 평정척도법과 중요사건 기술법을 혼용하여 보다 정교하게 수정한 기법으로 평가 대상자의 행동을 우수, 평균, 평균이하와 같이 규정하도록 되어 있는 행동기대 평가법과, 서술되어 있는 행동기준을 평가 대상자가 얼마나 자주 보여주는지에 대한 빈도를 측정하는 행동관찰 평가법이 있다.
　② 행동기준 평가법은 평가 대상자의 구체적인 행동을 측정하기 때문에 평가의 객관성과 정확성, 공정성 및 평가자간 신뢰성을 높일 수 있을 뿐만 아니라 평가결과에 대한 피드백이 용이하여 평가 대상자에 대한 교육의 효과도 있다.
　③ 개발에 소요되는 비용과 시간이 상당하고, 평가 대상자가 설문지에 제시된 행동지표의 영향을 받아 다른 행동에 대한 고려가 어렵다는 단점이 있다.

(2) 행동기대 평가법(BES)
　• 평가 대상자의 성과달성에 효과적인 직무행동과 비효과적인 직무행동을 구분하여 단계별로 나열한 후 평가자가 해당하는 항목에 체크하는 방법이다.

(3) 행동관찰 평가법(BOS)
　① 행동기대 평가법에 제시된 성과수준별 패턴에 대한 평가오류를 극복하기 위해 개발된 것으로 평가 대상자의 행동 빈도에 대해 체크하는 방법이다.
　② BARS와 BOS를 각각 별개의 기법으로 구분하여 보는 시각도 있다.

(4) 다면평가
　① 상급자가 하급자를 평가하는 하향식 평가의 단점을 보완하여 상급자에 의한 평가와 함께 평가자 자신, 부하직원, 동료, 고객, 외부전문가 등 다양한 평가자들에 의해 평가 대상자를 평가하는 것을 말한다.
　② 다면평가로 인해 기업 내 의사소통이 활성화되고, 평가 대상자에 대한 평가가 다양한 관점에서 이루어질 뿐만 아니라, 다수에 의한 평가이므로 평가의 신뢰성이 매우 높다는 효과가 있으나, 인기투표로 변질될 가능성이 존재하고, 평가에 많은 시간과 노력이 소요되며, 조직구성원 간의 갈등이 발생할 수 있다는 단점이 존재한다.

2. 척도의 분류
　① 명목척도 : 임의척도
　② 서열척도 : 리커트척도(총화평정법), 거트만척도(누적척도)
　③ 등간척도 : 서스톤척도(등현등간법), 어의차이척도, 스타펠척도
　④ 비율척도

02 노사관계에 관한 설명으로 옳지 않은 것은?

① 우리나라에서 단체협약은 1년을 초과하는 유효기간을 정할 수 없다.
② 1935년 미국의 와그너법(Wagner Act)은 부당노동행위를 방지하기 위하여 제정되었다.
③ 유니언숍제는 비조합원이 고용된 이후, 일정기간 이후에 조합에 가입하는 형태이다.
④ 우리나라에서 임금교섭은 조합 수 기준으로 기업별 교섭형태가 가장 많다.
⑤ 직장폐쇄는 사용자측의 대항행위에 해당한다.

답 ①

해설

단체협약(labor collective agreement : 團體協約)
① 노동조합과 사용자 또는 그 단체 사이의 협정으로 체결되는 자치적 노동법규이다.
② 단체협약은 반드시 서면으로 작성, 양 당사자들이 서명 또는 날인하고 행정관청에 신고하여야 한다.
③ 노동조합법은 공익성의 확보를 위하여 단체협약의 내용 중에 위법 부당한 사실이 있는 경우에는 노동위원회의 의결을 거쳐 이를 변경, 취소할 수 있도록 하고 있다.
④ 인사와 경영에 관한 사항이 단체교섭사항 또는 협약이 될 것인가가 주요쟁점으로 부각되고 있다.
⑤ 단체협약의 유효기간은 2년을 초과할 수 없다.
⑥ 단체협약에서 정한 근로조건 기타 근로자의 대우에 관한 기준(규범적 부분)에 위반하는 취업규칙 또는 근로계약의 부분은 무효이며, 그 무효부분은 단체협약에 정한 기준에 의하고 근로계약에 규정되지 아니한 사항의 경우에도 동일하다.
⑦ 단체협약의 효력확장에 관하여 일반적 구속력과 지역적 구속력으로 나누어 규정하고 있다.

정답근거

노동조합 및 노동관계 조정법

제32조(단체협약의 유효기간) ① 단체협약에는 2년을 초과하는 유효기간을 정할 수 없다.
② 단체협약에 그 유효기간을 정하지 아니한 경우 또는 제1항의 기간을 초과하는 유효기간을 정한 경우에 그 유효기간은 2년으로 한다.
③ 단체협약의 유효기간이 만료되는 때를 전후하여 당사자 쌍방이 새로운 단체협약을 체결하고자 단체교섭을 계속하였음에도 불구하고 새로운 단체협약이 체결되지 아니한 경우에는 별도의 약정이 있는 경우를 제외하고는 종전의 단체협약은 그 효력만료일부터 3월까지 계속 효력을 갖는다. 다만, 단체협약에 그 유효기간이 경과한 후에도 새로운 단체협약이 체결되지 아니한 때에는 새로운 단체협약이 체결될 때까지 종전 단체협약의 효력을 존속시킨다는 취지의 별도의 약정이 있는 경우에는 그에 따르되, 당사자 일방은 해지하고자 하는 날의 6월전까지 상대방에게 통고함으로써 종전의 단체협약을 해지할 수 있다.

보충학습

와그너법(미국)
전국노동 관계법(전국노사관계법 National, Labor Relations Act)은 1935년 미합중국에서 노동자의 권리보호를 목적으로 제정된 법률이다. 이 법안을 제안한 민주당의 상원의원 로버트 퍼디난드 와그너(Robert F.Wagner, 1877~1953)의 이름을 따서, 「와그너법」(Wagner Act)으로 불린다. 고용주에 의한 부당노동행위의 금지를 규정하였다.

03 조직문화 중 안전문화에 관한 설명으로 옳은 것은?

① 안전문화 수준은 조직 구성원이 느끼는 안전 분위기나 안전풍토(safety climate)에 대한 설문으로 평가할 수 있다.
② 안전문화는 TMI(Three Mile Island) 원자력발전소 사고 관련 국제원자력기구(IAEA) 보고서에 의해 그 중요성이 널리 알려졌다.
③ 브래들리 커브(Bradley Curve) 모델은 기업의 안전문화 수준을 병적-수동적-계산적-능동적-생산적 5단계로 구분하고 있다.
④ Mohamed가 제시한 안전풍토의 요인들은 재해율이나 보호구 착용률과 같이 구체적이어서 안전문화 수준을 계량화하기 쉽다.
⑤ Pascale의 7S모델은 안전문화의 구성요인으로 Safety, Strategy, Structure, System, Staff, Skill, Style을 제시하고 있다.

답 ①

해설

안전문화

(1) 안전문화운동
① '안전문화'라는 용어는 1986년 소련 체르노빌 원자력 누출사고에 따른 원자력안전자문단(INSAG)의 보고서(Post Accident Review Meeting on the Cher Accident)에서 처음 사용되었다.
② 국제원자력자문단은 안전문화의 의미를 "조직과 개인의 자세와 품성이 결집된 것으로 모든 개인의 헌신과 책임이 요구되는 것이다"라고 정의했다.
③ 국내에서는 1955년 이전까지 안전문화에 대한 인식부족과 민간주도의 비체계적인 활동에서 1995년 6월 29일 삼풍백화점 붕괴사고 이후 안전에 대한 국민의 관심이 고조되면서 정부 주도로 안전관련 법령이 제정되고, 효율적인 협력체제 구축을 위한 노력 등이 시작되었다.

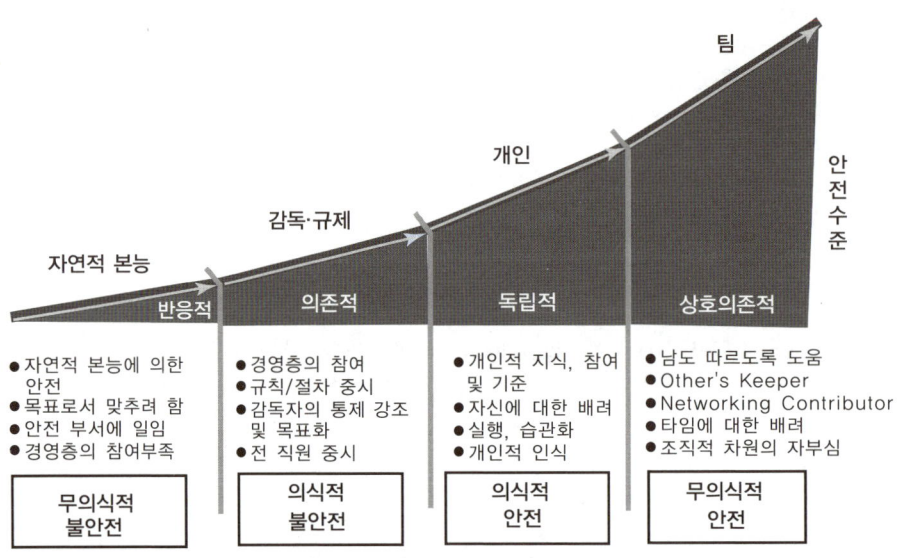

[그림] 브래들리 모델(Bradley Model) 상해율이 낮거나 안전 수준이 높은 조직일수록 상호의존적이고 조직적인 안전활동이 활성화됨(출처:안전경영학 카페_이충호)

④ 안전문화는 안전제일의 가치관이 충만되어 모든 활동 속에서 "안전"이 체질화되고, 또한 그 가치의 구체적 실현을 위한 행동양식과 사고방식, 태도 등의 총체적 의미를 말한다.

(2) 맥킨지 7S모델
① 공유가치(Shared value)
② 전략(Strategy)
③ 조직구조(Structure)
④ 시스템(System)
⑤ 구성원(Staff)
⑥ 스킬(Skill)
⑦ 스타일(Style)이라는 영문자 S로 시작하는 7개 요소로 구성된다.

04 동기부여이론에 관한 설명으로 옳은 것을 모두 고른 것은?

> ㄱ. 매슬로우(A. Maslow)의 욕구 5단계이론에서 가장 상위계층의 욕구는 자기가 원하는 집단에 소속되어 우의와 애정을 갖고자 하는 사회적 욕구이다.
> ㄴ. 허츠버그(F. Herzberg)의 2요인이론에서 급여와 복리후생은 동기요인에 해당한다.
> ㄷ. 맥그리거(D. McGregor)의 X이론에 의하면 사람은 엄격한 지시·명령으로 통제되어야 조직 목표를 달성할 수 있다.
> ㄹ. 맥클레랜드(D. McClelland)는 주제통각시험(TAT)을 이용하여 사람의 욕구를 성취욕구, 권력욕구, 친교욕구로 구분하였다.

① ㄱ, ㄴ
② ㄱ, ㄹ
③ ㄷ, ㄹ
④ ㄱ, ㄴ, ㄷ
⑤ ㄴ, ㄷ, ㄹ

답 ③

해설

동기부여이론

[표] Maslow의 이론과 Alderfer 이론과의 관계

이론 \ 욕구	저차원적 이론 ←		→ 고차원적 이론
Maslow	생리적 욕구, 물리적 측면의 안전욕구	대인관계 측면의 안전욕구, 사회적 욕구, 존경욕구	자아실현의 욕구
Aldefer(ERG이론)	존재욕구(E)	관계욕구(R)	성장욕구(G)

[표] 허츠버그의 위생요인과 동기요인

위생요인(직무환경)	동기요인(직무내용)
회사 정책과 관리, 개인 상호 간의 관계, 감독, 임금, 보수, 작업 조건, 지위, 안전	성취감, 책임감, 안정감, 성장과 발전, 도전감, 일 그 자체 (일의 내용)

합격키

① 기업·진단지도 p.136(3. 동기 및 욕구이론)
② 기업·진단지도 p.138(표. Maslow의 이론과 Alderfer 이론과의 관계)
③ 2018년 3월 24일(문제 4번)

05 리더십(leadership)에 관한 설명으로 옳은 것은?

① 리더십 행동이론에서 리더의 행동은 상황이나 조건에 의해 결정된다고 본다.
② 리더십 특성이론에서 좋은 리더는 리더십 행동에 대한 훈련에 의해 육성될 수 있다고 본다.
③ 리더십 상황이론에서 리더십은 리더와 부하 직원들 간의 상호작용에 따라 달라질 수 있다고 본다.
④ 헤드십(headship)은 조직 구성원에 의해 선출된 관리자가 발휘하기 쉬운 리더십을 의미한다.
⑤ 헤드십은 최고경영자의 민주적인 리더십을 의미한다.

답 ③

해설

리더십의 이론

(1) 특성이론
리더의 기능 수행과 리더로서의 지위 획득 및 유지가 리더 개인의 성격이나 자질에 의존한다고 주장하며, 리더의 성격 특성을 분석·연구한다.

(2) 행동이론
① 리더가 취하는 행동에 역점을 두고 리더십을 설명하는 이론이다.
② 행동이론에 입각한 리더는 그 자신의 행동에 따라 집단 성원에 의해 리더로 선정되며, 나아가 리더로서의 역할과 리더십이 결정된다고 한다.

(3) 상황이론
① 리더에게 초점을 맞추는 것이 아니라 리더가 처해 있는 상황을 강조하고 분석하는 것으로서 상황에 근거해 리더의 가치가 판단된다고 간주한다.
② 리더의 행동이란 단순히 상황이 만든 것이며, 효율적인 작업 결과도 리더에 의한 것이 아니라 상황에 의한 것으로 본다.

보충학습

리더십의 정의

$L = f(l \cdot f_l \cdot s)$

여기서, L: 리더십(leadership)
f: 함수(function)
l: 리더(leader)
f_l: 추종자(멤버 : follower)
s: 상황요인(situation variables)

참고

기업·진단지도 p.147(2. 리더십의 이론)

06 수요예측방법에 관한 설명으로 옳은 것은?

① 델파이방법은 일반 소비자를 대상으로 하는 정량적 수요예측방법이다.

② 이동평균법은 과거 수요예측치의 평균으로 예측한다.

③ 시계열분석법의 변동요인에 추세(trend)는 포함되지 않는다.

④ 단순회귀분석법에서 수요량 예측은 최대자승법을 이용한다.

⑤ 지수평활법은 과거 실제 수요량과 예측치 간의 오차에 대해 지수적 가중치를 반영해 예측한다.

답 ⑤

해설

수요예측방법

(1) 델파이법
   ① 델파이법(Delphi)은 예측대상 전문가그룹을 대상으로 여러 차례(최소한 3차례) 질문지를 돌려 그들의 답변을 정리하고, 이 결과를 전문가에게 알려주는 과정을 반복하여 의견을 수렴하는 방법이다.
   ② 일반적으로 시간과 비용이 많이 드는 단점이 있다.
   ③ 예측에 불확실성이 많거나 과거자료가 불충분할 때 사용하는 방법이다.
(2) 단순이동평균법(simple moving average method) : 예측값은 과거 n기간 동안 실제 수요의 산술평균을 활용한다.
(3) 시계열분석법(time series method) : 시계열을 4가지 구성요소로 분해하여 수요를 예측하는 방법이다.
(4) 패널법(panel consensus) : 다양한 계층의 지식과 경험을 기초로 하고, 관련예측정보를 공유한다.
(5) 소비자조사법(market research) : 설문지 및 전화에 의한 조사, 시험판매 등을 활용하여 예측한다.

합격키

2014년 4월 12일(문제 5번)

07 재고관리에 관한 설명으로 옳지 않은 것은?

① 경제적주문량(EOQ) 모형에서 재고유지비용은 주문량에 비례한다.
② 신문판매원문제(newsboy problem)는 확정적 재고모형에 해당한다.
③ 고정주문량모형은 재고수준이 미리 정해진 재주문점에 도달할 경우 일정량을 주문하는 방식이다.
④ ABC 재고관리는 재고의 품목 수와 재고 금액에 따라 중요도를 결정하고 재고관리를 차별적으로 적용하는 기법이다.
⑤ 재고로 인한 금융비용, 창고 보관료, 자재 취급비용, 보험료는 재고유지비용에 해당한다.

답 ②

해설

단일기간 재고모형(Single-Period Inventory Model)
① 단일기간 재고모형(Single-Period Inventory Model)은 신문, 잡지, 등과 같이 사용기간이 제한되어 있어서 어떤 특정기간 내에 판매되지 않으면 가치가 없어지는 품목이나, 채소, 활어(活魚), 과일 등과 같이 시간이 지남에 따라 신선도가 떨어지거나 부패하는 상품들의 최적주문량을 결정하는 재고모형이다.
② 주문은 그 기간동안 단 1회만 발생하며, 1회 주문에 대한 최적주문량을 결정하는 문제이다.
③ 1회 최적주문량 = 기대이익이 최대가 되는 1회 주문량
 = 단위당 품절비용 즉 재고부족비용과 재고과잉비용의 합을 최소로 하는 1회 주문량
④ 단일기간 재고모형을 신문판매원문제(Newsboy Problem)라고도 한다.
⑤ 최적주문량 구하는 방법
  ㉮ 기대치(Expected Payoff)기준법
  ㉯ 한계분석(Marginal Analysis)

보충학습

1. 확정적 재고모형
(1) 특징 : 재고관련 비용, 수요율, 생산율이 확정적
(2) 가정
 ① 수요는 미리 알려져 있고, 일정하며, 균일하게 발생한다.
 ② 조달기간이 알려져 있고 일정하다.
 ③ 제품의 구입단가는 일정하다.
 ④ 주문비용 또는 준비비용은 고정비로서 일정하다.
 ⑤ 주문량은 조달기간이 지나면 일시에 전량이 들어온다.
 ⑥ 모든 수요는 재고부족 없이 충족된다.

2. EOQ 모형
(1) 해당 품목에 대한 단위 기간 중의 수요는 정확하게 예측할 수 있다.
(2) 주문품의 도착시간이 고정되어야 한다.
(3) 주문품이 끊이지 않고 계속 공급받을 수 있어야 한다.
(4) 재고의 사용량은 일정하다.
(5) 단위당 재고유지비용과 1회 주문비는 주문량에 관계없이 일정하다.
(6) 수량할인은 없다.
(7) 재고부족현상이나 추후에 납품되는 일은 발생하지 않는다.

① 주문비는 주문량에 상관없이 일정하고, 재고유지비는 평균재고에 비례한다.
② 품목에 따른(단위당) 재고 유지비는 일정하다.
③ 경제적 주문량 공식(아래 식에서 제곱근을 한다.)
④ 분자 : 2×수요량(D)×주문비용(S)
⑤ 분모 : 재고유지비용(H) *재고유지비용이란 단위당 단가×재고유지비율이다.

08 품질경영기법에 관한 설명으로 옳지 않은 것은?

① SERVQUAL 모형은 서비스 품질수준을 측정하고 평가하는 데 이용될 수 있다.

② TQM은 고객의 입장에서 품질을 정의하고 조직 내의 모든 구성원이 참여하여 품질을 향상하고자 하는 기법이다.

③ HACCP은 식품의 품질 및 위생을 생산부터 유통단계를 거쳐 최종 소비될 때까지 합리적이고 철저하게 관리하기 위하여 도입되었다.

④ 6시그마 기법에서는 품질특성치가 허용한계에서 멀어질수록 품질비용이 증가하는 손실함수 개념을 도입하고 있다.

⑤ ISO 9000 시리즈는 표준화된 품질의 필요성을 인식하여 제정되었으며 제3자(인증기관)가 심사하여 인증하는 제도이다.

답 ④

해설

6시그마 : M Harry & R. Schroeder(1986)

① 6시그마(six sigma)는 단계별 고품질 접근 프로그램으로 3.4[PPM] 수준을 목표로 한다.
② 6시그마는 조직 내 자원낭비 최소화 및 고객만족 최대화를 위해 조직활동을 설계·운영하여 수익을 향상시키려는 비즈니스 프로세스이다.
③ 6시그마의 기본원리 : 품질 좋은 제품이 나쁜 제품보다 비용이 더 적게 소요된다.

[표] SERVQUAL 품질 차원

차원	의미	항목수
신뢰성	약속한 서비스를 믿을 수 있게 수행하는 정도	4
확신성	서비스 제공자의 지식, 정중, 믿음이 서비스를 제공하는 데 적합한 정도	5
공감성	고객에게 개인적인 배려와 관심을 보이는 정도	4
대응성	고객을 기꺼이 돕고 신속한 서비스를 제공하는 정도	5
유형성	시설, 장비, 복종 등의 물리적 요소가 서비스를 제공하는 데 적합한 정도	4

합격키

2014년 4월 12일(문제 4번)

09 식음료 제조업체의 공급망관리팀 팀장인 홍길동은 유통단계에서 최종 소비자의 주문량 변동이 소매상, 도매상, 제조업체로 갈수록 증폭되는 현상을 발견하였다. 이에 관한 설명으로 옳지 않은 것은?

① 공급사슬 상류로 갈수록 주문의 변동이 증폭되는 현상을 채찍효과(bullwhi peffect)라고 한다.
② 유통업체의 할인 이벤트 등으로 가격 변동이 클 경우 주문량 변동이 감소할 것이다.
③ 제조업체와 유통업체의 협력적 수요예측시스템은 주문량 변동이 감소하는 데 기여할 것이다.
④ 공급사슬의 정보공유가 지연될수록 주문량 변동은 증가할 것이다.
⑤ 공급사슬의 리드타임(lead time)이 길수록 주문량 변동은 증가할 것이다.

답 ②

해설

가격변동
(1) 장소에 따른 변동 : 유통(운송)이 복잡할수록 가격이 높아진다.
   ① 운송비, 보관비 등 거리가 멀 경우 비용이 추가된다.
   ② 생산, 판매 장소의 땅값 및 주변에 경쟁 업체가 있을 경우 – 재화의 가격에 영향을 미친다.
   ③ 생산지와 소비지, 생산장소와의 거리의 가격 차이 : 유통비
(2) 가격변동
   ① 시장의 신호등 역할 : 경제 주체들은 가격을 신호로 수요량과 생산량을 결정한다.
   ② 가격 변화에 따른 소비자와 생산자와의 행동 변화
      ㉮ 가격상승 : 소비량(감소), 생산량(증가)
      ㉯ 가격하락 : 소비량(증가), 생산량(감소)
   ③ 채찍효과
      ㉮ 하류(downstream)의 고객주문 정보가 상류(upstream)로 전달되면서 정보가 왜곡되고 확대되는 현상을 말한다.
      ㉯ 소를 몰 때 긴 채찍을 사용하면 손잡이 부분에서 작은 힘이 가해져도 끝부분에서는 큰 힘이 생기는 데에서 유래한 용어이다.

10 스트레스의 작용과 대응에 관한 설명으로 옳지 않은 것은?

① A유형이 B유형 성격의 사람에 비해 스트레스에 더 취약하다.

② Selye가 구분한 스트레스 3단계 중에서 2단계는 저항단계이다.

③ 스트레스 관련 정보수집, 시간관리, 구체적 목표의 수립은 문제중심적 대처 방법이다.

④ 자신의 사건을 예측할 수 있고, 통제 가능하다고 지각하면 스트레스를 덜 받는다.

⑤ 긴장(각성) 수준이 높을수록 수행 수준은 선형적으로 감소한다.

답 ⑤

해설

긴장 수준이 높을수록 수행 수준은 증가한다.

참고

① 2013년 4월 20일(문제 16번)
② 2014년 4월 12일(문제 17번)
③ 2015년 4월 20일(문제 12번)

보충학습

(1) Hams Selye(1920. 오스트리아 내분비학자)의 일반적응
(2) 증후군 3단계
   ① 제1단계 : 경고반응단계
   ② 제2단계 : 저항단계
   ③ 제3단계 : 소진단계

11 김부장은 직원의 직무수행을 평가하기 위해 평정척도를 이용하였다. 금년부터는 평정오류를 줄이기 위한 방법으로 "종업원 비교법"을 도입하고자 한다. 이때 제거 가능한 오류(a)와 여전히 존재하는 오류(b)를 옳게 짝지은 것은?

① a : 후광오류, b : 중앙집중오류

② a : 후광오류, b : 관대화오류

③ a : 중앙집중오류, b : 관대화오류

④ a : 관대화오류, b : 중앙집중오류

⑤ a : 중앙집중오류, b : 후광오류

답 ⑤

해설

후광오류 예
A과장은 근무평정을 할 때 자신의 부하직원 B가 평소 성실하다는 이유로 자신이 직접 관찰하지 않아서 잘 모르는 B의 창의성, 도덕성, 기획력 등을 모두 높게 평가하였다.

참고

① 2013년 4월 20일(문제 10번)
② 2015년 4월 20일(문제 1번)
③ 2018년 3월 24일(문제 12, 14번)

12 인사 담당자인 김부장은 신입사원 채용을 위해 적절한 심리검사를 활용하고자 한다. 심리검사에 관한 설명으로 옳지 않은 것은?

① 다른 조건이 모두 동일하다면 검사의 문항 수는 내적일관성의 정도에 영향을미치지 않는다.
② 반분 신뢰도(split-half reliability)는 검사의 내적 일관성 정도를 보여주는 지표이다.
③ 안면 타당도(face validity)는 검사문항들이 외관상 특정 검사의 문항으로 적절하게 보이는 정도를 의미한다.
④ 준거 타당도(criterion validity)에는 동시 타당도(concurrent validity)와 예측 타당도(predictive validity)가 있다.
⑤ 동형검사 신뢰도(equivalent-form reliability)는 동일한 구성개념을 측정하는 두 독립적인 검사를 하나의 집단에 실시하여 측정한다.

답 ①

해설

내적일관성 신뢰도(internal consistency reliability)
① 검사를 구성하고 있는 부분검사 및 문항들에 대한 피험자 반응의 일관성을 분석하는 신뢰도 추정방법이다.
② 하나의 검사는 여러 개의 부분검사로 이루어져 있고 또 개별문항들 역시 하나의 검사로 보는 전제하에서 신뢰도 추정이 이루어진다.
③ 하나의 검사 안에서의 일관성을 분석하기에 검사-재검사나 동형검사 신뢰도처럼 두 번에 걸친 자료수집이 불필요하다.
④ 검사의 실시가 동일한 구인을 재는 수많은 문항집합에서 특정 내용을 표집하여 피험자 반응을 수집한다는 전제에 기초한다.
⑤ 일관성을 따지는 분석의 단위를 부분검사로 보는 경우는 반분 신뢰도의 방법으로 추정한다.

13 다음에 설명하는 용어는?

> 응집력이 높은 조직에서 모든 구성원들이 하나의 의견에 동의하려는 욕구가 매우 강해, 대안적인 행동방식을 객관적이고 타당하게 평가하지 못함으로써 궁극적으로 비합리적이고 비현실적인 의사결정을 하게 되는 현상이다.

① 집단사고(groupthink)

② 사회적 태만(social loafing)

③ 집단극화(group polarization)

④ 사회적 촉진(social facilitation)

⑤ 남만큼만 하기 효과(sucker effect)

답 ①

해설

용어정의
① 사회적 태만 : 집단에 속한 사람들이 공동의 목표를 달성하기 위해 함께 일하는 상황에서 혼자 일할 때보다 노력을 덜 들여 개인의 수행이 떨어지는 현상
② 집단극화 : 집단의 의사 결정이 개인의 의사 결정보다 더 극단적인 방향으로 이행하는 현상
③ 사회적 촉진 : 다른 사람들이 있을 때, 잘하는 과제를 더 잘하게 되는 현상
④ 남만큼만 하기 효과(sucker effect) : 학습능력이 높은 학습자가 자신의 노력이 다른 학생에게 돌아갈까봐 소극적으로 참여

14 용접공이 작업 중에 보호안경을 쓰지 않으면 시력손상을 입는 산업재해가 발생한다. 용접공의 행동특성을 ABC 행동이론(선행사건, 행동, 결과)에 근거하여 기술한 내용으로 옳은 것을 모두 고른 것은?

> ㄱ. 보호안경을 착용하지 않으면 편리하다는 확실한 결과를 얻을 수 있다.
> ㄴ. 보호안경 착용으로 나타나는 예방효과는 안전행동에 결정적인 영향을 미친다.
> ㄷ. 미래의 불확실한 이득(시력보호)으로 보호안경의 착용 행위를 증가시키는 것은 어렵다.
> ㄹ. 모범적인 보호안경 착용자에게 공개적인 인센티브를 제공하여 위험행동을 감소하도록 유도한다.

① ㄱ, ㄷ
② ㄴ, ㄹ
③ ㄱ, ㄷ, ㄹ
④ ㄴ, ㄷ, ㄹ
⑤ ㄱ, ㄴ, ㄷ, ㄹ

답 모두정답

해설

인간행동의 ABC모형

① 엘리스의 이론에서 인간의 행동을 이해하는 기본적 틀은 ABC모형이다. 여기에서 A는 인간이 생활하면서 경험하는 외적인 선행사건(Activating event)을, B는 외적인 선행사건을 해석하는 신념체계(Belief system)를, 그리고 C는 외적인 사건에 대하여 신념체계가 작용하여 나타난 정서적, 행동적 결과(Consequence)를 의미한다.

② 모형이 시사하는 바는 일반적으로 사람들은 어떠한 선행사건 때문에 현재 이러저러한 정서적, 행동적 결과가 나타났다고 설명하지만, 현재의 정서적, 행동적 결과의 진정한 원인은 신념체계라는 것이다.

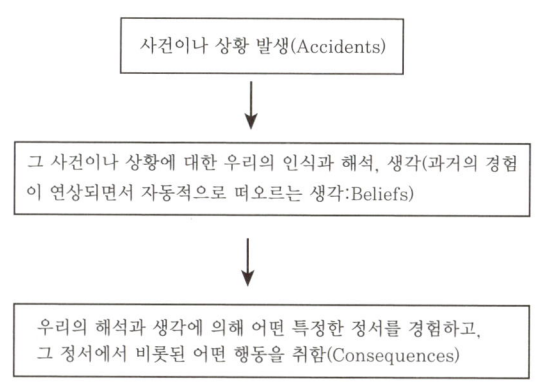

[그림] ABC 행동이론

15 휴먼에러 발생 원인을 설명하는 모델 중, 주로 익숙하지 않은 문제를 해결할 때 사용하는 모델이며 지름길을 사용하지 않고 상황파악, 정보수집, 의사결정, 실행의 모든 단계를 순차적으로 실행하는 방법은? 22. 3. 19 출

① 위반행동 모델(violation behavior model)
② 숙련기반행동 모델(skill-based behavior model)
③ 규칙기반행동 모델(rule-based behavior model)
④ 지식기반행동 모델(knowledge-based behavior model)
⑤ 일반화 에러 모형(generic error modeling system)

답 ④

해설

휴먼에러
(1) Reason의 휴먼에러 분류기법
   ① Skill-based Error : 숙련상태에 있는 행동에서 나타나는 에러(Slip, Lapse)
   ② Rule-based Mistake : 처음부터 잘못된 규칙을 기억, 정확한 규칙이나 상황에 맞지 않게 잘못 적용
   ③ Knowledge-based Mistake : 처음부터 장기기억 속에 지식이 없음, Inference, Analogy로 처리 실패
   ④ Violation : 지식을 갖고 있고, 이에 알맞는 행동을 할 수 있음에도 나쁜 의도를 가지고 발생시킨 에러
(2) 라스무센의 SRK기반 프로세스
   ① Skill-based behavior(숙련기반행동 모델) : 인지→행동
      ㉮ 숙련자의 작업 및 행동단계
      ㉯ 자동적인 행위 : 인지→행동
      ㉰ 상황이나 자극에서 자동적으로 반응
      ㉱ 무의식에 가까운 단순화로 습관이라 할 수 있음
      ㉲ 속도와 효율성이 높고 특정 자극과 비슷한 경우에도 숙달된 동작을 할 수도 있음
   ② Rule-based behavior(규칙기반행동 모델) : 인지→유추→행동
      ㉮ 중급자의 작업 및 행동 단계
      ㉯ 직관적인 행위 : 인지→이전 경험에서 유추→행동
      ㉰ 상황이나 자극에 대해서 형성된 자신만의 규칙을 사용함
      ㉱ 조건 - 반사의 조합으로 이루어짐
   ③ Knowledge based behavior(지식 기반 행동 모델) : 인지→해석→사고/결정→행동
      ㉮ 초보자의 작업 및 행동 단계
      ㉯ 분석적인 행위 : 지각→해석→사고 및 결정→행동
      ㉰ 상황이나 자극에 대해서 적절한 규칙이나 정보가 없어 0에서 시작
      ㉱ 새로운 기기를 처음 사용 시 : 지식이 거의 없어 각 과정마다 읽고 시행착오를 거쳐야 함

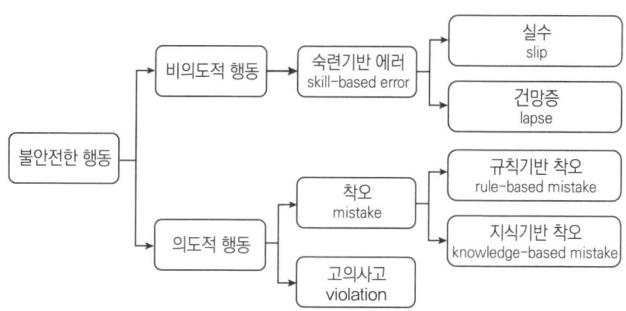

[그림] Rasmussen 행동모델에 의한 Reason의 에러분류

합격키

① 2017년 3월 25일(문제 16번) 출제
② 2023년 4월 1일(문제 15번) 출제

16 소음의 특성과 청력손실에 관한 설명으로 옳지 않은 것은?

① 0[dB] 청력수준은 20대 정상 청력을 근거로 산출된 최소역치수준이다.

② 소음성 난청은 달팽이관의 유모세포 손상에 따른 영구적 청력손실이다.

③ 소음성 난청은 주로 1,000[Hz] 주변의 청력손실로부터 시작된다.

④ 소음작업이란 1일 8시간 작업을 기준으로 85[dBA] 이상의 소음이 발생하는 작업이다.

⑤ 중이염 등으로 고막이나 이소골이 손상된 경우 기도와 골도 청력에 차이가 발생할 수 있다.

답 ③

해설
직업적 청력상실 영향

구분	특징
일시적 난청	① 큰 소리 들은 후 순간적으로 일어나는 청력 저하 → 일반적으로 수일 휴식 후는 정상 청력 회복 ② Corti씨 기관의 신경발달에 손상 → 신경의 전도성이 저하되는 비가역적 피로현상
영구적 난청 (소음성 난청)	① Corti씨 기관 내의 유모세포의 불가역적 파괴현상 ② 고주파음에 오랜시간 노출 시에 발생 ③ C5-dip-4,000[Hz]를 중심으로 청력손실이 가장 크다. ④ 4,000[cps] 이상의 높은 음역과 4,500[cps] 이하의 청력 장해
불연속적인 소음으로부터 청력손실	① 간헐적인 소음, 충돌소음, 그리고 충격소음 등을 포함 ② 심한 노출 시 청력상실

참고

산업안전일반 p.220(2. 직업적 청력상실 영향)

보충학습

CPS(Cycle Per Second) = HZ

정답근거

산업안전보건기준에 관한 규칙 제512조(정의)

17. 인간의 정보처리과정에 관한 설명으로 옳은 것을 모두 고른 것은?

> ㄱ. 단기기억의 용량은 덩이 만들기(chunking)를 통해 확장할 수 있다.
> ㄴ. 감각기억에 있는 정보를 단기기억으로 이전하기 위해서는 주의가 필요하다.
> ㄷ. 신호검출이론(signal-detection theory)에서 누락(miss)은 신호가 없는데도 있다고 잘못 판단하는 경우이다.
> ㄹ. Weber의 법칙에 따르면 10[kg]의 물체에 대한 무게 변화감지역(JND)이 1[kg]의 물체에 대한 무게 변화감지역보다 더 크다.

① ㄴ, ㄷ
② ㄱ, ㄴ, ㄹ
③ ㄱ, ㄷ, ㄹ
④ ㄴ, ㄷ, ㄹ
⑤ ㄱ, ㄴ, ㄷ, ㄹ

답 ②

해설

신호검출이론

① 고전적 역이론은 불연속적인 절대식역이 존재한다는 것을 가정한다.
② 실제로 자극이 완전히 존재하지 않는 상황은 없고, 설사 그렇다고 하더라도 유기체 내부에는 자발적인 신경흥분이 일어나므로 순수한 자극탐지상황이란 있을 수 없다.
③ 신호검출론에 의하면 유기체는 방해자극(noise)들이 있는 상황에서 신호와 방해자극을 분리하는 감각과정과 반응을 하기 위한 결정과정을 통해서 자극탐지행동을 하게 된다. 예를 들어, 적 비행기의 징후를 찾아내기 위해서 레이더 스크린을 주시하고 있다고 가정해보면, 이 경우 핵심적 과제 또는 임무는 가능한 빨리, 정확하게 적 비행기의 출현을 찾아내는 것이다. 아주 희미한 신호도 탐지해야 하는 동시에 철새의 이동을 비행기로 보는 허위경보도 발동하지 않아야 한다.
④ 방해자극(철새나 아군의 비행기 등)이 클수록 약한 신호(적 비행기)는 탐지하기가 더 어려워진다.
⑤ 자극강도나 피험자의 민감도에 따른 차이가 두 분포의 거리로 나타내어지는데 이를 민감도(sensitivity, d)라 한다.
⑥ 특정 강도의 자극이 출현했을 때, 그 자극이 신호에 의한 것인지 방해자극에 의한 것인지를 결정하기 위해서는 신호와 방해자극 간의 구분을 위한 반응기준(response criterion, β)을 설정하게 된다.
⑦ 기준은 신호가 나타날 확률(probability)과 신호의 탐지가 피험자에게 주는 이해득실에 따라 달라진다.
⑧ 탐지수행은 민감도와 반응기준 두 가지의 영향을 받는다.
⑨ 미약한 신호에도 탐지반응을 빈번하게 하면 적중(hit)도 많아지지만 동시에 허위경보도 많아지고, 보수적인 피험자들은 허위경보는 적지만, 탈루(miss)가 많아진다.
⑩ 신호검출론은 실제적인 레이더 경계상황이나 공장의 제품검사과정, 의사들의 진단결정 등에 나타나는 탐지행동들을 잘 기술해 준다.

보충학습

단기기억[short-term memory, 短期記憶]

① 단기기억은, 감각적 기억에 들어온 환경에 관한 정보 중에서 약간만이 이 단계로 전환되는 기억을 말한다. 많은 정보 처리 활동이 단기기억에서 일어나며, 먼저 감각적 기억이 가지고 있는 정보에 대해 어떤 종류의 주사(scanning)를 하는데, 감각기관으로부터 오는 빛이나 소리 그밖에 다른 메시지의 흐름 중에서 몇 개의 특별한 항목에 주의하도록 선택된다.
② 주의하기 위해 선택된 정보가 일정시간 동안 유지되면 어떤 종류의 연습체계(rehearsal system)가 착수되며 이것은 정보의 누설을 방지하고 저장한다. 이런 연습체계를 통해서 단기기억에 남게 되는 정보의 수는 적다.
③ 단기기억에 있는 정보는 간단하고 쉽게 운용되도록 하기 위해 부호화(encoding)하는 방법을 적용한다.
④ 단기기억은 약 7개 항목의 수용능력을 가지고 있으며 다음 단계로 들어가지 않으면 30초 이내에 망각된다.

18 어떤 가설을 받아들이고 나면 다른 가능성은 검토하지도 않고 그 가설을 지지하는 증거만을 탐색해서 받아들이는 현상에 해당하는 것은?

① 대표성 어림법(representativeness heuristic)

② 가용성 어림법(availability heuristic)

③ 과잉확신(overconfidence)

④ 확증편향(confirmation bias)

⑤ 사후확신편향(hindsight bias)

답 ④

해설

가설

① 대표성 어림법 : 한동안 일어나지 않았던 일이 자주 일어났던 일보다 앞으로는 더 자주 일어날 것이라는 엉뚱한 믿음을 갖게 되는, 이를 도박사의 오류(gambler's fallacy)라 한다.
  주) 도박사의 오류(gambler's fallacy) : 한동안 일어나지 않을 일/사건일수록 다음에 일어날 가능성이 높아진다는 잘못된 믿음

② 가용성 어림법 : 우리의 기억에 보다 쉽게 떠오르는 사건을 더 자주 일어나는 일로 판단하는 전략

③ 과잉확신 : 사람들이 자기의 판단이나 지식 등에 대해 실제보다 과장되게 평가하는 경향

④ 사후과잉 확신편향 : 이미 일어난 사건을 그 일이 일어나기 전에 비해서 더 예측 가능한 것으로 생각하는 경향

보충학습

확증편향(確證偏向, Confirmation bias)

① 원래 가지고 있는 생각이나 신념을 확인하려는 경향성이다.

② 흔히 하는 말로 "사람은 보고 싶은 것만 본다"와 같은 것이 바로 확증편향이다.

19 안전율 결정인자가 아닌 것은?

① 기계설비의 제작비용
② 응력계산의 정확도
③ 다듬질면의 거칠기
④ 재료의 균질성에 대한 신뢰도
⑤ 불연속 부분의 존재

답 ①

해설

안전율(安全率 : factor of safety)

(1) 정의
① 재료의 강도를 구할 경우 인장 강도를 조사해 보지만 실제의 구조물에 하중이 걸린 경우 발생하는 응력(사용 응력)은 그 재료의 인장 강도보다 훨씬 작은 값으로 되지 않으면 위험하다.
② 이 안전한 사용 능력을 허용 응력이라 하며, 재료의 인장 강도와 허용 응력과의 비를 안전율이라고 하며 다음 식으로 표시한다.
③ 안전율 = 인장 강도 / 허용 응력
④ 산업안전보건기준에 관한 규칙 제163조에서는 안전율(안전계수)을 사람이 탑승하는 경우는 10이상, 화물의 하중을 직접 지지하는 경우는 5이상, 훅, 샤클, 클램프, 리프트빔의 경우 3이상, 기타는 4이상으로 규정하고 있다.
⑤ 안전하다는 것은 위험한 상태에 처해 있지 않다는 뜻이다. 여기서 위험한 상태란 정상적인 기능을 하지 못하는 상태를 말한다. 하지만 정상적인 기능을 하지 못하는 상태, 즉 위험한 상태를 를 정확하게 측정하기는 매우 어렵다. 그저 지금까지의 경험을 바탕으로 추측할 뿐이다. 이러한 불확실성 때문에 안전을 확보하기 위해서는 예상되는 위험보다 훨씬 더 심각한 상태를 기준으로 구조물이나 기계를 설계해야 한다.
⑥ 어떤 기계가 정상상태로 작업을 수행하였을 때 최대하중은 극한하중보다 상당히 작다. 이렇게 작은 하중을 허용하중(사용하중, 설계하중)이라 한다. 부재에 허용하중이 걸렸을때 극한하중의 수용력의 일부분만을 사용하고 용량의 남은 부분은 안전한 지표로 남겨둔다. 이것을 안전율이라 한다. 이렇게 안전율을 두는 까닭은 작업중에는 제한하중 큰 하중이 생길 가능성이 있고, 부재의 재료가 고르지 못하거나 제조공정에서의 품질의 불균일이 발생하거나, 사용 중에 부식이나 마모가 발생하거나 설계자료의 신뢰성이 부족할수 있기 때문이다.
⑦ 기계나 구조물에 있어서 운전, 사용 시 작용하는 응력을 사용응력이라하고 설계자의 입장에서 부재 내에 이 정도의 응력은 허용되어야 한다고 정한 응력을 허용응력이라 한다. 그리고 재료에 대해 강도적으로 손상을 준다고 인정되는 응력을 기준강도라고 한다. 따라서 어떤 구조 부재가 강도에있어 안전하기 위해서는 그 크기가 기준강도≥허용응력≥사용응력 순이 되어야 한다. 이때 안전율은 기준강도/허용응력으로 정의 된다. 즉 안전율을 계산할때는 강도적으로 손상을 준다고 인정되는 응력인 기준강도가 중요하다.
⑧ 그런데 이 기준강도는 사용환경과 금속의 재질 등에 따라서 다음과 같이 모두 다르기 때문에 작업환경을 고려하여 결정하여만 한다.
  ㉮ 연강과 같은 연성재료는 항복점을 기준강도로 한다.
  ㉯ 주철과 같은 취성재료는 극한강도를 기준강도로 한다.
  ㉰ 반복하중이 존재하는 경우 피로강도를 기준강도로 한다.
  ㉱ 고온에서 정하중이 존재하는 경우 Creep한도를 기준강도로 한다.
  ㉲ 좌굴이 발생하는 장주에서는 좌굴응력을 기준강도로 한다.

(3) 용어정의
① 크리프(Creep)
  재료에 일정한 응력을 장시간 가해두었을 때 시간의 경과와 함께 변형도가 증가해 가는 현상으로 크리프가 정지하여 크리프율이 0이 되는 응력 중에서 최대의 것을 크리프한도라고 한다.

② 좌굴
축방향 압축력을 받으면 크게 휘어지면서 파괴되는 현상이다. 세장비가 클수록 좌굴이 심한데 세장비는 기둥이 변곡되는 값의 정도를 나타내는 것으로 λ = L/r 로 표현된다. 여기서 L은 기둥의 길이이며, r는 기둥의 최소단면 2차반경이다.

③ 응력-변형률 선도(Stress-Strain Diagram)
재료는 외력을 받으면 아래의 그림과 같이 변형된다. 재료의 설계에 있어서 사용응력은 재료가 파괴되지 않고 영구변형이 남지 않는 비례한도 이하로 제한된 허용응력보다 작아야 한다. 재료가 비례한도를 넘어서면 변형이 일어나고 다시는 원래의 형태로 되돌아 오지 않기 때문이다.

④ 극한응력→항복점→탄성한도→비례한도→허용응력→사용응력

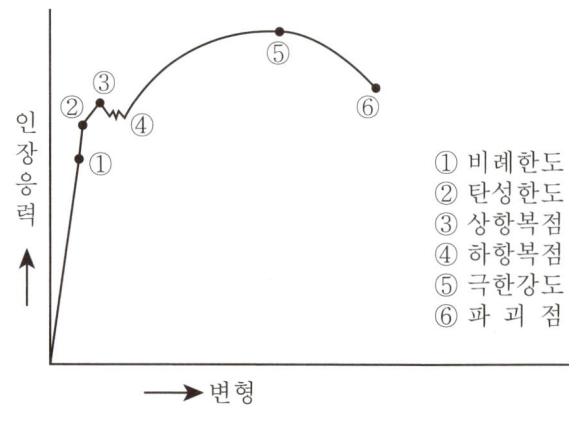

[그림] 응력 변형율 선도

(3) 안전율을 결정하는 인자 6가지
① 하중견적의 정확도이다. 관성력, 잔류응력이 존재하는 경우 에는 그 부정확성을 보완하기 위해 안전율을 크게 잡아야 한다.
② 응력계산의 정확도로 정확한 응력계산이 어려운 형상이 복잡한 것, 응력의 작용상태가 복잡한 것은 안전율을 크게 잡아야 한다.
③ 재료 및 균질성에 대한 신뢰도이다. 연성재료는 내부결함에 대한 영향이 취성재료에 비해 작고 탄성파손 개시후에도 곧 파괴가 수반되지 않아 신뢰도가 높아 취성재료에 비해 연성재료는 안전율을 작게 잡는다.
④ 불연속부분으로 단 달린 축과 같이 불연속 부분이 있으면 그 부분에 응력집중이 생기므로 안전율을 크게 잡아야 한다.
⑤ 예측할 수 없는 변화이다. 사용수명 중에는 특정부분의 마모, 온도변화의 가능성이 생길 수 있어 안전율을 고려해서 설계해야 한다.
⑥ 공작의 정도로 공작의 정도, 다듬질면, 조립의 양부 등도 기계수명을 좌우하는 인자가 되므로 설계시 공작의 정도에 대한 안전율을 고려해야 한다.

(4) 그밖의 내용
① 이러한 안전율을 결정하는 여섯가지 요소 이외에도 경험적 안전율이라는 것이 있다. 안전율은 여러인자를 고려하여 결정되는 문제이므로 일반적으로 통용되는 값을 결정하기는 매우 어렵다. 따라서 실재로는 종래부터 얻어진 경험에서 안전율을 결정하는 수가 많다. 경험적 안전율에 의하면 반복하중은 정하중의 2배, 교번하중은 정하중의 3배, 충격하중은 정하중의 5배로 잡아야 안전하다.
② 이상과 같이 하중상태, 사용조건, 하중의 종류, 재료의 성질 등을 종합적으로 검토하여 안전율을 정하지만 정확하고 합리적인 안전율을 정하는 것은 매우 어려운 일이다. 따라서 실제로는 과거의 경험 등에 의해 얻어진 안전율을 사용하는데 Unwin이 제안한 경험적 안전율과 Cardullo이 제안한 수량적 안전율이 있다.
③ 우선 Unwin의 경험적 안전율은 재료의 극한 강도를 기준강도로 하여 안전율의 일반적인 평균값을 다음과 같이 제시하였다.

[표] Unwin의 경험적 안전율

재료	정하중	반복하중		충격하중
		편진	양진	
강	9	5	8	12
주철	4	6	10	15
목재	7	10	15	20
벽돌	20	30		

④ Cardullo의 수량적 안전율은 재료의 극한 강도를 기준으로 하여 다음의 식으로 안전율을 정하였다.
  안전율(S)=탄성비(A)×충격율(B)×여유율(C)
  탄성비는 재료의 파단 강도 이하의 하중이 작용하도록 한 값으로 정하중시에는 인장강도와 항복점과의 비, 반복하중시에는 인장강도와 피로한도의 비로 나타낸다. 충격율은 충격의 정도에 대한 값이며 충격의 영향을 정확하게 구하는 것은 매우 어렵기 때문에 일반적으로 정하중시1, 경충격시 1.25~1.5, 강충격시 2~3를 두며 항공기의 착륙과 같은 강한 충격을 받는 경우에는 5이상을 잡기도 한다. 여유율은 재료결함, 응력계산의 부정확, 잔류응력, 열응력, 추가응력, 등을 고려하여 여유를 둔것으로 연성재료는 1.5~2, 취성재료는 2~3, 목재는 3~4 잡는다.

[표] 정하중에 대한 Cardullo의 수량적 안전율

구분	A	B	C	D
주철 및 주물	2	1	2	4
연철 및 연강	2	1	1.5	3
니켈강	1.5	1	1.5	2.25
담금질강	1.5	1	2	3
청동 및 황동	2	1	1.5	3

산업보건지도사 · 과년도기출문제

20 하인리히(Heinrich)의 사고예방대책 기본원리 5단계에서 재해조사 분석, 안전성 진단 및 작업환경 측정은 몇 단계에서 실시하는가?

① 1단계 ② 2단계
③ 3단계 ④ 4단계
⑤ 5단계

답 ③

해설

하인리히의 사고예방대책 기본 원리 5단계

1단계	2단계	3단계	4단계	5단계
안전조직	사실의 발견	분석	시정방법의 선정	시정책의 적용
1. 경영자의 안전목표 설정	1. 사고 및 활동기록의 검토	1. 사고원인 및 경향성 분석	1. 기술적 개선	1. 교육적 대책
2. 안전관리자의 선임	2. 작업분석	2. 사고기록 및 관계자료 분석	2. 배치조정	2. 기술적 대책
3. 안전라인 및 참모조직	3. 점검 및 검사	3. 인적, 물적 환경조건 분석	3. 교육훈련의 개선	3. 단속 대책
4. 안전활동방침 및 계획의 수립	4. 사고조사	4. 작업공정 분석	4. 안전행정의 개선	
5. 조직을 통한 안전활동을 전개	5. 각종 안전회의 및 토의회	5. 교육훈련 및 적정배치 분석	5. 규칙 및 수칙 등 제도의 개선	
	6. 근로자의 제안 및 여론조사	6. 안전수칙 및 보호장비의 적부	6. 안전운동의 전개	

보충학습

(1) 하인리히의 산업재해 예방의 4원칙

① 예방 가능의 원칙
　천재지변을 제외한 모든 인재는 예방이 가능하다. 천재지변을 제외하고 모든 재해는 예방이 가능하다. 소 잃고 외양간 고치는 격인 사고후의 대처는 무조건 지양하고 절대적으로 사고 발생을 방지해야 된다라는 의미입니다.

② 손실 우연의 원칙
　사고의 결과 손실의 있고 없고(유무)나 크고 작고(대소)는 사고 당시의 조건에 따라 우연적으로 발생한다.

③ 원인 연계의 원칙
　㉮ 사고(또는 재해)에는 반드시 직접 적인 원인이 있고 간접원인이 다르게 존재한다. 결국 이 2가지가 대부분 복합적 연계 원인이다.
　㉯ ②번과 비교해서 이야기 하면 손실과 사고는 우연적인 관계가 성립하고, 사고과 원인은 필연적인 관계로 구성된다.

④ 대책 선정의 원칙
　사고의 원인이나 불안전 요소가 발견되며 반드시 대책이 선정 실시되어야 하며, 대책 선정이 가능하다. 대책 3E는 재해방지의 세 기둥이라고 할 수 있다. 재해에는 적합한 대책이 반드시 선정되어야 한다.

(2) 학자들의 도미노 이론

구분	하인리히 도미노 이론	버드의 신 도미노 이론	아담스의 이론	웨버이론
제1단계	사회적 환경 및 유전적인 요소	통제부족(관리)	관리구조	유전과 환경
제2단계	개인적 결함	기본원인(기원)	작전적 에러	인간의 실수
제3단계	불안전 행동 및 불안전 상태	직접원인(징후)	전술적 에러	불안전 행동+불안전 상태
제4단계	사고	사고	사고(물적사고)	사고
제5단계	상해(재해)	상해(손해, 손실)	상해 또는 손해	상해

21. 근로자 개인 보호구 구비조건에 관한 설명으로 옳은 것을 모두 고른 것은?

> ㄱ. 착용이 간편해야 한다.
> ㄴ. 금속성 재료는 내식성이 없어야 한다.
> ㄷ. 작업에 방해가 되지 않아야 한다.
> ㄹ. 유해·위험에 대한 방호가 완전해야 한다.
> ㅁ. 재료는 무겁고 충분한 강도를 갖추어야 한다.

① ㄱ, ㄴ, ㄷ
② ㄱ, ㄷ, ㄹ
③ ㄴ, ㄷ, ㄹ
④ ㄴ, ㄹ, ㅁ
⑤ ㄷ, ㄹ, ㅁ

답 ②

해설

보호구

1. 보호구의 지급

사업주는 다음 각 호에서 정하는 바에 따라 그 작업조건에 적합한 보호구를 동시에 작업하는 근로자의 수 이상으로 지급하고 이를 착용하도록 하여야 한다.

보호구의 종류	내용
안전모	물체가 떨어지거나 날아올 위험 또는 근로자가 추락할 위험이 있는 작업
안전대	높이 또는 깊이 2미터 이상의 추락할 위험이 있는 장소에서 하는 작업
안전화	물체의 낙하·충격, 물체에의 끼임, 감전 또는 정전기의 대전에 의한 위험이 있는 작업
보안경	물체가 흩날릴 위험이 있는 작업
보안면	용접 시 불꽃이나 물체가 흩날릴 위험이 있는 작업
절연용 보호구	감전의 위험이 있는 작업
방열복	고열에 의한 화상 등의 위험이 있는 작업
방진마스크	선창 등에서 분진이 심하게 발생하는 하역작업
방한모, 방한복, 방한화, 방한장갑	섭씨 영하 18도 이하인 급냉동어창에서 하는 하역작업
안전모	물건을 운반하거나 수거, 배달하기 위하여 이륜자동차를 운행하는 작업

2. 보호구의 구비조건

① 사용목적에 적합해야 한다.
② 착용이 간편해야 한다.
③ 작업에 방해되지 않아야 한다.
④ 품질이 우수해야 한다.
⑤ 구조, 끝마무리가 양호해야 한다.
⑥ 겉모양, 보기가 좋아야 한다.
⑦ 유해, 위험에 대한 방호가 완전해야 한다.
⑧ 금속성 재료는 내식성일 것

3. 안전인증 대상 보호구의 종류
① 추락 및 감전 위험방지용 안전모
② 안전화
③ 안전장갑
④ 방진마스크
⑤ 방독마스크
⑥ 송기마스크
⑦ 전동식 호흡보호구
⑧ 보호복
⑨ 안전대
⑩ 차광 및 비산물 위험방지용 보안경
⑪ 용접용 보안면
⑫ 방음용 귀마개 또는 귀덮개

4. 자율안전확인대상 보호구
① 안전모(추락 및 감전 위험방지용 안전모 제외)
② 보안경(차광 및 비산물 위험방지용 보안경 제외)
③ 보안면(용접용 보안면 제외)

5. 안전인증 제품 표시사항
① 형식 또는 모델명
② 규격 또는 등급
③ 제조자명
④ 제조번호 및 제조연월
⑤ 안전인증 번호

6. 자율안전확인 제품의 표시사항
① 형식 또는 모델명
② 규격 또는 등급
③ 제조자명
④ 제조번호 및 제조연월
⑤ 자율안전확인 번호

22. 위험성 평가기법의 하나인 FTA(Fault Tree Analysis)에서 사용되는 기호의 명칭으로 옳지 않은 것은?

① OR 게이트

② AND 게이트

③ 기본 사상

④ 생략 사상

⑤ 중간 또는 정상 사상

답 ④

해설

[표] FTA의 기호

번호	기 호	명 칭	입·출력현상
1		결함사상	두가지 상해중 하나가 고장 또는 결함으로 나타나는 비정상적 사건(중간 또는 정상사상)
2		기본사상	더 이상 전개되지 않는 기본적인 사상
3		기본사상 (인간의 실수)	발생확률이 단독적으로 얻어지는 낮은 레벨의 기본적인 사상
4		통상사상	통상발생이 예상되는 사상(예상되는 원인)
5		생략사상	정보부족, 해석기술의 불충분으로 더 이상 전개할 수 없는 사상. 작업진행에 따라 해석이 가능할 때는 다시 속행한다.
6		생략사상 (인간의 실수)	
7		전이기호(IN)	FT도상에서 부분에의 이행 또는 연결을 나타낸다. 삼각형 정상의 선은 정보의 전입 루트를 뜻한다.

번호	기호	명칭	입·출력현상
8	△	전이기호(OUT)	FT도상에서 다른 부분에의 이행 또는 연결을 나타낸다. 삼각형 옆의 선은 정보의 전출을 뜻한다.
9	▽	전이기호 (수량이 다르다)	
10	(AND 게이트 기호)	AND 게이트 (논리기호)	모든 입력사상이 공존할 때만이 출력사상이 발생한다.
11	(OR 게이트 기호)	OR 게이트 (논리기호)	입력사상 중 어느 것이나 하나가 존재할 때 출력사상이 발생한다.
12	(수정 게이트 기호)	수정 게이트	입력사상에 대해서 이 게이트로 나타내는 조건이 만족하는 경우에만 출력사상이 발생한다.
13	(우선적 AND 게이트 기호)	우선적 AND 게이트	입력사상 중에 어떤 현상이 다른 현상보다 먼저 일어날 때에 출력현상이 생긴다.
14	(조합 AND 게이트 기호)	조합 AND 게이트	3개 이상의 입력현상 중에 언젠가 2개가 일어나면 출력이 생긴다.
15	(배타적 OR 게이트 기호)	배타적 OR 게이트	OR Gate로 2개 이상의 입력이 동시에 존재할 때에는 출력사상이 생기지 않는다. 예를 들면 '동시에 발생하지 않는다'라고 기입한다.
16	(위험 지속 AND 게이트 기호)	위험 지속 AND 게이트	입력현상이 생겨서 어떤 일정한 기간이 지속될 때에 출력이 생긴다. 만약 그 시간이 지속되지 않으면 출력은 생기지 않는다.

산업보건지도사 · 과년도기출문제

23 위험성 추정 시 산업재해 유형별 구분으로 옳지 않은 것은?

① 화학물질의 물리적 효과에 의한 것
② 물리적 인자의 유해성에 의한 것
③ 자연환경의 물리적 효과에 의한 것
④ 화학물질의 유해성에 의한 것
⑤ 생물학적 요인에 의한 것

답 ③

해설

위험성평가 절차 5단계
위험성평가의 절차는 사전 준비과정→유해·위험요인 파악→위험성 추정→위험성 결정→위험성 감소대책 수립 및 실행 등 총 5단계로 구분해볼 수 있다.
① 사전 준비과정
　위험성평가의 실시 규정을 작성하고 평가대상을 선정한다. 그리고 평가에 필요한 각종 자료를 수집하는 단계이다.
② 유해·위험요인 파악
　사업장의 순환점검 및 안전보건 체크리스트 등을 활용하여 사업장 내 유해·위험요인을 파악하는 단계이다.
③ 위험성 추정
　유해·위험요인이 부상 또는 질병으로 이어질 수 있는 가능성 및 중대성의 크기를 추정하여 위험성의 크기를 산출하는 단계이다.(상시 근로자 수 20명 미만 또는 총 공사금액 20억 미만의 건설공사의 경우 생략 가능)
④ 위험성 결정
　유해·위험요인별 위험성 추정 결과와 사업장에서 설정한 허용 가능한 위험성의 기준을 비교하여 추정된 위험성의 크기가 허용 가능한 정도인지 여부를 판단하는 단계이다.
⑤ 위험성 감소대책 수립 및 실행
　위험성 결정 결과 허용 불가능한 위험성을 합리적으로 실천 가능한 범위에서 가능한 한 낮은 수준으로 감소시키기 위한 대책을 수립하고 실행하는 단계이다.

합격정보

산업안전보건법
제38조(안전조치) ① 사업주는 다음 각 호의 어느 하나에 해당하는 위험으로 인한 산업재해를 예방하기 위하여 필요한 조치를 하여야 한다.
　1. 기계·기구, 그 밖의 설비에 의한 위험
　2. 폭발성, 발화성 및 인화성 물질 등에 의한 위험
　3. 전기, 열, 그 밖의 에너지에 의한 위험
② 사업주는 굴착, 채석, 하역, 벌목, 운송, 조작, 운반, 해체, 중량물 취급, 그 밖의 작업을 할 때 불량한 작업방법 등에 의한 위험으로 인한 산업재해를 예방하기 위하여 필요한 조치를 하여야 한다.
③ 사업주는 근로자가 다음 각 호의 어느 하나에 해당하는 장소에서 작업을 할 때 발생할 수 있는 산업재해를 예방하기 위하여 필요한 조치를 하여야 한다.
　1. 근로자가 추락할 위험이 있는 장소
　2. 토사·구축물 등이 붕괴할 우려가 있는 장소
　3. 물체가 떨어지거나 날아올 위험이 있는 장소
　4. 천재지변으로 인한 위험이 발생할 우려가 있는 장소

④ 사업주가 제1항부터 제3항까지의 규정에 따라 하여야 하는 조치(이하 "안전조치"라 한다)에 관한 구체적인 사항은 고용노동부령으로 정한다.

제39조(보건조치) ① 사업주는 다음 각 호의 어느 하나에 해당하는 건강장해를 예방하기 위하여 필요한 조치(이하 "보건조치"라 한다)를 하여야 한다.
  1. 원재료·가스·증기·분진·흄(fume, 열이나 화학반응에 의하여 형성된 고체증기가 응축되어 생긴 미세입자를 말한다)·미스트(mist, 공기 중에 떠다니는 작은 액체방울을 말한다)·산소결핍·병원체 등에 의한 건강장해
  2. 방사선·유해광선·고온·저온·초음파·소음·진동·이상기압 등에 의한 건강장해
  3. 사업장에서 배출되는 기체·액체 또는 찌꺼기 등에 의한 건강장해
  4. 계측감시(計測監視), 컴퓨터 단말기 조작, 정밀공작(精密工作) 등의 작업에 의한 건강장해
  5. 단순반복작업 또는 인체에 과도한 부담을 주는 작업에 의한 건강장해
  6. 환기·채광·조명·보온·방습·청결 등의 적정기준을 유지하지 아니하여 발생하는 건강장해
  ② 제1항에 따라 사업주가 하여야 하는 보건조치에 관한 구체적인 사항은 고용노동부령으로 정한다.

산업보건지도사 · 과년도기출문제

24 인체의 전기저항에 관한 설명으로 옳은 것을 모두 고른 것은?

> ㄱ. 인체 피부의 전기저항은 같은 크기의 전류가 흐를 때 접촉면적이 커지면 감소한다.
> ㄴ. 인체 전기저항은 전압 인가시간이 길어지면 감소한다.
> ㄷ. 인체 내부조직의 전기저항은 전압이 증가하여도 거의 일정하다.
> ㄹ. 인체 피부의 전기저항은 물에 젖은 경우 1/25 정도 감소한다.

① ㄱ, ㄴ
② ㄴ, ㄷ
③ ㄱ, ㄴ, ㄷ
④ ㄴ, ㄷ, ㄹ
⑤ ㄱ, ㄴ, ㄷ, ㄹ

답 ⑤

해설

인체의 전기저항은 무엇인가? 인체에 흐르는 전류를 계산하는 방법(문답을 기준으로)

1. 감전
감전이라고 하면 전기로 찌릿찌릿하게 되어 버리는 것 정도로 생각하지만 사실 감전에 의한 사고는 무서운 것이다. 감전되었을 때 약간 저리게 되는 것은 인체에 저항이 작용하고 있기 때문이다.
하지만 저항할 수 없는 것 같은 전기를 받으면, 무슨일이 일어날까?
전기 저항은 학교에서 배우지만, 인간의 몸의 저항은 어떻게 되어 있는지 살펴보도록 한다.
감전이란 전류의 크기별 증상이다.
감전이라 함은 인체에 전류가 흐르는 것을 통해 충격을 받게 된다.
그 감전도 주로 3가지 형태가 있다.
　· 전압이 걸려 있는 2선 사이에 동시에 닿았을 때, 짧은 전류가 인체에 흐른다.
　· 전선이나 기기에 닿았을 때, 전류가 인체를 통해 대지에 흐른다.
　· 누전된 부분에 닿았을 때, 전류가 인체를 통해 대지에 흐른다.
이러한 일로 감전되는 일이 있다.
전기에 대해 인체도 다소 저항하는 힘은 있지만 몸에 지니고 있기 때문에 전기에 대한 저항력은 달라진다.
감전사고의 대부분은 누전에 의한 것이 많다.
그 때에 감전되어 버려도, 전자제품에 붙어 있는 접지선으로 어느 정도 피해를 방지할 수 있다.

2. 전류의 크기별 증상
감전은 전류의 크기, 흐른 시간, 흐른 경로에 따라 증상이 달라진다.
전류의 크기에 의한 증상은 아래와 같다.
　① 1mA(밀리암페어) : 찌릿찌릿한 정도이다.
　② 5mA : 통증
　③ 10mA : 참을 수 없는 통증, 충격
　④ 20mA : 경련, 호흡곤란, 계속 흐르면 위험한 상태
　⑤ 50mA : 단시간에도 생명의 위험
　⑥ 100mA : 치명적, 사망
작은 전류에도 체내를 흐르기 때문에 몸 안의 조직이 화상을 입은것처럼 된다.
외관상으로는 가벼운 상처로 보이지만 내부에서 상처가 퍼져, 손발의 근육이 움직이지 않게 되거나, 감각 장애가 될 우려도 있다.
또한 부정맥이 일어나 최악에는 죽음에 이르는 경우도 있다.

3. 옴의 법칙

V(전압)$=R$(저항)$\times I$(전류)

V는 전압(단위 [V] : 볼트)

I는 전류(단위 [A] : 암페어)

R은 저항(단위 [Ω] : 옴)

전압의 크기는 전류의 크기가 커질수록 비례하여 커지고 저항도 비례하여 커진다.

흐르는 전류는 「V(전압)$\div R$(저항)$=I$(전류)」가 된다.

이 식을 사용하는 것으로, 전압과 인체의 저항 2개로부터, 실제로 흐르는 전류의 크기를 계산할 수 있다.

4. 인간의 몸의 저항

전류가 흘렀을 때에 인체도 저항을 한다.
전기에 대한 인체의 저항은 다음과 같다.
전류가 들어오는 부분의 피부 : 약2,500[Ω]
약1,000[Ω]는 혈액, 내장, 근육 등의 체내 : 약1,000[Ω]
전류가 흘러가는 발밑의 저항은 : 약 2,000[Ω](신발이나 지면에 따라 크게 다르다)
이것들을 합계한 「약 5,500[Ω]」가 인체에 저항한다.
그러나 피부 건조 등의 상태, 몸의 컨디션에 따라 저항이 달라지게 된다.
예를 들어 몸이 땀에 젖어 있거나 흠뻑 젖어 있는 경우에는 저항이 작아져 전기가 흐르기 쉬워진다.
또한 개인차도 있기 때문에 인체가 저항할 수 있는 전류는 사람마다 다를 수 있다.
일반 가정에서 흔히 사용하는 전압으로 감전된 경우 인체에 흐르는 전류로도 참을 수 없는 통증, 호흡곤란이 생길 정도의 전류가 흐른다.
실내에서의 감전에서는 바닥재나 깔개 등이 저항하기 때문에 실제로는 이보다 낮은 전류가 된다고 되어 있다.
하지만 젖어 있는 상태에서의 저항은 크게 저하되어 버리기 때문에 흐르는 전류가 많아진다.
그렇기 때문에 어스나 누전 브레이커 등을 이용한 누전 대책이 중요한 것이다.

5. 인체에 흐르는 전류

실제로 인체에 흐르는 전류가 어느 정도 되는지 계산해 보았다.
계산하는데는 옴의 법칙과 앞서 기술한 인체의 저항 「5,500[Ω]」를 사용한다.
인간의 몸의 저항은? 100[V]인 경우(가정용 전압)
100[V](전압)$\div$5,500[Ω](저항)$=$0.018[A](전류)
0.018[A]$\times$1,000$=$18[mA]
200[V]인 경우(에어컨, 전자레인지 등의 전압)
200[V](전압)$\div$5,500[Ω](저항)$=$0.036[A](전류)
0.036$\times$1,000$=$36[mA]
6,600[V]의 경우(송전선 전압)
6,600[V](전압)$\div$5,500[Ω](저항)$=$1.2[A](전류)
1.2[A]$\times$1,000$=$1,200[mA]

보충학습1

1. 감전되지 않도록 주의할 점

감전의 위험을 줄이기 위해서는 항상 전류에 대한 대책을 실시하는 것이 중요하다.
인체의 저항값을 변동시키는 것은 불가능에 가깝기 때문에 환경을 개선해야 한다.

2. 복장

전류에 대한 저항값이 높은 복장에 유의하는 것도 중요하다.
긴 소매를 착용하고 고무소재의 장갑을 끼는 것 등이 효과적이다.
특히 누전되었을 우려가 있는 전자제품을 만질 때는 충분한 대책을 세우는 것이 중요하다.

3. 가전제품에 접지

주택 누전의 원인 중에서도 비교적 많은 것이 가전 제품이다.
전자 제품의 고장 등으로 인해 전기가 새어 버리는 경우도 있다.
그 경우는, 어스를 하는 것이 유효하다.
전류를 지면으로 흐르게 하는 효과를 기대할 수 있어 감전 위험을 줄일 수 있다.
다만, 모든 전류가 흐르는 것은 아니기 때문에, 접지를 달고 있어도, 만질 때는 주의해야 한다.
콘센트 커버를 끼운다.
어린이나 애완동물이 감전되는 사태도 상정할 수 있다.
콘센트 플러그 등에 관심을 가지고, 손으로 만질 수도 있다.
대책으로서는, 사용하지 않는 플러그에는 커버를 붙여 두는 것을 추천한다.
또 항상 사용 후에는 콘센트 커버를 붙이는 습관을 기르는 것도 중요하다.
고장난 전자 제품은 즉시 수리해야 한다.
문제를 일으킨 전자 제품은, 어떠한 이유로 고장이 나 있는 경우도 있다.
이 경우 되도록 빨리 수리하여 누전의 위험을 피하는 것이 중요하다.
아직 정상적으로 움직이기 때문에 괜찮다고 생각하면 큰 문제로 발전할 수 있다.
고장 징후가 있는 전자제품을 확실하게 수리하고 주거환경을 항상 갖춰 두어야 한다.
가전제품의 배치를 재검토한다.
물과 가까운 곳에 전자 제품을 두고 있는 경우는 배치를 바꾸는 것도 효과적이다.
생활상 불편해지는 경우도 생각할 수 있지만, 고장으로 인한 누전의 위험이 줄어들 것이다.
또, 사용하지 않는 전자제품은, 콘센트를 뽑아 전기가 통하지 않게 해 두는 것도 효과적이다.

4. 감전되지 않도록 주의할 점

감전되어도 인체에는 저항이 있기 때문에 전류가 그대로의 강도로 흐르는 것은 아니다. 그러나 전압의 대소에 관계없이 감전 대책을 세우는 것이 좋다.
감전은 누전 등이 많다. 누전을 눈치채지 못하고 있으면 감전뿐 아니라 누전에 의한 화재사고 등이 일어날 우려도 있다.
누전을 방지함으로써 감전이나 누전에 의한 화재사고 등을 미연에 방지할 수 있다.
전문업자에게 의뢰하여 누전 대책이나 집의 가전제품이 누전되지 않았는지 확인받아야 한다.

보충학습2

1. 감전재해의 원인과 대책
(1) 전격 위험도 결정조건
　　① 통전전류의 크기
　　② 통전시간
　　③ 통전경로
　　④ 전원의 종류(직류보다 상용주파수의 교류전원이 더 위험)
　　⑤ 주파수 및 파형
　　⑥ 전격인가 위상

(2) 2차적 감전 위험요소
　　① 인체의 조건(저항)
　　② 전압의 크기
　　③ 계절

2. 인체의 생리적 현상(통전전류의 크기와 생리적 현상)
(1) 최소감지전류
　　인체에 전압을 가하여 통전전류값을 증가시켜 일정한 값에 도달하면 전력을 느끼게 되며 이때를 최소감지전류라 하며 60[Hz] 교류에서 성인 남자의 경우는[mA] 정도이다.

(2) 고통한계전류(이탈전류, 가수전류)
전류의 값을 더욱 증가시키면 차차 고통을 느끼게 되며 생명에는 위험이 없으나 고통을 참을 수 있다는 한계의 전류치를 말한다. 교류에서 약 7~8[mA]정도이다.

(3) 마비한계전류(freezing current : 불수전류, 교착전류)
고통 한계 전류를 초과하여 통전전류의 값을 더욱 증가시키게 되면 인체 각 부의 근육이 수축현상을 일으키고 신경이 마비되어/신체를 자유로이 움직일 수 없게 되는 경우이다.
이때는 타인의 구조로 전격이 중지되지 않으면 장시간 전류가 흐르게 되어 의식을 잃고 호흡이 곤란하게 되어 마침내 사망하게 된다. 상용 주파수 교류에서 성인남자의 경우 20~50[mA] 정도가 된다.

(4) 심실세동전류(치사전류)
인체에 흐르는 전류가 더욱 증가되면 심장부를 흐르게 되어 정상적인 맥동을 하지 못하고 불규칙적으로 세동하여 혈액순환이 곤란해지고 그대로 방치하면 사망하게 된다. 전압 200[V]라면 인체에 흐르는 전류는 40[mA] 정도로 대단히 위험하다. 100[V]의 경우도 신발이 젖어 있거나 손에 물이 젖어 있으면 100[V]에서도 3초 이내에 사망할 수 있다. 심실세동을 일으키는 전류값은 여러 종류의 동물을 실험하여 그 결과로부터 사람의 경우에 대한 전류치를 추정하고 있으며 통전시간과 관계식은 다음과 같다.

$$I = \frac{165}{\sqrt{T}} [mA]$$

여기서, 전류 I는 1,000명 중 5명 정도가 심실세동을 일으킬 수 있는 값을 말한다.
또한 인체의 전기저항을 500[Ω]이라 볼 때 심실세동을 일으키는 위험한계의 에너지는 다음과 같이 계산된다.

$$W = I^2RT = \left(\frac{165}{\sqrt{T}} \times 10^{-3}\right)^2 \times 500 \times T = 13.5 [W \cdot S]$$

따라서, 13.6J = 13.6 × 0.24 = 3.3[cal](에너지를 열량으로 환산한 것임)

3. 인체의 저항
(1) 인체의 전기저항 위험성 표시 척도
① 남녀별
② 개인차
③ 연령
④ 건강상태

(2) 인체의 전기저항
① 피부의 전기저항 : 2,500[Ω](내부조직저항 : 500[Ω])
② 피부에 땀이 나 있을 경우 : 1/12 정도로 감소
③ 피부가 물에 젖어 있을 경우 : 1/25 정도로 감소
④ 습기가 많을 경우 : 1/10 정도로 감소
⑤ 발과 신발 사이의 저항 : 1,500[Ω]
⑥ 신발과 대지 사이의 저항 : 700[Ω]

4. 가설전기설비
(1) 전기공사중의 감전피해
① 보호구 사용 안함∨
② 전로차단의 조치(표시 등)와 그 확인 미흡
③ 작업 순서의 잘못
④ 감시인 미배치

(2) 전동기기, 기구 등의 감전재해
　① 접지불량
　② 감전방지용 누전차단기의 미설치
　③ 코드의 피복
　④ 코드의 취급 불량
　⑤ 아크용접기에 자동전격방지장치 미설치
　⑥ 용접봉 홀더의 피복불량

(3) 고전압선에 근접 작업중의 감전재해
　① 갖고 있던 재료나 공구가 전선에 접촉
　② 작업자세가 나쁘고 물이 전선에 접촉
　③ 전선의 방호불량
　④ 보호구 사용 안함

(4) 정전작업시 주의사항
　① 파일럿 램프 등으로 전로의 사활을 확인하거나 검전기구로 사선 확인 후 작업을 착수한다.
　② 전력 케이블이나 전력 콘덴서 등이 있는 전로는 반드시 잔류전하를 방전시킨다.
　③ 배전반 등 정전부분과 활선부분이 혼재할 때에는 활선부분은 절연 방호를 한다.
　④ 오통전을 예방하기 위해서는 정전 후 개폐기에 시건장치를 하고 통전하지 않도록 표시를 하여 둔다.
　⑤ 개로한 전로의 작업 구간 양단에는 단락접지를 하여 둔다.

(5) 활선작업시 및 활선근접작업시 안전대책
　① 작업자에게는 절연용 보호구를 착용, 충전부분에는 절연용 방호구를 설치한다.
　② 특별고압전로에서는 활선작업용 기구를 사용하는 한편, 접근한계거리를 확보해 두어야 한다.
　③ 활선작업 근로자에게는 작업기간, 작업내용, 취급하는 전기설비, 전로 또는 근접하는 전로에 대하여 충분히 주지시키고 작업 지휘자를 선임하여 지휘토록 한다.

(6) 충전전로에 근접된 장소에서 작업시 감전방지대책
　① 충전부분과 비계 또는 지붕과의 사이에는 방호벽을 설치한다.
　② 해당 충전전로에 절연용 방호구를 설치한다.
　③ 해당 충전전로를 이설시킨다.

25
안전보건경영시스템(KOSHA 18001) 인증에서 안전보건경영 관계자 면담시 중급 관리자가 숙지해야 할 사항으로 명시되지 않은 것은?

① 안전보건 경영방침을 수행하기 위한 구체적 추진계획
② 안전보건경영시스템의 운영절차와 예상효과
③ 해당 공정의 위험성 평가방법과 내용
④ 최신 기술 자료의 보관장소와 관리방법
⑤ 개인보호구 착용기준과 착용방법

답 ⑤

해설

안전보건경영관계자 면담분야[전 업종(건설업 등 제외)]

평가항목	인증기준
1. 공장장 숙지사항	① 안전보건 경영방침을 숙지하고 있어야 한다. ② 당해년도 안전보건활동목표를 숙지하고 있어야 한다. ③ 안전보건경영을 위한 기본조직 구성현황과 자원을 숙지하고 있어야 한다. ④ 안전보건에 관한 중요한 규정의 내용을 숙지하고 있어야 한다. ⑤ 안전보건경영시스템 운영절차와 적용 후 예상효과를 숙지하고 있어야 한다.
2. 중급관리자 숙지사항 : 부.과장, 대리	① 회사의 안전보건경영방침을 수행하기 위한 구체적 추진계획을 숙지하고 있어야 한다. ② 안전보건경영시스템의 운영절차와 예상효과에 대해서 숙지하고 있어야 한다. ③ 안전보건경영시스템 운영상의 담당자의 역할을 숙지하고 있어야 한다. ④ 해당공정의 위험성 평가방법과 내용을 숙지하고 있어야 한다. ⑤ 해당공정의 중요한 안전작업지침서 내용을 숙지하고 있어야 한다. ⑥ 유해위험작업공정과 작업환경이 열악한 장소를 파악하고 있어야 한다. ⑦ 비상조치 사항을 숙지하고 있어야 한다. ⑧ 최신 기술자료의 보관장소와 관리방법을 숙지하고 있어야 한다.
3. 현장관리자 숙지사항 : 기사, 직장, 조반장	① 자사의 재해율과 안전보건목표를 숙지하고 있어야 한다. ② 안전보건경영시스템 운영상의 담당자 역할을 숙지하고 있어야 한다. ③ MSDS등 공정안전자료의 활용과 비치장소를 숙지하고 있어야 한다. ④ 해당공정의 잠재위험성과 대응방법을 숙지하고 있어야 한다. ⑤ 예정되지 아니한 정전시의 조치사항을 숙지하고 있어야 한다. ⑥ 안전보건 기술자료가 어디에 보관되는지 숙지하고 있어야 한다. ⑦ 비상조치계획에서 담당역할을 숙지하고 있어야 한다. ⑧ 기계·기구 및 설비의 검사주기를 숙지하고 있어야 한다. ⑨ 현장에서의 유해위험물질 취급방법을 숙지하고 있어야 한다. ⑩ 가동전 안전점검 사항을 숙지하고 있어야 한다.
4. 현장작업자 숙지사항	① 담당업무에 관한 안전보건수칙을 숙지하고 있어야 한다. ② 안전보건경영시스템 운영절차를 숙지하고 있어야 한다. ③ 최근 실시한 안전보건교육내용을 숙지하고 있어야 한다. ④ 취급하고 있는 유해.위험물질에 대하여 유해·위험성 정도와 취급절차를 숙지하고 있어야 한다. ⑤ 비상사태 발생시 조치 사항을 숙지하고 있어야 한다. ⑥ 개인보호구 착용기준과 착용방법등을 숙지하고 있어야 한다.

평가항목	인증기준
5. 안전·보건관리자 숙지사항	① 법정 안전·보건관리자로서의 역할을 숙지하고 있어야 한다. ② 안전보건경영시스템의 내용과 실행효과를 숙지하고 있어야 한다. ③ 안전보건경영시스템을 실행하기 위한 추진목표를 숙지하고 있어야 한다. ④ 자체감사 결과 및 조치사항에 대한 추진상황을 점검한 내용을 숙지하고 있어야 한다. ⑤ 위험성평가방법 및 조치내용을 숙지하고 있어야 한다.
6. 협력업체 관계자 숙지사항	① 협력업체의 사업주가 해야 할 사항을 숙지하고 있어야 한다. ② 현장에서 위험상황을 발견했을 때 조치방법을 숙지하고 있어야 한다. ③ 비상시 행동요령에 대하여 숙지하고 있어야 한다. ④ 개인보호구 지급기준과 착용방법을 숙지하고 있어야 한다. ⑤ 위험작업허가서를 교부받아야 한 작업의 종류를 숙지하고 있어야 한다.

SAFETY ENGINEER

2021년도 3월 13일 필기문제

산업보건지도사 자격시험
제1차 시험문제지

제3과목 기업진단·지도	총 시험시간 : 90분 (과목당 30분)	문제형별 A

| 수험번호 | 20210313 | 성 명 | 도서출판 세화 |

【수험자 유의사항】

1. 시험문제지 표지와 시험문제지 내 **문제형별의 동일여부** 및 시험문제지의 **총면수·문제번호 일련순서·인쇄상태** 등을 확인하시고, 문제지 표지에 수험번호와 성명을 기재하시기 바랍니다.
2. 답은 각 문제마다 요구하는 **가장 적합하거나 가까운 답 1개**만 선택하고, 답안카드 작성 시 시험문제지 **형별누락, 마킹착오**로 인한 불이익은 전적으로 **수험자에게 책임**이 있음을 알려 드립니다.
3. 답안카드는 국가전문자격 공통 표준형으로 문제번호가 1번부터 125번까지 인쇄되어 있습니다. 답안 마킹 시에는 반드시 **시험문제지의 문제번호와 동일한 번호**에 마킹하여야 합니다.
4. **감독위원의 지시에 불응하거나 시험 시간 종료 후 답안카드를 제출하지 않을 경우** 불이익이 발생할 수 있음을 알려 드립니다.
5. 시험문제지는 시험 종료 후 가져가시기 바랍니다.

【안 내 사 항】

1. 수험자는 **QR코드를 통해 가답안을 확인**하시기 바랍니다.
   (※ 사전 설문조사 필수)
2. 시험 합격자에게 '**합격축하 SMS(알림톡) 알림 서비스**'를 제공하고 있습니다.

▲ 가답안 확인

- 수험자 여러분의 합격을 기원합니다 -

3. 기업진단·지도

01 조직구조 설계의 상황요인에 해당하는 것을 모두 고른 것은?

> ㄱ. 조직의 규모   ㄴ. 표준화   ㄷ. 전략
> ㄹ. 환경   ㅁ. 기술

① ㄱ, ㄴ, ㄷ
② ㄱ, ㄴ, ㄹ
③ ㄴ, ㄷ, ㅁ
④ ㄱ, ㄴ, ㄷ, ㄹ
⑤ ㄱ, ㄷ, ㄹ, ㅁ

답 ⑤

해설

조직구조 설계의 상황요인 4가지

(1) 전략(strategy)
  ① 전략 - 구조 간 연구(by Chandler) : 제품다각화에 따라 조직구조가 달라진다.
       - 제품 다각화(제품의 가짓수) 수준이 낮다면 단순조직, 기능조직 높다면 사업부 조직이 적합하다.
  ② 전략유형(by Miles & Snow)
       ㉮ 방어형(defender):한정된 제품 및 서비스 생산에 집중 → 비용 감소 → 기계적(안정성, 효율성 추구)
       ㉯ 탐색형(prospector, 공격형) : 지속적으로 새로운 시장기회 탐색, 신제품과 서비스 실험 → 혁신 중시 → 유기적(유연성 추구)
       ㉰ 분석형(analyzer) : 탐색형 기업에 의해 검증된 이후에 진입 → 모방(안정성, 유연성 추구)
(2) 규모(size)
    조직 규모가 커질수록 복잡성(직위 단계, 부서 수)과 공식화 정도가 높아지고, 집권화 수준이 감소(분권화 증가)
(3) 기술(technology)
  ① 우드워드(Woodward)의 연구 : 기술복잡성에 따라 기술을 3가지 유형으로 분류
    (기술복잡성 : 생산과정의 기계화 정도 = 자동화 수준, 예측가능성 정도)
       ㉮ 단위소량생산(unit production) : 개별주문, 주문생산제품(고객화)
       ㉯ 대량생산(mass production) : 대량 묶음으로 제품생산, 반복적, 일상적
       ㉰ 연속생산(process production) : 연속공정으로 제품생산(표준화)
         → 대량생산기술을 사용하는 조직은 기계적 구조, 단위소량생산이나 연속생산기술을 사용하는 조직에서는 유기적 구조를 가질 때 높은 성과 달성
  ② 페로(Perrow)의 연구 : 부서수준의 기술이 조직구조에 미치는 영향을 연구
    - 기술의 2가지 차원(과업의 다양성 : 예외의 빈도 / 문제의 분석가능성 : 논리적 분석이나 분석적 추론이 가능한가?)을 이용해 기술을 4가지로 분류
      장인기술(저/저), 비일상적 기술(고/저), 일상적 기술(저/고), 공학적 기술(고/고)
         → 일상적 기술을 이용하는 조직은 기계적 구조, 비일상적 기술을 이용하는 조직은 유기적 조직의 특성을 지님
           (공학적 기술은 다소 기계적, 장인기술은 다소 유기적)
         ※우드워드와 페로의 연구는 조직이 사용하는 기술에 따라 조직구조가 어떻게 달라지는가를 연구
  ③ 톰슨(Thompson)의 연구 : 상호의존성이 조직구조에 미치는 영향 연구
    (상호의존성 : 과업수행을 위해 다른 부서에 의존하는 정도)
       ㉮ 집합적 상호의존성 : 상호의존성이 거의 없는 상태(ex. 은행) → '중개형 기술'을 사용하는 조직에 존재
       ㉯ 순차적 상호의존성 : 한 부서의 산출이 다른 부서에 투입이 되는 상호의존성(ex. 조립라인) → '연속형 기술'
       ㉰ 교호적 상호의존성 : 과업 수행을 위해 여러 부서의 활동이 동시에 상호 관련됨(ex. 병원) → '집약형 기술'→ 조

직은 다양한 상호의존성을 지닌 기술을 사용하고 있고, 이 기술에 맞는 조정 메커니즘을 지녀야 한다.
　④ CIM(Computer intergrated manufacturing, 컴퓨터통합 생산 = 유연생산 시스템)
　　- 로봇, 기계, 제품디자인, 엔지니어링 분석 같은 제조관련 부문이 통합된 컴퓨터 시스템
(4) 환경(environment)
　① 번즈와 스타커의 연구
　　㉮ 안정적 환경에서는 효율성 추구 → 기계적 조직
　　㉯ 격동적 환경에서는 유연성 추구 → 유기적 조직
　② 로렌스(Lawrence)와 로쉬(Lorsch)의 연구
　　- 산업이 처한 환경의 불확실성이 높을수록 기업의 분화 정도가 높고, 이를 통합하기 위한 노력도 많다.

02 프렌치(J. French)와 레이븐(B. Raven)의 권력의 원천에 관한 설명으로 옳지 않은 것은?

① 공식적 권력은 특정역할과 지위에 따른 계층구조에서 나온다.
② 공식적 권력은 해당지위에서 떠나면 유지되기 어렵다.
③ 공식적 권력은 합법적 권력, 보상적 권력, 강압적 권력이 있다.
④ 개인적 권력은 전문적 권력과 정보적 권력이 있다.
⑤ 개인적 권력은 자신의 능력과 인격을 다른 사람으로부터 인정받아 생긴다.

답 ④

해설

권력의 원천에 따른 분류

① 지위권력(Position Power)
합법적 권력, 보상적 권력, 강압적 권력, 정보적 권력 등 조직 내에서 자기가 맡은 직무나 직위와 관련하여 공식적으로 부여 받은 권력이다.

 사장은 부하들을 승진, 해고할 수 있는 막강한 권력을 갖고 있다.
→ 사장이 갖는 권력은 합법적인 권력이다.

② 개인적 권력(Personal Power)
전문적 권력, 준거적 권력 등 리더의 지식이나 기술 등 실력이 막강하거나, 남을 상대로 논리적 설득력이 강하거나 남을 끌어당기는 매력이 있을 때 사람들이 따른다. 이러한 카리스마적 리더는 희생, 헌신, 용기 등과 연계되어 전설적인 영웅으로 만들어지기도 한다.

[표] 리더의 권력 유형

권력의 원천	내용
강압적 권력	공포에 기반을 둔 권력
합법적 권력	리더가 보유하고 있는 지위에 기반을 둔 권력
보상적 권력	타인에게 보상을 제공할 수 있는 능력에 기반을 둔 권력
전문적 권력	전문적인 기술 및 지식에 기반을 둔 권력
준거적 권력	개인적인 성격특성에 기반을 둔 권력 다른 사람들이 가치가 있다고 지각하는 정보를 가지고 있거나 쉽게 접근 가능하다는 사실에 기반을 둔 권력

03 직무분석과 직무평가에 관한 설명으로 옳지 않은 것은?

① 직무분석은 인력확보와 인력개발을 위해 필요하다.

② 직무분석은 교육훈련 내용과 안전사고 예방에 관한 정보를 제공한다.

③ 직무명세서는 직무수행자가 갖추어야 할 자격요건인 인적특성을 파악하기 위한 것이다.

④ 직무평가 요소비교법은 평가대상 개별직무의 가치를 점수화하여 평가하는 기법이다.

⑤ 직무평가는 조직의 목표달성에 더 많이 공헌하는 직무를 다른 직무에 비해 더 가치가 있다고 본다.

답 ④

해설

직무분석과 직무평가

(1) 직무분석
  ① 직무분석의 개념
    ㉮ 직무분석 : 일의 내용/수행하는 데 필요한 직무수행자의 행동, 육체적 및 정신적 능력에 대한 정보 제공
    ㉯ 요소(Element) : 가장 작은 단위의 일
    ㉰ 과업(Task) : 독립된 목적으로 수행되는 하나의 명확한 작업 활동
    ㉱ 직위(Position) : 한 개인에게 할당되는 업무들을 구성하는 과업, 유사한 과업들의 집합
        직위의 수는 종업원 수에 의해 결정
    ㉲ 직무(Job) : 과업 혹은 과업차원의 유사한 직위의 집단
    ㉳ 직군(Job Family) : 직무들의 집단, 일상적으로 기능에 따라 분류(생산, 재무, 인사, 마케팅)
    ㉴ 직종(Job Category) : 직군 내 혹은 직군 간에 있는 포괄적인 직함
        직종에 따른 직무들의 집단(관리직, 사무직, 보수유지직)
  ② 직무분석의 목적
    ㉮ 인사관리/직무관리/조직관리의 합리
    ㉯ 직무에 관한 개요 : 작업자와 관리자에게 직무 내용과 요구사항 이해시킴
    ㉰ 모집 선발과정에서 자격조건 명시, 취업희망자에게 직무에 관한 필요 정보제공
    ㉱ 상하연결, 보고, 책임, 관리 등 조직관계 명시
    ㉲ 직장훈련, 지도를 포함한 교육훈련에 도움
    ㉳ 조직체 계획과 인사관리 계획에 도움이 되는 자료 제공
    ㉴ 직무설계와 과업관리의 개선에 도움
    ㉵ 직무의 가치평가 자료를 제공, 직무평가를 통해 임금구조의 균형 달성
    ㉶ 경력경로와 진로의 선정 등 경력계획의 기본자료 제공
    ㉷ 노사간의 직무에 대한 상호 이해를 증진
(2) 직무평가
  ① 직무평가의 의의
    ㉮ 직무평가 : 각 직무의 상대적 가치를 정하는 체계적 방법
        (중요성, 곤란도, 위험도, 숙련도, 책임, 난이도, 복잡성, 필요 노력)
    ㉯ 직무분석에 의하여 작성된 직무기술서 또는 직무명세서를 기초
    ㉰ 높은 가치가 인정되는 직무에 대하여 더욱 많은 임금을 책정하는 직무급 제도의 기초
        ⇒ 공정한 임금체계 확립, 인사관리 활동 합리화, 노사간 임금협상 기초
  ② 직무평가의 방법
    ㉮ 정성적, 비정량적, 비양적 방법(서열법, 분류법)
      ㉠ 서열법(ranking)
        ⓐ 가장 오래되고, 단순한 방법

ⓑ 직무를 포괄적으로 상호 비교
       ⓒ 순위(Rank)를 매겨 가장 단순한 직무를 최하위, 중요한 직무를 최상위로 뽑음
       ⓓ 비과학적
       ⓔ 평가자가 모든 직무를 잘 알고 있을 경우에만 적용
       ⓕ 신속하게 처리 가능
    ㉡ 분류법(classification)
       ⓐ 서열법에서 발전한 형태
       ⓑ 사전에 만들어 놓은 기준에 맞춰 평가(직무등급명세표)
       ⓒ 직무등급을 직무의 수나 복잡도에 따라 나눔(상, 중, 하 또는 다수 등급)
       ⓓ 공공기관에서 주로 사용
          ♧ 간단, 이해, 저비용
          ♧ 분류의 불명확성, 분류기준 모호성, 직무수가 많거나 내용 복잡시 분류×, 탄력성↓
㉮ 정량적 방법(점수법, 요소비교법)
    ㉠ 점수법(point)
       ⓐ 직무의 구성요소를 나눠 점수를 매김
       ⓑ 직무에 공통적인 요소, 과학적, 쌍방의 이해, 직무 내용의 중요한 요소
          ⇒ 숙련(교육, 지식, 판단력)
          ⇒ 노력(창의성, 몰입)
          ⇒ 책임(감독, 설비, 원자재)
          ⇒ 작업조건(위험도, 작업환경)
       ⓒ 경영전체의 중요도, 직무가치의 정도, 평가요소의 신뢰도, 확률도
       ⓓ 로트 제안, 미국/영국 기업에서 사용
       ⓔ 가중점수법과 단순점수법
    ㉡ 요소비교법(factor comparison)
       ⓐ 제안, 점수법 개선
       ⓑ 가장 핵심이 되는 몇 개의 직무를 선정
       ⓒ 각 직무의 평가요소를 기본 직무의 평가요소와 결합하여 비교 ⇒ 모든 직무가치 평가
       ⓓ 직무가치에 따라 임금액을 나누고 이를 평가 점수화
       ⓔ 평가요소별로 직무를 등급화
       ⓕ 평가요소 : 정신적 노력, 숙련, 육체적 노력, 작업환경, 책임
          ♧ 임금의 공정성, 평가 타당성, 신뢰성, 전체 직무 평가에 용이
          ♧ 주관적 판단 개입(서열, 임금 평가요소), 종업원의 수용성을 끌어내기 어려움
    ㉢ 개선법 : 직무평가위원회, 외부전문가 초빙

04 협상에 관한 설명으로 옳지 않은 것은?

① 협상은 둘 이상의 당사자가 최소한 자원을 어떻게 분배할지 결정하는 과정이다.
② 협상에 관한 접근방법으로 분배적 교섭과 통합적 교섭이 있다.
③ 분배적 교섭은 내가 이익을 보면 상대방은 손해를 보는 구조이다.
④ 통합적 교섭은 윈-윈 해결책을 창출하는 타결점이 있다는 것을 전제로 한다.
⑤ 분배적 교섭은 협상당사자가 전체자원(pie)이 유동적이라는 전제하에 협상을 진행한다.

답 ⑤

해설

분배적 교섭

① 한정된 양의 자원을 나누어 가지려고 하는 협상
② 제로섬 상황으로 내가 이득을 보면 상대는 손해를 본다.

보충학습

협상(교섭)의 역사는 전쟁과 중재만큼이나 장구하다.
이 수단은 법적 절차가 등장하기 훨씬 이전부터 조정에 이용됐다.
하지만 협상 기법 자체는 오랫동안 주목받지 못했다.
20세기 후반에 들어와서 비로소 폭넓은 연구 대상이 됐다.

협상이라는 단어를
입에 올리는 사람은
부분적으로라도
합의를 염두에 두고
있는 것이다.
  – Jules Cambon
[줄 캉봉, 1845-1935, 프랑스의 정치가, 외교관]

05 노동쟁의와 관련하여 성격이 다른 하나는?

① 파업 ② 준법투쟁
③ 불매운동 ④ 생산통제
⑤ 대체고용

답 ⑤

해설

노동쟁의의 의의

① 노동쟁의(labor disputes)는 기업의 사용자와 노동조합 사이의 분쟁을 말한다.
② 광의로는 노사 간 주장 불일치로 교섭이 결렬된 상태와 이때 노사가 저마다 자신의 주장을 관철할 목적으로 행하는 행위(실력행사)와 이에 대항하는 행위, 이를테면 우리나라 노동관계법에서 말하는 노동쟁의와 쟁의행위를 포괄하는 개념으로 노사분쟁(union-management disputes)이라고도 한다.
③ 우리「노동조합 및 노동관계조정법」제2조에서는 노동쟁의와 쟁의행위에 대해 법률상의 개념을 각각 규정하고 있다.
④ 노동쟁의라 함은 "노동조합과 사용자 또는 사용자단체 간의 임금·근로시간·복지·해고·기타 대우 등 근로조건의 결정에 관한 주장의 불일치로 인하여 발생한 분쟁상태"이다.

보충학습

대체고용금지

① 노조가 결성된 사업장에서 쟁의가 발생했을 경우 쟁의기간 중에 비조합원이나 새로 직원을 채용해서 쟁의에 참여한 조합원의 일자리를 대신하지 못하도록 하는 규정을 가리킨다.
② 노동쟁의 조정법 15조는 사용자의 이 같은 행위를 대체고용금지행위로 규정, 위반 때 1년이하 징역이나 1백만원 이하의 벌금형에 처하도록 하고 있다.
③ 당초 국제노동기구(ILO)가 규정한 노동3권 중 근로자의 단결권과 단체행동권을 보장하기 위해 도입됐다.
④ 대체고용이 가능하면 근로자의 단체행동권이 유명무실해지기 때문이다.
⑤ 노조의 협상력이 강할 경우에는 쟁의발생 때 사용자들의 대응 수단이 직장폐쇄 같은 극단적인 방법밖에 없어 쟁의가 극렬해지거나 장기화되는 문제도 있다.

06 품질경영에 관한 설명으로 옳지 않은 것은?

① 쥬란(J. Juran)은 품질삼각축(quality trilogy)으로 품질 계획, 관리, 개선을 주장했다.

② 데밍(W. Deming)은 최고경영진의 장기적 관점 품질관리와 종업원 교육훈련 등을 포함한 14가지 품질경영 철학을 주장했다.

③ 종합적 품질경영(TQM)의 과제 해결 단계는 DICA(Define, Implement, Check, Act)이다.

④ 종합적 품질경영(TQM)은 프로세스 향상을 위해 지속적 개선을 지향한다.

⑤ 종합적 품질경영(TQM)은 외부 고객만족뿐만 아니라 내부 고객만족을 위해 노력한다.

답 ③

해설

종합적(=전사적) 품질경영(TQM : Total Quality Management)

(1) 품질관리와 품질경영
   ① 품질관리 : 소비자가 요구하는 품질의 제품이나 서비스를 경제적으로 산출하기 위한 수단과 활동
   ② 품질경영 : 최고경영자의 품질방침 하에 고객을 만족시키는 모든 부분의 전사적 활동

(2) 종합적 품질경영
   ① 종합적 품질경영 = 품질경영(QM) + 종합적품질관리(TQC)
   ② 최고경영자의 품질방침에 따라 기업의 모든 구성원들이 품질향상과 내·외부 고객만족을 달성하기 위해 지속적으로 노력하는 품질혁신철학을 일컫는 말(단순한 프로그램이나 절차라기보다는 조직의 기본 생활방식이고 기업문화이자 기업철학임)
   ③ TQM은 고객만족, 종업원 참여, 품질의 지속적 개선을 강조

보충학습

PDCA 사이클(데밍의 수레바퀴)
① PLAN - DO - CHECK - ACT
② 지속적 개선을 적극적으로 실천하는 기업의 팀이 문제해결을 위해 사용하는 기법

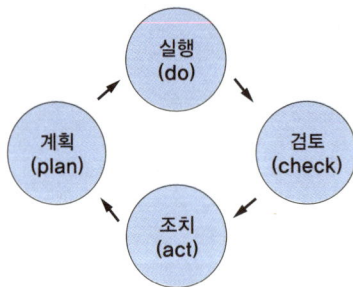

[그림] PDCA 싸이클(Deming wheel)

07 대량고객화(mass customization)에 관한 설명으로 옳지 않은 것은?

① 높은 가격과 다양한 제품 및 서비스를 제공하는 개념이다.
② 대량고객화 달성 전략의 하나로 모듈화 설계와 생산이 사용된다.
③ 대량고객화 관련 프로세스는 주로 주문조립생산과 관련이 있다.
④ 정유, 가스 산업처럼 대량고객화를 적용하기 어렵고 효과 달성이 어려운 제품이나 산업이 존재한다.
⑤ 주문접수 시까지 제품 및 서비스를 연기(postpone)하는 활동은 대량고객화 기법 중의 하나이다.

답 ①

해설

대량고객화(맞춤화)
① 대량이란 의미의 '매스(mass)'와 고객화라는 의미의 '커스터마이제이션(customization)'을 합성한 조어로, 다양한 소비자의 욕구를 충족시키는 동시에 싼 가격으로 대량생산을 한다는 의미다.
② 품종을 다양화·대량화하여 단일 상품을 아주 많이 생산하지 않더라도 회사 전체의 생산량은 대량생산체제와 맞먹는 수준을 유지해 이익을 극대화하는 것이다.

08 6시그마와 린을 비교 설명한 것으로 옳은 것은?

① 6시그마는 낭비 제거나 감소에, 린은 결점 감소나 제거에 집중한다.
② 6시그마는 부가가치 활동 분석을 위해 모든 형태의 흐름도를, 린은 가치 흐름도를 주로 사용한다.
③ 6시그마는 임원급 챔피언의 역할이 없지만, 린은 임원급 챔피언의 역할이 중요하다.
④ 6시그마는 개선활동에 파트타임(겸임) 리더가, 린은 풀타임(전담) 리더가 담당한다.
⑤ 6시그마는 개선 과제는 전략적 관점에서 선정하지 않지만, 린은 전략적 관점에서 선정한다.

답 ②

해설

식스시그마(6σ) (by. 마이켈 해리(Mikel Harry) : 통계적 기법 + 품질개선운동)

(1) 정의
① 프로세스에서 불량과 변동을 최소화하면서 기업의 성공을 달성·유지·최대화하려는 종합적이고 유연한 시스템
② 통계적 품질관리를 기반으로 품질혁신과 고객만족을 달성하기 위하여 전사적으로 실행하는 경영혁신기법이며 제조과정뿐만 아니라 제품개발, 판매, 서비스, 사무업무 등 거의 모든 분야에서 활용 가능함
③ 모든 프로세스의 품질 수준을 6σ를 달성하여 3.4PPM(parts per million) 또는 결함 발생수를 3.4DPMO(defects per million opportunities) 이하로 하고자 하는 품질경영전략 → 불량률이 100만개당 3.4개라는 의미

[표] 6σ의 특징

구 분	내 용
통계적 측정치	• 객관적인 통계적 수치를 사용 • 제품이나 업종, 생산프로세스 등이 상이해도 비교 가능 • 제품공정이나 서비스공정의 적합성, 고객만족도의 달성정도 등 표현 가능
기업전략	• 6σ 수준 향상 → 원가절감·품질개선 → 고객만족 → 경쟁우위 확보
기업철학	• 기업 내의 새로운 사고방식을 도출 • 통계적 숫자를 통하여 기업경영에서 도달하여야 할 목표치를 설정하여 품질에 대한 기업의 철학 실현 가능

[표] 식스시그마 개선 모형(DMAIC)

단계	과정
Define(정의)	• 고객의 니즈를 바탕으로 핵심품질특성(CTQ : critical to quality)은 무엇이며, 이와 관련된 내부프로세스는 무엇인가를 정의 　cf. CTQ : 고객입장에서 판단할 때 중요한 품질특성을 의미하며, 집중적인 품질개선 대상 • 문제점과 고객이 원하는 것이 무엇인지를 명확히 파악 • 프로젝트 선정, 프로젝트의 정의, 프로젝트 승인의 단계로 구성
Measure(측정)	• 성과격차에 영향을 미치는 프로세스업무를 계량화 • 성과지표 Y를 결정하고 Y의 현수준을 파악(품질의 현재수준을 파악) • 잠재원인변수 X들을 발굴
Analysis(분석)	• 성과지표 Y에 관련된 자료를 이용하여 프로세스를 분석하여 핵심인자를 찾아내는 것이 목표 • 분석계획 수립, 데이터 분석, 핵심인자들을 선정 • 파레토 도표, 히스토그램 등을 사용하여 데이터를 탐색 • 브레인스토밍이나 원인결과도표 등을 이용해 결함 원인을 파악 • 산점도 같은 것을 사용하여 상관관계를 증명
Improve(개선)	• 문제의 근본원인을 제거하고, 프로세스 개선을 위한 최적 개선안을 선정하고 개선안을 검증 • 통계적 방법을 활용하여 핵심인자의 최적운영 조건을 도출 • 선정된 아이디어를 평가, 최적화, 시험 적용 • 개선안의 실현가능성을 판단
Control(관리)	• 개선 결과를 지속적으로 유지하기 위하여 관리계획을 수립하고 실행하여 문서화 • 관리도를 이용하여 개선결과를 측정하고 관리하는 방안을 마련

[표] 린 생산방식과 6σ의 비교

구분	린 방식	6σ
목표	생산흐름, 낭비의 제거로 생산성 향상	변동감소, 결점제거로 품질향상
강점	리드타임이나 사이클타임 감소	통계적 기법을 사용하여 품질향상
한계점	프로세스를 통계적으로 통제하지 못함	단독으로 프로세스의 속도나 비용을 줄일 수 없음(결점제거에만 초점을 두어서 시간적 경쟁우위가 없음)
린+6σ	린의 빠른 생산성 향상기법과 6시그마의 통계적 품질향상기법이 잘 조화되어 고객만족, 프로세스 속도개선, 비용절감, 품질개선 등의 효과를 얻을 수 있음	

(2) 6σ의 효과
① 식스시그마는 그동안 제조업과 서비스업은 물론 행정 분야에도 널리 적용되어 옴. 많은 기업들이 식스시그마를 통해 엄청난 개선 결과를 얻었는데, 이러한 결과는 경영진의 적극적인 리더십과 광범위한 식스시그마 교육훈련 그리고 개선 전문가의 고용을 통해 이루어짐. 식스시그마는 품질향상뿐만 아니라 기업의 순이익 개선에도 기여함
② 린 시스템과 상호 보완적으로 사용되면 큰 효과 발휘

09 생산운영관리의 최신 경향 중 **기업의 사회적 책임과 환경경영**에 관한 설명으로 옳은 것을 모두 고른 것은?

> ㄱ. ISO 29000은 기업의 사회적 책임에 관한 국제 인증제도이다.
> ㄴ. 포터(M. Porter)와 크래머(M. Kramer)가 제안한 공유가치창출(CSV : Creating Shared Value)은 기업의 경쟁력 강화보다 사회적 책임을 우선시 한다.
> ㄷ. 지속가능성이란 미래 세대의 니즈(needs)와 상충되지 않도록 현 사회의 니즈(needs)를 충족시키는 정책과 전략이다.
> ㄹ. 청정생산(cleaner production) 방법으로는 친환경원자재의 사용, 청정 프로세스의 활용과 친환경생산 프로세스 관리 등이 있다.
> ㅁ. 환경경영시스템인 ISO 14000은 결과 중심 경영시스템이다.

① ㄱ, ㄴ
② ㄷ, ㄹ
③ ㄹ, ㅁ
④ ㄷ, ㄹ, ㅁ
⑤ ㄱ, ㄷ, ㄹ, ㅁ

답 ②

해설

ISO 14000 : 국제환경규격

보충학습

(1) 공유가치 창출(Creating Shared Valve)
  ① 기업의 경제적 가치와 공동체의 사회적 가치를 조화시키는 경영으로, 2011년 마이클 포터가 하버드 비즈니스 리뷰에 처음 제시한 용어다.
  ② 사회공헌활동(CSR : Corporate Social Responsibility)이 단순히 돕는 차원에 머무른다는 인식이 커지면서 사회적 약자와 함께 경제적 이윤과 사회적 가치를 함께 만들고 공유하는 공유가치창출(CSV : Created Shared Value) 활동으로 진화하고 있다.
  ③ CSV는 CSR과 비슷하지만 '가치 창출'이라는 점에서 가장 큰 차이가 있다. CSR은 선행을 통해 기업의 이윤을 사회에 환원하기 때문에 기업의 수익 추구와는 무관하다. CSV는 기업의 사업 기회와 지역 사회의 필요가 만나는 지점에서 사업적 가치를 창출해 경제적·사회적 이익을 모두 추구한다.
  ④ 한편, 2017년 12월 3일 신흥국 진출의 새로운 접근법으로 해당 국가의 사회적 문제를 해결하면서 동시에 기업의 이윤을 추구하는 공유가치창출(CSV) 사업 모델의 성공사례와 전략을 분석한 보고서를 발표했다.
(2) EGS란 Environmental, Social and Governance의 줄임말이다. 해석하면 기업의 환경, 사회, 지배구조라는 뜻이다. 이 3가지 요소를 갖춘 기업은 투자자들에게 인식이 좋아지기 때문에 투자평가에 긍정적인 영향을 끼친다.

[표] ESG평가기준

환경-Environmental	사회-Social	지배구조-Governance
• 친환경적인 경영 및 생산방식	• 사회적 다양성 확보	• 기업의사 결정 구조
• 에너지 효율성 향상	• 공정한 노동 조건	• 윤리적 경영
• 탄소 배출 감소	• 소비자 보호	• 이해관계자의 공정한 대우
• 생태계 보전 활동 등		

2021년도 3월 13일 필기문제

10 직업 스트레스 모델 중 종단 설계를 사용하여 업무량과 이외의 다양한 직무요구가 종업원의 안녕과 동기에 미치는 영향을 살펴보기 위한 것은?

① 요구 - 통제 모델(Demands - Control model)

② 자원보존이론(Conservation of Resources theory)

③ 사람 - 환경 적합 모델(Person - Environment Fit model)

④ 직무 요구 - 자원 모델(Job Demands - Resources model)

⑤ 노력 - 보상 불균형 모델(Effort - Reward Imbalance model)

답 ④

해설

직업(무) 스트레스 모델

(1) 직무요구 - 통제 모형(모델)
   ① 모형에 의하면, 적절한 대응수단이 제공되지 않은 상태에서 직무담당자가 과도한 수준의 직무요구에 직면하게 되면, 이는 곧 업무추진 동기의 상실은 물론, 직무긴장과 스트레스, 심지어 불안과 소진 등 매우 부정적인 생리적, 심리적 경험을 초래할 수 있게 된다.
   ② 결과는 이러한 부정적인 직무경험은 직무만족과 조직몰입의 저하는 물론, 이직의도의 증대 등 해당 조직에 대해서도 여러 면에서 심각한 부정적 영향을 줄 수가 있다.

(2) **직무요구 - 자원모형**(모델)
   ① 일종의 '확장된 직무요구 - 통제모형'(extended JD-C model)이라고 할 수 있는데, 이는 기존의 직무통제 요인 이외에 직무요구와 상호작용하여 여러 가지 부정적인 영향을 경감, 완화시켜 줄 수 있는 다양한 조절요인을 규명해 보고자 하는 시도에서 비롯되었다고 볼 수 있다.
   ② JD-R 모형의 기본 가정에 따르면, 비록 많은 조직들이 처한 구체적인 직무조건이나 상황이 저마다 조금씩 다르긴 하지만, 이들 조직의 직무특성들은 크게 직무요구(job demands)와 직무자원(job resources)이라는 두 가지 일반적 요인들로 구분해 볼 수 있다.
   ③ '직무요구'란, JD-C 모형에서도 이미 활용되어 온 개념으로서, '직무담당자로 하여금 직무수행이나 완수를 위해 지속적인 육체적, 정신적 노력을 기울이도록 요구함으로써, 그 결과 해당 직무수행자에게 상당한 생리적, 심리적 희생을 감내하게 만드는 직무특성'을 의미한다.
   ④ '직무자원'이란, '직무담당자가 자신의 과업목표를 달성해 가는데 기능적인 역할을 하며, 그 과정에서 직무요구의 여러 부정적인 심리적, 생리적 영향을 감소시키는데 기여할 뿐만 아니라, 나아가 개인적인 성장과 학습, 개발을 촉진하는 직무 측면'을 일컫는다.

11 직무분석을 위해 사용되는 방법들 중 정보입력, 정신적 과정, 작업의 결과, 타인과의 관계, 직무맥락, 기타 직무특성 등의 범주로 조직화되어 있는 것은?

① 과업질문지(Task Inventory : TI)

② 기능적 직무분석(Functional Job Analysis : FJA)

③ 직위분석질문지(Position Analysis Questionnaire : PAQ)

④ 직무요소질문지(Job Components Inventory : JCI)

⑤ 직무분석 시스템(Job Analysis System : JAS)

답 ③

해설

직무분석

(1) 정의
① 조직에서 일하는 사람들은 각자 맡은 직무가 있고, 이러한 직무는 일반적으로 개인이 수행하는 과제(task)들의 집합으로 정의된다. 과제는 개별 활동의 집합으로서 직무에서 수행해야 할 목표를 달성하기 위한 가장 기본적인 작업 단위이며 유사한 직무들을 통합하여 직무군(job family)이라고 부른다.
② 조직에서는 구성원을 모집, 선발, 배치 교육하고 인사 평가를 하기 위한 가장 기초적인 정보를 직무분석(job analysis)에서 얻는다. 직무분석은 직무에서 어떤 활동이 이루어지고, 직무를 수행할 때 사용되는 도구나 장비가 무엇이며, 어떠한 환경에서 작업을 하고, 직무 수행에 요구되는 인간적 능력이 어떤 것인지를 알 수 있도록 도와준다. 어떤 목적으로 어떤 방법에 의해 어떤 장소에서 수행하는지 알아내고, 직무를 수행하는 데 요구되는 지식, 능력, 기술, 경험, 책임 등이 무엇인지를 과학적이고 합리적으로 알아내는 것이 직무분석이다.
③ 직무분석은 직무에서 수행하는 과제와 도구, 장비, 작업 요건과 같은 작업이 수행되는 상황, 그리고 작업 수행에 요구되는 인적 요건들에 관한 정보를 제공한다. 직무분석은 이와 같은 자료들을 통해 많은 인사 결정에 필요한 기본적 정보를 제공하기 때문에 조직 내의 인적자원 관리의 가장 핵심적인 기능이며 또한 출발점이라고 할 수 있다.

(2) 용도(애시:Ash, 1988)
① 직무에서 이루어지는 과제나 활동과 작업 환경을 알아내어 조직 내 직무들의 상대적 가치를 결정하는 직무평가(job evaluation)의 기초 자료를 제공한다.
② 모집 공고와 인사 선발에 활용된다. 직무분석을 통해 각 직무에서 일할 사람에게 요구되는 지식, 기술, 능력 등을 알 수 있기 때문에 직무 종사자의 모집 공고에서 자격 조건을 명시할 수 있고 선발에 사용할 방법이나 검사를 결정할 수 있다.
③ 종업원의 교육 및 훈련에 활동된다. 각 직무에서 이루어지는 활동이 무엇이고 요구되는 지식, 기술, 능력이 무엇인지를 알아야 교육 내용과 목표를 결정할 수 있다.
④ 인사 평가에 활용된다. 직무분석을 통해 직무를 구성하고 있는 요소들을 알아내고 실제 종업원들이 각 요소에서 어떤 수준의 수행을 나타내는지 평가한다. 평가의 결과는 승인, 임금 결정 및 인상, 상여금 지급, 전직 등의 인사 결정에 활용된다.
⑤ 직무에 소요되는 시간을 추정해 해당 직무에 필요한 적정 인원을 산출할 수 있기 때문에 조직 내 부서별 적정 인원 산정이나 향후의 인력수급 계획을 수립할 수 있다.
⑥ 선발된 사람의 배치와 경력 개발 및 진로상담에 활용된다. 선발된 사람들을 적합한 직무에 배치하고 경력 개발에 관한 기초 자료를 제공한다.

(3) **직무분석 방법**
① 직무분석에서 직무에 대한 정보를 제공하는 가장 중요한 자원은 현업 전문가(Subject Matter Expert, SME)이다.
② 현업 전문가의 자격 요건이 명확하게 정해져 있는 것은 아니지만, 최소 요건으로서 직무가 수행하는 모든 과제를 잘 알고 있을 만큼 충분히 오랜 경험을 갖고 최근에 종사한 사람이어야 한다(Thompson & Thompson, 1982).

③ 직무를 분석할 때 가장 적절한 정보를 제공할 수 있는 사람은 현재 직무와 관련된 일을 하고 있는 현업 전문가이며, 특히 현재 직무에 종사하고 있는 현직자(job incumbent)이다. 현직자는 자신들의 직무에 관해 가장 상세하게 알고 있기 때문이다.
④ 모든 현직자들이 자신의 직무를 잘 표현할 수 있는 것은 아니므로 직무분석을 위해 정보를 잘 전달할 만한 사람을 선택해야 한다.
⑤ 랜디와 베이시(Landy & Vasey, 1991)는 어떤 현직자가 직무를 분석하는지가 중요하다는 것을 발견했다. 그리고 경험 많은 현직자들이 가장 가치 있는 정보를 제공한다는 것을 알아냈다.
⑥ 현직자들의 언어 능력, 기억력, 협조성과 같은 개인적 특성도 그들이 제공하는 정보의 질을 좌우한다. 또한 만일 현직자가 직무분석을 하는 이유에 관해 의심한다면 그들의 자기방어 전략으로서 자신의 능력이나 일의 문제점을 과장하여 말하는 경향이 있다.

12 자기결정이론(self-determination theory)에서 내적동기에 영향을 미치는 세 가지 기본욕구를 모두 고른 것은?

> ㄱ. 자율성 ㄴ. 관계성 ㄷ. 통제성
> ㄹ. 유능성 ㅁ. 소속성

① ㄱ, ㄴ, ㄷ
② ㄱ, ㄴ, ㄹ
③ ㄱ, ㄷ, ㅁ
④ ㄴ, ㄷ, ㅁ
⑤ ㄷ, ㄹ, ㅁ

답 ②

해설

자기결정이론

(1) 개요

자기결정이론(自起決定理論, Self - Determination Theory : SDT)은 에드워드 데시(Edward Deci, 1942년~)와 리차드 라이언(Richard Ryan, 1953년~)이 1975년 개인들이 어떤 활동을 내재적인 이유와 외재적인 이유에 의해 참여하게 되었을 때 발생하는 결과는 전혀 다른 결과가 나타남을 바탕으로 수립한 이론을 일컫는다.

(2) 자기결정이론의 이론구성

자기결정이론을 구성하는 네 개의 미니이론으로는 인지평가이론, 유기적 통합이론, 인과지향성이론(Causality Orientation Theory : COT), 기본심리욕구이론(Basic Psychological Needs Theory : BPNT)이 있다. 네 개의 미니이론들은 각각 자기결정성이론의 논리를 보충해주는 역할을 하고 있다.

① 첫째, 인지평가이론은 내재적인 동기를 촉진시키거나 저해하는 환경에 관심을 두고 개인은 적절한 사회환경적 조건에 처할 때 내재 동기가 촉발되고, 유능성, 자율성, 관계성에 대한 기본 심리욕구가 만족될 때 내재 동기가 증진된다고 본다.

② 둘째, 유기적 통합이론은 외적인 이유 때문에 어떤 행동을 해야 하는 상황에 대한 개인의 태도는 전혀 동기가 없는 무동기에서부터 수동적인 복종, 적극적인 개입까지 다양하다고 본다.

③ 셋째, 인과지향성이론은 사회적 환경에 대한 지향성에서의 개인차 즉 무동기적 통제적 자율적 동기 지향성을 기술하기 위해 도입되었으며 개인의 비교적 지속적인 지향성으로부터 경험과 행동을 예측할 수 있게 해준다.

④ 넷째, 기본욕구이론은 개인의 가치 형태와 조절 양식을 심리적 건강과 연결시켜 기술함으로써 개인의 건강이나 심리적 안녕과 동기와 목표 간의 관련성을 시대와 성별, 상황, 문화적 다양성을 넘어서기 위해 도입되었다.

(3) 내재적 동기

자기결정이론은 개인들이 욕구를 행동화하고 선택함으로써 행동을 즐길 수 있으며 이 과정에서 심리적인 안정감을 가지게 된다고 한다. 무엇을 하는가보다 왜 하는지가 더 중요한 선택의 이유가 되는 것이다. 개인들이 어떤 활동을 함에 있어 내재적으로 동기화된 경우에는 활동을 하는 데 추가적인 보상이나 유인하거나 강제하는 것이 필요하지 않는데 이는 그 활동자체가 개인들에게 보상이기에 스스로 행동하게 되는 것이다.

① 자율성(autonomy)

자율성은 개인들이 외부의 환경으로부터 압박 혹은 강요 받지 않으며 개인의 선택을 통해 자신의 행동이나 조절을 할 수 있는 상태에서 자신들이 추구하는 것이 무엇인지에 대하여 개인들이 자유롭게 선택할 수 있는 감정을 말한다. 자율성은 개인의 행동과 자기조절을 선택할 수 있으며 감정이나 타인의 의지와 달리 본인의 선택으로 자신의 행동이나 향후 계획을 결정할 수 있는 감정을 의미한다.

자기결정이론에서는 자율성을 외부의 영향력에 의존하지 않는 개념인 독립성과는 다른 개념으로 보고 있다. 자율성과 의존성을 대립관계에 있는 것이 아닌 수직적 관계 즉 일부 겹치는 부분이 있으나 전혀 다른 방향을 보는 것으로 인식하는 것이다. 독립성은 타인과의 관계에서 나타나는 개인 대 개인 간의 문제이지만 자율성은 내적인 것이며 이는 해당 개인의 의지와 선택이 반영되는 것이다. 따라서 자율성의 반대 개념은 타인에 대한 의존성이 아니라 통제되거나 조종당한다고 느끼는 타율성이 옳다는 것이다. 즉, 자율성은 타인에 의존하거나 관계를 분리하는 개념이 아니며 자율성과 독립성은 서로 많은 부분에서 상관이 없는 개념이라고 볼 수 있다. 이 개념에 따라 자율성과 타율성의 4가지 조합이 나오는데 타율적 의존성, 타율적 독립성, 자율적 의존성, 자유적 독립성이 그것이며 자기결정이론에서는 타인에 대한 의존 역시 자유로운 선택에 의한 것으로 판단하여 그 선택이 자율성에 기반한 것으로 보고있다. 때문에 이러한 시각에 따라서 자율성과 선택을 동일하게 평가하지 않는다.

② 유능성(competence)
사람은 누구나 자신이 능력 있는 존재이기를 원하고 기회가 될 때마다 자신의 능력을 향상시키기를 원한다. 또한 이러한 과정에서 너무 어렵거나 쉬운 과제가 아닌 자신의 수준에 맞는 과제를 수행함으로써 본인이 유능함을 지각하고 싶어 하며 이것을 유능성 욕구라고 한다. 행위과정을 통해 개인이 자신이 유능하다고 느끼는 지각에 의한 것이다. 이러한 자신이 유능한 존재임을 인식하는 지각은 유능감으로 표현되기도 하며 이러한 유능성에 대한 욕구는 개인 혼자서는 획득하기는 어려우며 사회적 환경과 서로 상호 작용할 기회가 주어질 때 충족된다고 볼 수 있다. 유능함을 표현하기 위해서는 사회와의 상호작용이 필요하기 때문에 타인 혹은 집단과의 상호 작용이 필요하며 긍정적인 피드백과 자율성의 지지는 개인이 받는 유능성의 욕구를 충족시키며 결과적으로 내재 동기를 증진시키는 효과를 가져온다.

③ 관계성(relatedness)
관계성 욕구는 타인과 안정적 교제나 관계에서의 조화를 이루는 것에서 느끼는 안정성을 의미한다. 관계성 욕구는 타인에게 무언가를 얻거나 사회적인 지위 등을 획득하기 위한 것이 아니며 그 관계에서 나타나는 안정성 그 자체를 지각하는 것이다. 즉 주위 사람에 대한 의미있는 관계를 맺고자 하는 것으로 안정된 관계를 획득하고자 하는 것이며 이를 관계성의 욕구라고 한다.

관계성에 대한 욕구 충족은 유능성이나 자율성 욕구 충족에 비해 내재동기를 확보하는 부분에서 타 조건을 보조하는 역할을 한다. 그러나 외적 원인을 내재화시키는 데 있어서는 핵심적인 역할을 수행하며 타인과의 관계성을 유지하고자 하는 욕구는 개인 간 활동에서 내재동기를 유지하게 하는 데 중요한 것으로 인식되고 있다. 일반적으로 타인에 의해 외재석 동기화된 행동은 개인이 흥미를 가시고 행동하는 것이 아니므로 행동 그 자체로는 흥미롭지 못해 개인이 쉽게 행동을 하려고 하지 않는 경향을 보이나 동기부여를 하는 타인이 자신에게 의미있는 경우에는 타인과의 관계의 안정성을 획득할 수 있는 수단으로 판단하여 오히려 더 쉽게 시작이 가능한 것을 의미한다. 이는 관계성이 타인과 연결되 있다고 느끼는 감정에 기반하기 때문이며 공동체의 소속감 등으로부터 기반하기 때문이다.

(4) 외재적 동기
내재적 동기에 반대되는 개념으로 행동을 하는 개인이 아닌 외부의 사람으로 인하여 외부인의 만족을 위한 것으로 칭찬, 유인요건, 처벌 등이 있으며 외재적 동기를 통한 유인은 개인이 본인의 활동에 낮은 관심과 결과지향적인 태도를 보이게 할 수 있다.

13 반생산적 업무행동(CWB)중 직·간접적으로 조직 내에서 행해지는 일을 방해하려는 의도적 시도를 의미하며 다음과 같은 사례에 해당하는 것은?

> ○ 고의적으로 조직의 장비나 재산의 일부를 손상시키기
> ○ 의도적으로 재료나 공급물품을 낭비하기
> ○ 자신의 업무영역을 더럽히거나 지저분하게 만들기

① 철회(withdrawal)

② 사보타주(sabotage)

③ 직장무례(workplace incivility)

④ 생산일탈(production deviance)

⑤ 타인학대(abuse toward others)

답 ②

해설

CWD(반생산적 업무행동)
(1) 반생산성 업무행동의 정의
   조직의 재산이나 구성원의 일을 의도적으로 파괴하거나 손상을 입히는 행위
(2) 반생산성 업무행동의 종류
   ① 사람기반 원인
   ② 상황기반 원인
(3) 반생산성 업무행동의 사람기반 원인
   ① 성실성   ② 특성분석
   ③ 자기통제적   ④ 자기애적 성향
(4) 반생산성 업무행동의 상황기반 원인
   ① 규범   ② 스트레스
   ③ 정서적 반응   ④ 외적 통제소재
   ⑤ 불공정성(불평등과 다름)
(5) 반생산성 업무행동의 구분
   ① 심각성   ② 반복가능성
   ③ 가시성

보충학습

사보타주(sabotage)
① 고의적인 사유재산 파괴나 태업 등을 통한 노동자의 쟁의 행위
② 프랑스어의 사보(sabot : 나막신)에서 나온 말로, 중세 유럽 농민들이 영주의 부당한 처사에 항의하여 수확물을 사보로 짓밟은 데서 연유
③ 한국에서는 흔히 태업(怠業)으로 번역하는데, 실제로는 태업보다 넓은 내용이다.
④ 태업은 파업과는 달리 노동자가 고용주에 대해 노무제공을 전면적으로 거부하는 것이 아니라 형식상으로는 취업태세를 취하면서 몰래 작업능률을 저하시키는 것을 말함
⑤ 사보타주는 이러한 태업에 그치지 않고 쟁의 중에 기계나 원료를 고의적으로 파손하는 행위도 포함

14 터크맨(B.Tuckman)이 제안한 팀 발달의 단계 모형에서 '개별적 사람의 집합'이 '의미 있는 팀'이 되는 단계는?

① 형성기(forming)
② 격동기(storming)
③ 규범기(norming)
④ 수행기(performing)
⑤ 휴회기(adjourning)

답 ③

해설

터크맨의 팀발달의 단계

(1) 개요

　미국의 심리학자 부르스 터크만은 60년대 중반에 그룹은 형성기(Forming), 갈등기(Storming), 규범기(Norming), 성취기(Performing)의 단계를 거쳐서 발전한다는 학설을 제시하였다. 그의 학설은 이후 집단내 역동성(Group Dynamic)을 이해하는 데 가장 중요한 도구 중의 하나로 사용되고 있는데 요즘은 조직을 운영하는 임원이나 팀장들이 필수적으로 알아야 할 이론으로 많이 소개되고 있다.

(2) 단계모형

　① 형성기(Forming)

　　그룹형성의 초기단계. 시점상 초기단계일 수도 있지만 사고, 구성원의 변화, 새로운 리더의 등장 등으로 큰 변화를 겪은 그룹은 다시 형성기로 돌아갈 수도 있다. 그룹원의 가장 큰 관심사는 자신의 그룹의 일원으로 받아들여지고, 다른 그룹원과의 불필요한 갈등이나 논쟁을 피하는 것이다. 따라서 팀원들은 상대방에 대해서 공손하고, 튀지 않으려고 노력하는 반면에 도전적이고 갈등을 야기할 가능성이 있는 업무보다는 리스크가 없는 일상적이고 평범한 업무를 더 선호한다. 또한 팀워크를 발휘하려는 노력보다는 개인적인 노력으로 성과를 내려고 하는 경향이 강하다. 그룹원들 중에 경험이 많거나 능력이 뛰어난 인물이 있으면 타인의 모범이 되거나 영향력을 발휘하는 시기이다. 이때 그룹의 리더는 본인이 원하는 그룹의 비전, 목표, 행동 규범을 명확하게 그룹원들에게 제시할 필요가 있다.

　② 갈등기(Storming)

　　그룹원 대부분이 그룹의 환경에 적응하고, 그룹에 대해서 이해하기 시작했다고 여기는 단계. 그룹이나 타인에 대한 불만을 표현하기 시작하고, 그룹원 간의 갈등이 생기기도 한다. 갈등을 싫어하는 그룹원은 이런 분위기에 큰 스트레스를 느끼기 시작한다. 또 일부 그룹원들은 상사의 능력이나 인내의 한계를 시험하는 행동을 하기도 한다. 이럴 때 상사의 행동은 일단 이런 현상이 그룹의 발전에 꼭 필요한 단계라는 인식을 가지고 부하들이 보이는 부정적인 행동에 대해서 수용적인 자세를 견지하는 것이다. 그리고 인내심을 잃지 않고 그룹이나 상사에게 부정적인 태도를 보이는 부하에게 관심을 가지고 대화를 시도해야 한다. 한편으로는 자신이 리더라는 것을 잊지 말고 부드럽지만 단호한 태도를 유지할 필요가 있다. 이런 상황에서 그룹내 규율을 확립한다고 너무 강경한 입장을 취하면 상사와 부하 간의 신뢰가 깨지고, 상호 방어적인 태도를 취하게 되며, 이런 현상이 계속되면 그 그룹은 지속적으로 형성기와 갈등기에 머물게 될 것이다.

　③ **규범기(Norming)**

　　갈등기를 극복한 그룹은 서로를 이해하게 되고 공동의 목표에 대해서 생각하게 된다. 그들은 자발적으로 행동 규범을 만들고, 그룹의 성공을 위해서 노력을 하기 시작한다. 이럴 때 리더의 역할은 한걸음 물러나 그들이 좀더 자발적으로 그룹의 역동성을 발휘할 수 있고, 활발한 의견 교환을 통해서 성과를 높이는 방법을 발견하는 기회를 만들어 주는 것이다. 또한 이 시기에는 그룹원들의 단결이나 분위기에 집중하여 그룹내의 갈등이나 고통이 요구되는 어려운 목표를 피하려는 경향이 있는지 관찰하여 상사가 적절하게 개입하여 그룹이 현실에 안주하지 않고 발전할 수 있는 계기를 만들어 주어야 한다.

　④ 성취기(Performing)

　　그룹 구성원이 융화를 이루고 개인과 그룹이 조화를 이루어 성과를 이루어 내는 단계. 상사의 특별한 관리 감독없이 그룹 구성원이 동기부여가 되고 업무에 대한 지식과 노하우를 갖추게 된다. 어려운 상황에서 팀내의 갈등이 생기기도 하나 구성원들이 자체적으로 이 갈등을 해소하고 발전하는 방법을 터득하게 된다. 이 단계에서 상사는 권한위임과 함께 그룹의 목표, 의사 결정과 수행과정에서 그룹원들을 참여시켜야 하며, 전체 조직내에서 그룹의 위상을 향상시키고, 그룹원들에게 새로운 도전과제를 제시하는 역할을 해야한다.

(3) 결론
① 그룹이 발전하는 단계가 일정하고 순차적이 아니라는 것이다.
② 그룹은 형성기에서 갈등기를 거치지 않고 규범기로 발전할 수도 있고, 성취기에서 최고의 실력을 발휘하던 그룹이 뜻하지 않은 내부적, 외부적 상황으로 팀워크가 깨져서 갈등기로 떨어질 수도 있다.
③ 리더의 역할은 자신의 그룹이 지금 어떤 상황에 있는지 끊임없는 관심을 가지고, 무엇이 자신의 그룹을 더 높은 단계로 발전하게 하는가에 대해 끊임없이 고민해야 한다.

15. 스웨인(A.Swain)과 커트맨(H.Cuttmann)이 구분한 인간오류(human error)의 유형에 관한 설명으로 옳지 않은 것은?

① 생략오류(omission error) : 부분으로는 옳으나 전체로는 틀린 것을 옳다고 주장하는 오류

② 시간오류(timing error) : 업무를 정해진 시간보다 너무 빠르게 혹은 늦게 수행했을 때 발생하는 오류

③ 순서오류(sequence error) : 업무의 순서를 잘못 이해했을 때 발생하는 오류

④ 실행오류(commission error) : 수행해야 할 업무를 부정확하게 수행하기 때문에 생겨나는 오류

⑤ 부가오류(extraneous error) : 불필요한 절차를 수행하는 경우에 생기는 오류

답 ①

해설

스웨인(A.D.Swain)의 독립행동에 의한 분류 : 행동의 결과만 가지는 에러

구분	특징
생략에러(Omission error)	필요한 직무나 단계(절차)를 수행하지 않은(생략)에러
착각수행에러(Commission error)	직무나 순서 등을 착각하여 잘못 수행(불확실한 수행)한 에러
순서에러(Sequential error)	직무 수행과정에서 순서를 잘못 지켜(순서착오) 발생한 에러
시간적에러(Time error)	정해진 시간내 직무를 수행하지 못하여(수행지연) 발생한 에러
불필요한 수행에러(Extraneous error)	불필요한 직무 또는 절차를 수행하여 발생한 에러(과잉행동에러)

합격키

① 2015년 4월 20일(문제 17번)
② 2017년 3월 25일(문제 16번)

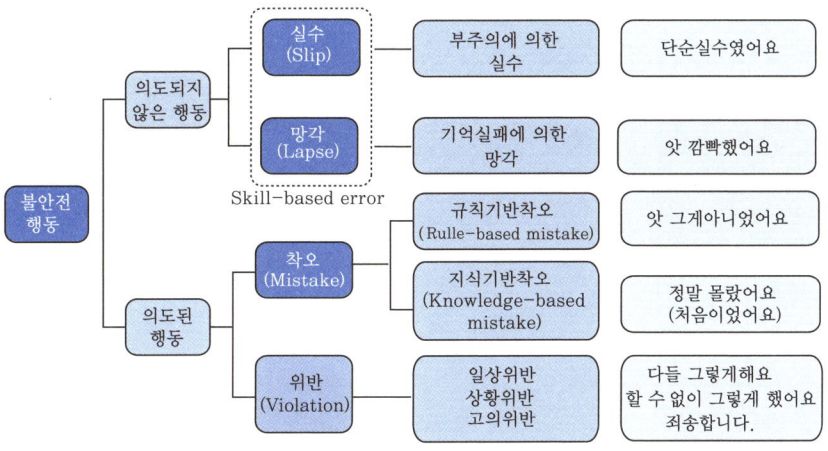

[그림] 인간오류(human error)

16. 아래 그림에서 (a)와 (c)가 일직선으로 보이지만 실제로는 (a)와 (b)가 일직선이다. 이러한 현상을 나타내는 용어는?

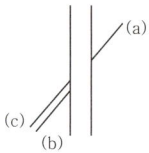

① 뮬러 - 라이어(Müller-Lyer) 착시현상
② 티체너(Titchener) 착시현상
③ 폰조(Ponzo) 착시현상
④ 포겐도르프(Poggendorff) 착시현상
⑤ 죌너(Zöllner) 착시현상

답 ④

해설

착시
물체의 물리적인 구조가 인간의 감각기관인 시각을 통하여 인지한 구조와 현저하게 일치하지 않은 것으로 보이는 현상

Müller·Lyer의 착시	(a) (b)	(a)가 (b)보다 길게 보인다.
Helmholz의 착시	(a) (b)	(a)는 세로로 길어보이고 (b)는 가로로 길어보인다.
Herling의 착시	(a) (b)	(a)는 양단이 벌어져 보이고 (b)는 중앙이 벌어져 보인다.
Poggendorff의 착시	(a) (c) (b)	(a)와 (c)가 일직선으로 보인다. (실제는 (a)와 (b)가 일직선)
Köhler의 착시		우선 평행의 호를 보고, 바로 직선을 본 경우 직선은 호와의 반대방향으로 휘어져 보인다.(윤곽 착시)

| Zöllner의 착시 | | 세로의 선이 수직선인데 휘어져 보인다. |

> **합격키**
> 2019년 3월 30일(문제 17번)

17 산업재해이론 중 하인리히(H. Heinrich)가 제시한 이론에 관한 설명으로 옳은 것은?

① 매트릭스 모델(Matrix model)을 제안하였으며, 작업자의 긴장수준이 사고를 유발한다고 보았다.

② 사고의 원인이 어떻게 연쇄반응을 일으키는지 도미노(domino)를 이용하여 설명하였다.

③ 재해는 관리부족, 기본원인, 직접원인, 사고가 연쇄적으로 발생하면서 일어나는 것으로 보았다.

④ 재해의 직접적인 원인은 불안전행동과 불안전상태를 유발하거나 방치한 전술적 오류에서 비롯된다고 보았다.

⑤ 스위스 치즈 모델(Swiss cheese model)을 제시하였으며, 모든 요소의 불안전이 겹쳐져서 사고가 발생한다고 주장하였다.

답 ②

해설

하인리히(H.W. Heinrich)의 산업재해 도미노 이론

① 제1단계 : 사회적 환경과 유전적 요소(가정 및 사회적 환경의 결함)
② 제2단계 : 개인적 결함
③ 제3단계 : 불안전 상태 및 불안전 행동
④ 제4단계 : 사고
⑤ 제5단계 : 상해(재해)

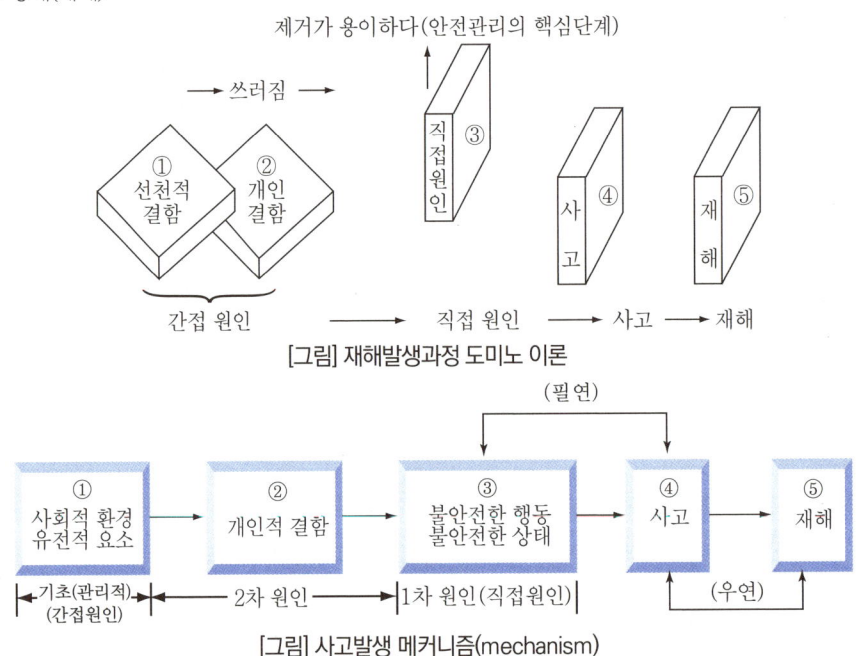

[그림] 재해발생과정 도미노 이론

[그림] 사고발생 메커니즘(mechanism)

18. 조직 스트레스원 자체의 수준을 감소시키기 위한 방법으로 옳은 것을 모두 고른 것은?

ㄱ. 더 많은 자율성을 가지도록 직무를 설계하는 것
ㄴ. 조직의 의사결정에 대한 참여기회를 더 많이 제공하는 것
ㄷ. 직원들과 더 효과적으로 의사소통할 수 있도록 관리자를 훈련하는 것
ㄹ. 갈등해결기법을 효과적으로 사용할 수 있도록 종업원을 훈련하는 것

① ㄱ, ㄴ
② ㄷ, ㄹ
③ ㄱ, ㄴ, ㄹ
④ ㄴ, ㄷ, ㄹ
⑤ ㄱ, ㄴ, ㄷ, ㄹ

답 ⑤

해설

스트레스 대처 원리(Kreitner)

구분	세부내용
상황의 관리	비현실적 마감 일자를 피하라. 자신의 한계를 알고 최선을 다하라. 스트레스 유발 상황과 사람을 식별하고 자신의 노출을 제한하라.
타인에 대한 자신의 개방	자신과 대화가 통하는 사람과 자신의 문제 등을 자유롭게 논하라. 곤란한 상황이라도 가능하면 웃어라.
자신의 조절	하루의 계획을 탄력적으로 설계하라. 한꺼번에 여러 가지 일을 계획하지 마라. 자신의 능력에 따라 보조를 맞추며 여유로운 휴식도 가끔 필요하다. 반응을 하기 전에 생각하라. 분 단위가 아닌 일 단위에 기본을 두고 생활하라.
운동과 긴장, 피로의 해소	적절한 운동을 해라. 규칙적인 휴식과 이완을 하라. 피로 회복을 위한 구체적인 방법을 시도하라.

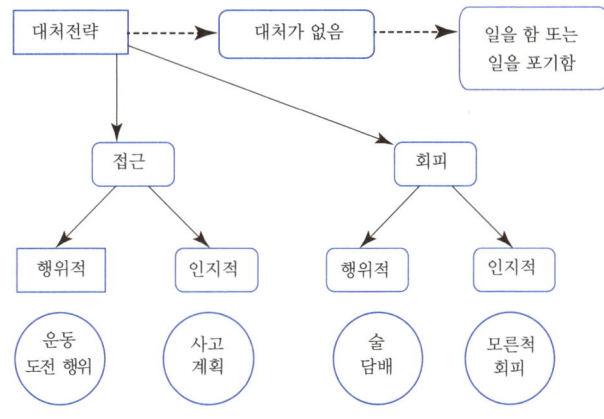

[그림] 스트레스 대처 모형(Roth, Cohen)

19 TWI(Training Within Industry) 교육훈련내용이 아닌 것은?

① JIT(Job Instruction Training)

② JMT(Job Method Training)

③ MTP(Management Training Program)

④ JST(ob Safety Training)

⑤ JRT(Job Relation Training)

답 ③

해설

TWI(Training Within Industry for supervisors)

(1) 개요
직장에서 제일선감독자에 대해서 그의 감독능력을 한층 더 발휘시키고 멤버와의 인간관계를 개선해서 생산성을 높이기 위해서 특별히 연구·계획되고 정형(定形)시키는 훈련방법을 말한다.
제2차대전중에 표준화시킨 내용과 방식을 갖춘 감독자훈련체계로서 미국에서 완성되어 보급되었다. 전후 유럽 각국에 도입·실시되기도 했다. TWI는 1학급 약 10명으로 구성되며 회의방식(토론방식)에 의해 실시된다.

(2) 교육훈련 내용(방법) 4가지
① 작업을 가르치는 방법(JI : Job Instruction).
② 개선방법(JM : Job Methods).
③ 사람을 다루는 방법(JR : Job Relations).
④ 안전작업의 실시방법(JS : Job Safety)의 코스로 나누어진다. 각 코스라도 모두 5회의. 계 10시간(JS는 12시간)에 실시된다.

(3) 훈련은 다음 4단계로 나누어 실시한다.
① 배울 준비를 시킨다(작업을 기억하려는 의욕 즉 학습자가 효과적인 학습을 하기 위해 필요한 경험이나 기초 지식·신체적인 발달을 갖춘 상태를 환기시킨다).
② 작업을 설명한다. 작업 단계별로 말해서 해 보이고 기록해 보인다.
③ 시켜 본다. 시켜보고 잘못된 것을 고쳐준다. 시키면서 급소를 말하게 한다. 이해했는지 확인한다. 상대가 잘 납득하기까지 계속한다.
④ 교육한 뒤를 확인한다. 독자적으로 작업을 하게 한다. 질문하도록 조치하고 서서히 지도를 줄여간다.

20. 산업안전보건 법령장 대여자 등이 안전조치 등을 해야 하는 기계·기구·설비 및 건축물 등에 해당하는 것을 모두 고른 것은?

> ㄱ. 항발기 ㄴ. 지게차
> ㄷ. 고소작업대 ㄹ. 페이퍼드레인머신

① ㄹ
② ㄱ, ㄴ
③ ㄷ, ㄹ
④ ㄱ, ㄴ, ㄷ
⑤ ㄱ, ㄴ, ㄷ, ㄹ

답 ⑤

해설

대여자 등이 안전조치 등을 해야 하는 기계·기구·설비 및 건축물 등(제71조 관련)
① 사무실 및 공장용 건축물
② 이동식 크레인
③ 타워크레인
④ 불도저
⑤ 모터 그레이더
⑥ 로더
⑦ 스크레이퍼
⑧ 스크레이퍼 도저
⑨ 파워 셔블
⑩ 드래그라인
⑪ 클램셸
⑫ 버킷굴착기
⑬ 트렌치
⑭ 항타기
⑮ 항발기
⑯ 어스드릴
⑰ 천공기
⑱ 어스오거
⑲ 페이퍼드레인머신
⑳ 리프트
㉑ 지게차
㉒ 롤러기
㉓ 콘크리트 펌프
㉔ 고소작업대
㉕ 그 밖에 산업재해보상보험및예방심의위원회 심의를 거쳐 고용노동부장관이 정하여 고시하는 기계, 기구, 설비 및 건축물 등

합격정보
산업안전보건법 시행령 [별표 21] 〈개정 2021. 1. 5.〉

21 보호구 안전인증 고시에서 정하고 있는 추락 및 감전 위험방지용 안전모의 성능기준에 관한 내용 중 안전모의 시험성능기준 항목이 아닌 것은?

① 내마모성
② 내전압성
③ 내수성
④ 내관통성
⑤ 난연성

답 ③

> **해설**
> 2019년 (문제 23번) 출제 ③ 부식성

22. 다음에서 설명하고 있는 위험성평가 기법은?

> FTA와 동일한 논리기법을 이용하여 관리, 설계, 생산, 보전 등에 대해서 광범위하게 안전성을 확보하기 위한 기법으로 원자력 산업 등에 이용된다.

① ETA
② HAZOP
③ CCA
④ MORT
⑤ THERP

답 ④

해설

MORT(Management Oversight and Risk Tree : 경영소홀 및 위험수 분석)

① 1970년 이후 미국의 W.G.Johnson 등에 의해 개발된 최신 시스템 안전프로그램으로서 원자력 산업의 고도 안전 달성을 위해 개발된 분석기법이다. 이는 산업안전을 목적으로 개발된 시스템안전 프로그램으로서의 의의가 크다.

② FTA와 같은 논리기법을 이용하여 관리, 설계, 생산, 보전 등의 광범위한 안전을 도모하는 원자력산업 외에 일반 산업안전에도 적용이 기대된다.

23 공기 중 연소(폭발)범위가 가장 넓은 것은?

① 아세틸렌
② 에탄
③ 부탄
④ 메탄
⑤ 암모니아

답 ①

해설

연소(폭발) 범위

① 연소범위 : 공기 중 가연물이 연소반응으로, 반응을 지속할 수 있는 농도범위
  ㉮ 가장 낮은 연소 농도범위 : L.F.L(Lower Explosive Limit, 연소하한선)
  ㉯ 가장 높은 연소 농도범위 : U.F.L(Upper Explosive Limit, 연소상한선)
② 아세틸렌(C_2H_2) : 78.5%
③ 수소(H_2) : 71%
④ 일산화탄소(CO) : 61.5%
⑤ 에틸렌(C_2H_4) : 33.3%
⑥ 암모니아(NH_3) : 13%
⑦ 메탄(CH_4) : 10%
⑧ 에탄(C_2H_6) : 9.4%
⑨ 프로판(C_3H_8) : 7.4%
⑩ 부탄 (C_4H_{10}) : 6.55%

[표] 가연성 가스의 연소 범위

가연성 가스	영문	분자식	하한계	상한계	범위
수소	Hydrogen	H_2	4	75	71
암모니아	Ammonia	NH_3	15	28	13
프로판	Propane	C_3H_8	2.1	9.5	7.4
에탄	Ethane	C_2H_6	3	12.4	9.4
메탄	Methane	CH_4	5	15	10

24 관리격자이론에서 "인간에 대한 관심은 대단히 높으나 생산에 대한 관심이 극히 낮은 리더십"의 유형은?

① (1.1)형
② (1.9)형
③ (9.1)형
④ (9.9)형
⑤ (5.5)형

답 ②

해설

관리격자이론(管理格子理論 : managerial grid theory)

(1) 개요
① 블레이크와 무튼(R. Blake & J. Mouton, 1964)이 정립한 이론으로서, 관리자가 목적을 달성하는 데 필요한 요인을 제시하면서 그것은 생산과 인간에 대한 관리자의 관심이 중요하다는 것을 강조하고 있다.
② 생산에 대한 관심이란 직무 중심적 행동, 구조 중심적 행동과 비슷한 것으로 과업 중심적인 감독자의 태도를 말한다. 인간에 대한 관심은 목표달성을 위한 개인 몰입의 정도를 말하며, 복종보다는 신뢰에 기초하는 책임감과 대인관계에 대한 만족도를 나타낸다.
③ 생산에 대한 관심과 인간에 대한 관심의 정도가 낮으면 1점, 높으면 9점으로 표현하여 점수에 따라 조합되는 지도자 유형이 격자의 형태를 이루고, 총 81가지 유형이 형성된다.

(2) 유형 5가지
대표적인 지도자 유형은 무기력형(impoverished style), 과업형(task style), 컨트리 클럽형(country club style), 중도형(middle of the road style), 팀형(team style)의 총 다섯 가지다.
① 무기력형은 생산에 대한 관심과 인간에 대한 관심이 모두 낮은 1.1형으로서, 생산의 목표달성과 근로자의 사기앙양에 최소한의 노력만 기울이는 지도자다.
② 과업형은 생산에 대한 관심은 높지만 인간에 대한 관심은 낮은 9.1형으로서, 작업의 목적과 임무달성에만 초점을 두어 작업의 효율성과 생산성만 강조하고 근로자의 사기는 무시하면서 철저하게 지시와 통제만으로 관리하려는 지도자다.
③ 컨트리 클럽형은 생산에 대한 관심은 낮지만 인간에 대한 관심은 높은 1.9형으로서, 근로자의 사기앙양을 강조하여 조직의 분위기를 편안하게 이끌어 나가지만 작업수행과 임무는 소홀히 하는 경향이 있다.
④ 중도형은 생산에 대한 관심과 인간에 대한 관심 모두 보통인 5.5형으로서, 작업수행과 근로자의 사기앙양을 적절하게 맞추면서 관리해 나가는 지도자다.
⑤ 끝으로 팀형은 생산에 대한 관심과 인간에 대한 관심이 모두 높은 9.9형으로서, 조직의 목표와 인간에 대한 신뢰를 모두 갖춘 사람에 의해 조직의 목표가 달성되며 근로자의 참여를 강조하는 팀 중심적인 지도자다. 팀형이 이 이론에서 가장 이상적인 지도자형이라 할 수 있다.

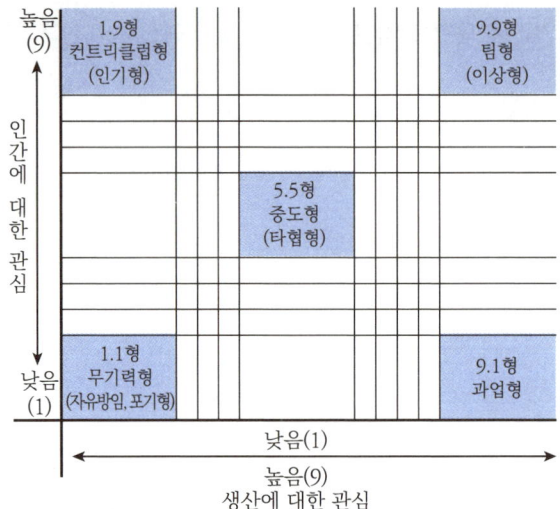

[그림] 관리격자이론에 따른 지도자 유형

25. 산업안전보건기준에 관한 규칙의 일부이다. ( )에 들어갈 내용으로 옳은 것은?

> 제8조(조도) 사업주는 근로자가 상시 작업하는 장소의 작업면 조도(照度)를 다음 각 호의 기준에 맞도록 하여야 한다. 다만, 갱내(坑內) 작업장과 감광재료(感光材料)를 취급하는 작업장은 그러하지 아니하다.
> 1. 초정밀 작업 : (   )럭스(lux) 이상
> 2. 정밀작업 : 300럭스 이상

① 550 ② 600
③ 650 ④ 700
⑤ 750

답 ⑤

해설

제8조(조도) 사업주는 근로자가 상시 작업하는 장소의 작업면 조도(照度)를 다음 각 호의 기준에 맞도록 하여야 한다. 다만, 갱내(坑內) 작업장과 감광재료(感光材料)를 취급하는 작업장은 그러하지 아니하다.
1. 초정밀작업 : 750럭스(lux) 이상
2. 정밀작업 : 300럭스 이상
3. 보통작업 : 150럭스 이상
4. 그 밖의 작업 : 75럭스 이상

합격정보
산업안전보건기준에 관한 규칙(약칭 : 안전보건규칙)
[시행 2024. 1. 1.] [고용노동부령 제399호, 2023. 11. 14., 일부개정]

보충학습
갱내작업면 조도기준[단위 LUX 이상]
① 막장구간 : 70
② 터널중간구간 : 50
③ 터널입·출구·수직구 구간 : 30

산업보건지도사 자격시험
제1차 시험문제지

2022년도 3월 19일 필기문제

제3과목 기업진단·지도	총 시험시간 : 90분 (과목당 30분)	문제형별 A

| 수험번호 | 20220319 | 성 명 | 도서출판 세화 |

【수험자 유의사항】

1. 시험문제지 표지와 시험문제지 내 **문제형별의 동일여부** 및 시험문제지의 **총면수·문제번호 일련순서·인쇄상태** 등을 확인하시고, 문제지 표지에 수험번호와 성명을 기재하시기 바랍니다.
2. 답은 각 문제마다 요구하는 **가장 적합하거나 가까운 답 1개**만 선택하고, 답안카드 작성 시 시험문제지 **형별누락, 마킹착오**로 인한 불이익은 전적으로 **수험자에게 책임**이 있음을 알려 드립니다.
3. 답안카드는 국가전문자격 공통 표준형으로 문제번호가 1번부터 125번까지 인쇄되어 있습니다. 답안 마킹 시에는 반드시 **시험문제지의 문제번호와 동일한 번호**에 마킹하여야 합니다.
4. **감독위원의 지시에 불응하거나 시험 시간 종료 후 답안카드를 제출하지 않을 경우** 불이익이 발생할 수 있음을 알려 드립니다.
5. 시험문제지는 시험 종료 후 가져가시기 바랍니다.

【안 내 사 항】

1. 수험자는 **QR코드를 통해 가답안을 확인**하시기 바랍니다.
   (※ 사전 설문조사 필수)
2. 시험 합격자에게 '**합격축하 SMS(알림톡) 알림 서비스**'를 제공하고 있습니다.

▲ 가답안 확인

- 수험자 여러분의 합격을 기원합니다 -

3. 기업진단·지도

01 균형성과표(BSC : Balanced Score Card)에서 조직의 성과를 평가하는 관점이 아닌 것은?

① 재무 관점
② 고객 관점
③ 내부 프로세스 관점
④ 학습과 성장 관점
⑤ 공정성 관점

답 ⑤

해설

캐플란(R.Kaplan)과 노턴(D.Norton)의 균형성과표(BSC)
(1) 균형성과표(Balanced Scorecard : BSC)는 전통적인 회계나 재무시각만으로 기업경영을 보지 말고 ① 재무 ② 고객 ③ 내부 프로세스 ④ 학습·성장 등 네 가지 관점 간의 균형잡힌 시각에서 기업경영을 바라보아야 한다는 관리시스템이다.
(2) BSC의 4가지 핵심성공요인
　① 재무 관점 : 우리 회사는 주주들에게 어떻게 보일까?
　② 고객 관점 : 고객들은 우리 회사를 어떻게 보는가?
　③ 기업 내부 프로세스 관점 : 우리 회사는 무엇에서 탁월하여야 하는가?
　④ 성장과 학습의 관점 : 우리 회사는 가치를 지속적으로 개선하고 창출할 수 있는가?

참고

① 2014년 4월 12일(문제 2번) 출제
② 2016년 5월 11일(문제 9번) 출제
③ 2017년 3월 5일(문제 3번) 출제
④ 2020년 7월 25일(문제 1번) 출제

보충학습

BSC 4가지 핵심성공 요인의 특징

구분	특징
재무적 관점	① 일반적인 재무성과 지표 ② ROI, ROA, EVA 등
고객 관점	① 고객만족과 관련된 지표로 제품 가격, 품질, 디자인, 서비스시간, 브랜드 이미지에 대한 추진성과를 측정 ② 시장점유율, 고객유지율, 고객만족도, 고객수익성 등
내부 비지니스 프로세스 관점	① 고객 및 재무적 성과와 밀접한 관계가 있는 중요하고 핵심적인 내부 프로세스에 대한 측정지표 ② A/S 처리시간, 납기평균시간 등
학습과 성장 관점	① 지속적으로 고객관점과 내부처리관점의 측정지표를 개선시킬 수 있는 지표 ② 직원의 만족도, 지식정보 지수, 직원의 전문성 등

산업보건지도사 • 과년도기출문제

02 노사관계에서 숍제도(shop system)를 기본적인 형태와 변형적인 형태로 구분할 때, 기본적인 형태를 모두 고른 것은?

> ㄱ. 클로즈드 숍(closed shop)
> ㄴ. 에이전시 숍(agency shop)
> ㄷ. 유니온 숍(union shop)
> ㄹ. 오픈 숍(open shop)
> ㅁ. 프레퍼렌셜 숍(preferential shop)
> ㅂ. 메인티넌스 숍(maintenance shop)

① ㄱ, ㄴ, ㄷ
② ㄱ, ㄷ, ㄹ
③ ㄱ, ㄷ, ㅂ
④ ㄴ, ㄹ, ㅁ
⑤ ㄴ, ㅁ, ㅂ

답 ②

해설

노동조합의 기본적인 형태(shop system : 숍제도)

(1) 클로즈드 숍(closed shop)
 ① 사용자가 노동조합의 조합원만을 고용할 수 있는 제도이다.
 ② 조합원자격이 고용의 전제조건이 되므로 노동공급을 가장 강력하게 통제할수 있는 제도이다.
(2) 유니온 숍(union shop)
 사용자가 비조합원을 채용할 수는 있지만, 채용된 노동자는 채용 후 일정기간 내에 노동조합에 가입해야 하는 제도이다.
(3) 오픈 숍(open shop)
 ① 사용자는 조합원이든 비조합원이든, 차별을 두지 않고 채용할 수 있으며, 노동조합에의 가입여부는 전적으로 노동자의 의사에 따르는 제도이다.
 ② 노동조합의 안정도에서 보면 가장 취약하다.→ 우리 나라는 대부분 이 제도를 채택
(4) 기타
 ① agency shop : 조합원이든 조합원이 아니든 모든 종업원에게 조합회비를 징수하는 제도이다.
 ② maintenace of membership shop : 조합원이 되면 일정 기간 동안 조합원으로 머물러 있어야 하는 제도이다.
 ③ preferential shop : 채용시 조합원에게 우선권을 주는 제도이다.

보충학습

조합비일괄공제제도(check off system)

조합비의 확보를 통하여 노조의 안정을 유지하기 위한 제도로, 회사의 급여계산시에 조합비를 일괄적으로 공제하여 조합에 인도하는 제도이다. 노동조합은 조합원 2/3 이상의 동의가 있으면 그의 세력확보수단으로 체크오프조항을 들 수 있다. 조합비일괄공제제도는 숍시스템과 더불어 노조의 안정을 유지하기 위한 제도임과 동시에 단체협약의 주요 내용이 된다.

[표]노동조합의 권력확보 과정

구분	주요과제	달성수단
양적인 면	조합원의 확보를 어떻게 할 것인가?	숍제도(shop system)
질적인 면	자금확보를 어떻게 할 것인가?	체크오프제도(check off system)

참고

① 2012년 6월 23일(문제 2번)
② 2016년 5월 11일(문제 2번)

03 홉스테드(G. Hofstede)가 국가 간 문화차이를 비교하는데 이용한 차원이 아닌 것은?

① 성과지향성(performance orientation)

② 개인주의 대 집단주의(individualism vs collectivism)

③ 권력격차(power distance)

④ 불확실성 회피성향(uncertainty avoidance)

⑤ 남성적 성향 대 여성적 성향(masculinity vs feminity)

답 ①

해설

홉스테드(G. Hofstede)의 국가문화간 차이를 이해하는 4가지 차원
① 불확실성 회피(uncertainty avoidance)
② 개인주의-집합주의(individualism-collectivism)
③ 남성성-여성성(masculinity-femininity) : 과업 지향성-인간 지향성
④ 세력차이(power distance, 권력격차) : 사회 계급의 견고성

참고
2013년 3월 19일(문제 15번)

보충학습

G. Hofstede[홉스테드]의 문화차원

홉스테드는 IBM사의 전 세계 지점에 분포되어있는 116,000명의 직원들 대상으로 문화의 차이에 대한 설문조사를 근거로 4개의 문화변수를 발견하였다. 그 후로 아시아권에서 발견되었던 5번째 변수를 추가하여 연구를 진행하여 왔으며 2010년에 6번째 변수를 발견하였다.

① 개인주의-집단주의[individualism vs collectivism]지수로써 한 개인이 가족 또는 집단에 대한 책임보다 개인적인 자유를 중시하고 우선시하는 정도를 나타내는 척도로서, 보통 아시아 국가들은 집단주의로 미국과 유럽은 개인주의 지수가 높은 것으로 나타났다.

② 권력격차 지수[power distance]이다. 사회계층간의 권력의 격차를 나타내는 척도로써 그 사회의 권력의 불평등, 위계적 계층관계의 엄격한 정도를 의미한다.

③ 불확실성 회피지수[uncertainty avoidance]이다.
이것은 한 사회가 과거의 전통이나 관습 또는 규칙에 의거하여 미래의 불확실성을 회피하려고 하는 정도를 나타낸다.

④ 남성성 지수[masculinity]이다.
지표는 한 사회가 남녀 간의 역할이 명확히 구분되고 물질적인 부와 권력, 스포츠 등 남성적인 가치를 강조하는 정도를 나타낸다.

⑤ 장기적 지향성[long-term orientation]이다.
이 지수는 한 사회가 단기적 관점이 아니라 실용적인 미래지향적 장기적 관점을 갖는 정도를 의미한다.

⑥ 방종 대 절제[indulgence vs restraint] 변수이다.
이는 사회 사람들이 인생을 즐기는 재미를 추구하는 것을 허용하는 정도를 의미하며 방종문화에서는 레저활동등과 같은 개개인의 즐거움을 추구하는 활동이 자유로울 수 있도록 허용하는 경향이 강하며 절제의 문화에서는 개인의 욕망 추구를 사회적 규범으로 통제하거나 규제하는 경향이 강하다.

⑦ 결론 : 홉스테드[Hofstede]의 이론이 문화 간 차이를 규명하고 사용자들의 행동을 예측하는 적절한 도구로 사용되는 이유는 이러한 변수를 중심으로 숫자로 전환할 수 있는 문화변수를 제공하기 때문이다.

04 레윈(K. Lewin)의 조직변화의 과정으로 옳은 것은?

① 점검(checking) - 비전(vision) 제시 - 교육(education) - 안정(stability)

② 구조적 변화 - 기술적 변화 - 생각의 변화

③ 진단(diagonsis) - 전환(transformation) - 적응(adaptation) - 유지(maintenance)

④ 해빙(unfreezing) - 변화(changing) - 재동결(refreezing)

⑤ 필요성 인식 - 전략수립 - 실행 - 해결 - 정착

답 ④

해설

레윈의 조직변화 3단계 과정

(1) 해빙(unfreeze)
  ① 조직변화 준비단계로 구성원들이 변화의 필요성을 인식하고 저항하지 않으며, 협조할 수 있도록 유도하는 단계이다.
  ② 변화에 대한 필요성을 명확히 하여 조직 구성원들로 하여금 변화를 인식, 수용하도록 하는 단계

(2) 변화(change)
  ① 다양한 기법(교육, 참여, 지원, 협상 등)으로 변화를 시도하는 단계
  ② 조직변화의 추진력이 증가하고 상대적으로 저항력이 감소하여 새로운 정보와 새로운 견해에 바탕을 둔 새로운 태도와 행동이 발전되는 과정

(3) 재동결(refreeze)
  변화가 안정적으로 조직 내에 자리잡게 하기 위해 변화를 지원하고 강화시키는 과정

보충학습

레윈(K.Lewin)의 행동법칙

(1) 인간의 행동

$$B=F(P \cdot E)$$

  B : Behavior(인간의 행동)
  F : Function(함수관계) P·E에 영향을 줄 수 있는 조건
  P : Person(연령, 경험, 심신상태, 성격, 지능 등)
  E : Environment(심리적 환경 - 인간관계, 작업환경, 설비적 결함 등)

(2) 레윈의 이론
  인간의 행동(B)은 인간이 가진 능력과 자질 즉, 개체(P)와 주변의 심리적 환경(E)과의 상호함수관계에 있다.

(3) 인간의 행동은 다양하게 변할 수 있는 인간측 요인 P와 환경측 요인 E에 의해서 나타나는 현상이므로 행동(B)은 항상 변할 수 있다. 따라서 인간행동의 위험성을 예방하기 위해서는 인간측의 요인과 함께 환경 측의 요인도 함께 바로 잡아야 한다.

정보제공

기업진단·지도 p.115(7. K.Lewin의 법칙)

2022년도 3월 19일 필기문제

05 하우스(R. House)의 경로 – 목표 이론(path-goal theory)에서 제시되는 리더십 유형이 아닌 것은?

① 지시적 리더십(directive leadership)

② 지원적 리더십(supportive leadership)

③ 참여적 리더십(participative leadership)

④ 성취지향적 리더십(achievement-oriented leadership)

⑤ 거래적 리더십(transactional leadership)

답 ⑤

해설

하우스의 경로–목표이론

(1) 개요
① 하우스는 구조주도 - 배려주도 리더십과 동기부여 기대이론을 결합한 경로 -목표 이론을 제시함.
② 경로 - 목표 이론은 리더의 역할은 부하가 목표에 이르도록 길과 방향을 가르쳐주고 길을 코치해주며 도와주는 것이라고 하였다.
③ 리더는 구성원들이 원하는 보상을 제시하고 목표를 달성하는 방법과 과정(경로)를 명확히 하도록 도와주는 것이다.
④ 핵심은 리더가 부하의 특성과 환경을 파악하고 어떻게 구성원에게 동기를 부여하고 성과를 얻는가 이다. 이 이론은 상황요소들을 포함하였다는 것에 의의가 있다.
⑤ 최근에 개발된 리더십의 상황적합이론이다.

(2) 리더십 분류
상황적 특성에 따라 부하들의 만족감 증대와 조직성과를 거둘 수 있는 리더십 유형을 4가지

구분	특징
지시적(주도적)리더십	- 부하들에게 수행할 과업, 절차, 업무 등을 구체적으로 지시하여 준다. - 목표를 명확하고 구체적으로 일일이 지시한다. - 상과 벌을 명확하게 제시해준다. - 부하들의 업무수준이나 기술이 낮을 경우 효과적이다. - 리더가 강력한 권한을 가진 경우 적합하다.
후원적(지원적)리더십	- 부하들의 욕구를 지지하고 분위기를 조성하는 역할 - 과업이 구조화되어 있다면 적합하다. - 상호협조가 강하게 필요할 경우 적합하다.
참여적 리더십	- 부하들의 의견이나 주장을 가급적 많이 반영시켜 결정하는 행동을 한다. - 구성원간의 정보를 교환하고 상의하여 활용한다. - 부하들의 흥미와 성취 욕구 및 자율성의 욕구가 높은 경우 적합하다.
성취지향적 리더십	- 도전적인 목표를 성취하고 성과를 계속 개선하는 행동을 한다. - 부하들을 신뢰하고 동기를 유발시킨다. - 성과의 우수성을 강조하고 피드백해준다. - 성취욕구가 강하고 도전적인 부하에게 적합하다.

산업보건지도사 · 과년도기출문제

06 재고관리에 관한 설명으로 옳은 것은?

① 재고비용은 재고유지비용과 재고부족비용의 합이다.
② 일반적으로 재고는 많이 비축할수록 좋다.
③ 경제적주문량(EOQ) 모형에서 재고유지비용은 주문량에 비례한다.
④ 1회 주문량을 Q라고 할 때, 평균재고는 Q/3이다.
⑤ 경제적주문량(EOQ) 모형에서 발주량에 따른 총 재고비용선은 역U자 모양이다.

답 ③

해설

재고관리

(1) 재고관리 의의 및 적정재고
  ① 의의
     고객이 필요로 하는 물품을 즉시 제공할 수 있도록 미리 필요한 예상 수요량을 확보하는 일련의 경영활동으로 생산자의 경우에는 제품의 주문에 신속하게 생산을 할 수 있도록 원자재와 부자재를 미리 확보하는 경영활동이다.
  ② 적정재고
     계획적인 자금운용과 유지비용 및 발주비용 감소를 줄이기 위하여 가장 적정한 재고 수준을 유지하는 것을 의미한다.

> 총재고비용 = 구매비용 + 재고유지비가 최소가 되는 발주량

(2) EOQ, FOQ, POQ
  ① EOQ(경제적 주문량)
     주문비용, 재고유지비용 간의 관계를 이용하여 가장 합리적인 주문량을 결정하는 방법이다.
  ② FOQ(고정 주문량)
     매번 동일한 양을 주문하는 방법으로 공급자로부터 항상 일정한 양만큼씩 공급받는 경우에 가장 많이 사용된다.
  ③ POQ(주기적 주문량)
     재고량에 대한 조사를 주기적으로 하고, 필요한 양만큼 주문을 하는 방법으로 일정기간을 설정하여 그 기간 내에 요구하는 소요량을 주문하는 방법이다.
(3) 전자상거래에 있어서 적정재고관리
  ① 자동화된 방법: 대형 판매점, 백화점 등
  ② 수작업: 소매점

[표] 품목별 관리기법

품목	내용	관리정도	로트크기	주문주기	안전재고	재고통제
A	가치는 크지만 사용량이 적은 품목	정밀관리	소로트	짧다	소량	Q System
B	가치와 용량이 중간에 속하는 품목	정상관리	중로트	중간	중량	
C	가치는 작지만 사용량은 많은 품목	대강관리	대로트	길다	대량	P system

참고

① 2018년 3월 24일(문제 7번)
② 2020년 7월 25일(문제 7번)

07 품질경영에 관한 설명으로 옳은 것은?

① 품질비용은 실패비용과 예방비용의 합이다.

② R-관리도는 검사한 물품을 양품과 불량품으로 나누어서 불량의 비율을 관리하고자 할 때 이용한다.

③ ABC품질관리는 품질규격에 적합한 제품을 만들어 내기 위해 통계적 방법에 의해 공정을 관리하는 기법이다.

④ TQM은 고객의 입장에서 품질을 정의하고 조직 내의 모든 구성원이 참여하여 품질을 향상하고자 하는 기법이다.

⑤ 6시그마운동은 최초로 미국의 애플이 혁신적인 품질개선을 목적으로 개발한 기업경영전략이다.

답 ④

해설

품질경영과 비용

(1) 품질경영[Quality Management]
  ① 품질경영이란 최고경영자의 리더십 아래 품질을 경영의 최우선 과제로 하는 것이 원칙
  ② 품질경영은 고객만족을 통한 기업의 장기적인 성공은 물론 경영활동 전반에 걸쳐 모든 구성원의 참가와 총체적 수단을 활용하는 전사적, 종합적인 경영관리체계
  ③ 품질경영은 최고경영자의 품질방침을 비롯하여 고객을 만족시키는 모든 부문의 전사적 활동으로서 품질방침 및 계획(quality policy & planning : QP), 품질관리를 위한 실시 기법과 활동(quality control : QC), 품질보증(quality assurance : QA), 활동과 공정의 유효성을 증가시키는 활동(quality improvement : QI) 등을 포함하는 넓은 의미
  ④ 품질경영(QM)은 품질관리(QC)보다 폭넓고 발전적인 개념

(2) 품질비용[Cost of Quality]
  ① 재료비, 인건비, 장비사용비 등 제품 생산의 직접 비용 이외에 불량 감소를 위한 품질관리 활동비용을 기간 원가로 계산하여 관리하는 것.
  ② 품질비용을 분석함으로써 품질관리 활동의 개별 효과를 파악함과 동시에 문제점을 발견, 개선 대책을 강구하여 품질관리 활동의 경제성과 효과를 증대시키는 일종의 관리회계적인 성격을 띠고 있는 방법
  ③ Six Sigma의 COPQ(Cost of Poor Quality)와 유사한 개념
  ④ 활동기준원가계산(Activity-based costing : ABC)기업의 중요한 활동에서 프로세스, 품질비용을 추적하여 얻는 재무 및 운영 성과정보를 수집하여 품질비용을 계산하는 데 활용 가능한 방법

(4) 6시그마의 등장 배경
  ① 6시그마 역시 모토롤라의 품질 위기로부터 출발하게 된다.
  ② 1980년대 초 일본의 무선호출기 시장에서 모토롤라가 품질 불량으로 고전을 면치 못하고 위기에 빠지자 이를 타개하기 위한 전략적 시도에서 6시그마가 시작된 것이다.
  ③ 미국의 모든 기업들이 품질을 향상시키기 위해서는 비용이 많이 든다고 믿고 있던 때에 품질 위기에 빠진 모토롤라는 제대로만 한다면 품질 개선이 오히려 비용을 절감할 수 있다는 사실을 인식하게 된다.
  ④ 고품질 제품을 생산하는 데 비용이 더 많이 들지 않고, 오히려 더 적게 든다는 사실을 인식하게 된 것이다.
  ⑤ 최고 품질의 제품 생산자가 최저 비용의 제품 생산자라고 믿게 되었다.

참고

① 2020년 7월 25일(문제 8번)
② 2021년 3월 13일(문제 6번)

08 JIT(Just In Time) 생산시스템의 특징에 해당하지 않는 것은?

① 부품 및 공정의 표준화
② 공급자와의 원활한 협력
③ 채찍효과 발생
④ 다기능 작업자 필요
⑤ 칸반시스템 활용

답 ③

해설

적시관리(JIT : just in time) 시스템

(1) 의의
  ① JIT시스템은 재고가 생산의 비능률을 유발하는 원인이 되기 때문에 이를 없애야 한다는 사고방식 기법이다.
  ② 적시에 적량의 필요한 부품을 생산에 공급하도록 하는 생산 또는 재고관리시스템이다.
  ③ 무재고시스템(zero inventory system), 도요타 생산방식이다.

(2) 수단(목표) : 낭비의 제거
  JIT시스템의 궁극적인 목적은 비용절감, 재고감소 및 품질향상을 통한 투자수익률의 증대에 있다. 이러한 목적은 낭비를 제거하고 작업자를 생산공정에 더 많이 참여시킴으로써 달성된다.
  ① JIT생산 : 생산과잉·대기·재고의 낭비 제거
  ② 소로트생산 : 재고의 낭비 제거
  ③ 자동화 : 가공 및 동작의 낭비 제거
  ④ TQC 및 현장개선 : 운반·가공·동작·불량의 낭비 제거

참고

2014년 4월 12일(문제 3번)

보충학습

(1) 공급사슬관리의 특징
  ① 공급사슬경영 프로세스 중 가장 중요한 것은 고객의 수요변동에 대한 능동적 대응이다.
  ② 우수 고객 수요에 대한 예측 불가능한 변동에 대한 미진한 대응이 문제가 된다.
    ㉮ 공급사슬 내에서 역으로 거슬러 올라갈수록 불확실성 때문에 그 변동폭이 커지게 된다. → 채찍효과(bullwhip effect)
    ㉯ 수요변동에 대해 공급이 부응하지 못하면, 각 단계에 재고누적, 재고부족, 주문지체가 발생한다.
    ㉰ 채찍효과가 나타나는 이유는 수요변동의 불확실성에 대한 각 개체별 과잉반응 때문이다.
  ③ 채직효과를 제거하기 위해서는 전체 공급사슬의 실시간 정보공유를 통한 전략적 제휴시스템이 필요하다. → 동기화(synchornization) : 제품에 대한 최종 소비자의 수요는 변동폭이 작지만 공급망을 거슬러 올라갈수록 변동폭이 커지는 현상
(2) JIT(적시생산방식) : Just - in - time(JIT)는 재고를 쌓아 두지 않고서도 필요할 때 적기에 제품을 공급하는 생산방식
(3) CIM(Computer intergrated manufacturing, 컴퓨터 통합생산 시스템) : CIM(Computer intergrated manufacturing) 은 컴퓨터 통합 생산 시스템으로 제조, 개발 판매로 연결되는 정보흐름의 과정을 일련의 정보시스템으로 통합한 종합적인 생산관리 시스템
(4) ERP(Enterprise Resource Planning, 전사적 자원관리)
  기업의 모든 업무 프로세스를 유기적으로 통합, 상호 간에 정보를 실시간 공유하고 활용함으로써 모든 자원을 가장 효율적으로 배분할 수 있게 하고 나아가 기업의 가치를 극대화할 수 있도록 해주는 통합형 업무 시스템

참고

① 2016년 5월 11일(문제 8번)
② 2019년 3월 30일(문제 4번)

09 1년 중 여름에 아이스크림의 매출이 증가하고 겨울에는 스키 장비의 매출이 증가한다고 할 때, 이를 설명하는 변동은?

① 추세변동
② 공간변동
③ 순환변동
④ 계절변동
⑤ 우연변동

답 ④

해설

시계열의 변동요인 4가지

① 추세변동(trend variation : T)은 기술의 변화, 소비 형태의 변동, 인구 변동, 인플레이션이나 디플레이션 등의 영향을 받아 시계열 자료에 영향을 주는 장기변동 요인이다.
② 계절변동(seasonal variation : S)은 주로 1년을 단위로 발생하는 시계열의 변동 요인이다.
③ 순환변동(cyclical variation : C)은 통상적으로 2년에서 10년의 주기를 가지고 순환하는 시계열의 구성 요소로 중기 변동 요인이다.
④ 불규칙변동(irregular variation : I)은 측정 및 예측이 어려운 오차 변동이다.

참고

2018년 3월 24일(문제 8번)

보충학습

시계열(時系列)이란

(1) 한 사건 또는 여러 사건에 대하여 시간의 흐름에 따라 일정한 간격으로 이들을 관찰하여 기록한 자료를 말한다.
(2) 시계열 자료란 시간과 더불어 관측된 자료로 이는 종단면 자료(longitudinal data)에 해당한다.
  ① 횡단면 자료(cross-sectional data)는 고정된 시간에서 측정된 자료를 의미하며 측정 시간이 고정되어 있는 반면 여러 개의 변수로 구성된다.
  ② 종단면 자료, 즉 시계열 자료는 주가 지수의 경우처럼 매 단위 시간에 따라 측정되어 생성되는데 횡단면 자료에 비하여 상대적으로 적은 수의 변수로 구성된다. 시계열은 어떠한 경제 현상이나 자연 현상에 비하여 상대적으로 적은 수의 변수로 구성된다. 시계열은 어떠한 경제 현상이나 자연 현상에 관한 시간적 변화를 나타내는 자료이므로 어느 한 시점에서 관측된 시계열 자료는 그 이전까지의 자료들에 의존하게 된다. 따라서 시계열분석(時系列分析, time series analysis)을 통한 예측에서는 관측된 과거의 자료들은 분석하여 이를 모형화하고, 이 추정된 모형을 사용하여 미래에 관측될 값들을 예측하게 된다. 시간이 경과함에 따라 기술진보에 의해서 경제 현상들은 성장하게 되고, 농·수산 부문과 연관된 경제 현상은 자연의 영향 특히 계절적 변동으로부터 많은 영향을 받게 된다.

10 업무를 수행 중인 종업원들로부터 현재의 생산성 자료를 수집한 후 즉시 그들에게 검사를 실시하여 그 검사 점수들과 생산성 자료들과의 상관을 구하는 타당도는?

① 내적 타당도(internal validity)

② 동시 타당도(concurrent validity)

③ 예측 타당도(predictive validity)

④ 내용 타당도(content validity)

⑤ 안면 타당도(face validity)

답 ②

해설

타당성(도)

① 타당성(validity)은 시험이 측정하고자 하는 내용 또는 대상을 정확히 검정하는 정도를 나타낸다.
② 시험성적과 어떤 기준치(직무성과의 달성도)를 비교하는 기준관련 타당성(criterion related validity)이 대표적이다.
③ 동시타당성(concurrent validity) : 현직 종업원의 시험성적과 직무성과를 비교하여 선발도구의 타당성을 검사한다.
④ 예측타당성(predictive validity) : 선발시험에 합격한 사람들의 시험성적과 입사 후의 직무성과를 비교하여 타당성을 검사한다.
⑤ 내용타당성(contest validity) : 요구하는 내용을 시험이 얼마나 잘 나타내는가를 검토하는 것으로, 통계적 상관계수가 아닌 논리적 판단으로 검사한다.
⑥ 구성타당성(construct validity) : 시험의 이론적 구성과 가정을 측정하는 정도를 나타낸다.

참고

① 2013년 4월 20일(문제 17번)
② 2014년 4월 12일(문제 12번)

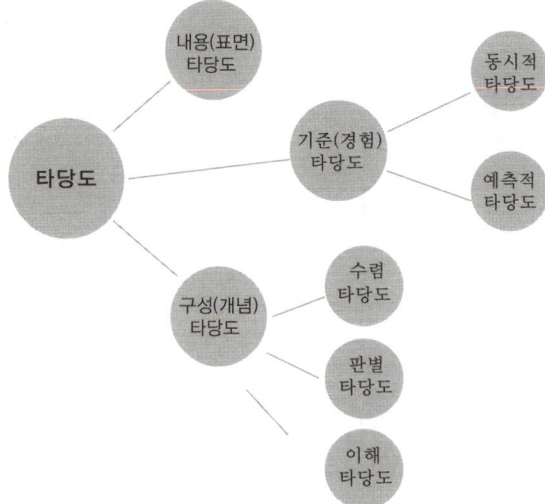

[그림] 타당도의 상관관계

11 직무분석에 관한 설명으로 옳지 않은 것은?

① 직무분석가는 여러 직무 간의 관계에 관하여 정확한 정보를 주는 정보 제공자이다.

② 작업자 중심 직무분석은 직무를 성공적으로 수행하는데 요구되는 인적 속성들을 조사함으로써 직무를 파악하는 접근 방법이다.

③ 작업자 중심 직무분석에서 인적 속성은 지식, 기술, 능력, 기타 특성 등으로 분류할 수 있다.

④ 과업 중심 직무분석 방법의 대표적인 예는 직위분석질문지(Position Analysis Questionnaire)이다.

⑤ 직무분석의 정보 수집 방법 중 설문조사는 효율적이며 비용이 적게 드는 장점이 있다.

답 ④

해설

직무분석 방법

(1) 관찰법(Observation Method)의 특징
 ① 훈련된 직무분석자가 직접 직무수행자를 집중적으로 관찰함으로써 정보를 수집하는 방법이다.
 ② 간단하고 실시하기 쉽기 때문에 육체적 활동과 같이 관찰이 가능한 직무에 적절히 사용될 수 있다.
 ③ 지식업무나 고도의 능력을 필요로 하는 직무일 경우 관찰이 어렵고, 비반복적인 직무일 경우 관찰에 너무 많은 시간이 소요되어 비효율적일 수 있다.
 ④ 체크리스트 혹은 작업표로 기록된다. 관찰자가 관찰할 수 있는 자질과 역량을 갖추었는가가 가장 중요한 관건이 된다.

(2) 면접법(Interview Method)의 특징
 ① 기술된 정보, 기타 사내의 기존 자료나 실무분석을 위해 특별히 제작된 조직도, 업무흐름표(Flow Chart), 업무분담표 등을 자료로 하여 담당자(또는 감독자, 부하, 기타 관계자)를 개별적으로 혹은 집단적으로 면접하여 필요한 분석항목의 정보를 획득하는 방법이다.
 ② 면접을 통해 직접 직무정보를 얻기 때문에 정확하지만, 많은 시간이 소요될 수 있다.

(3) 질문지법(Questionnaire Method)의 특징
 ① 표준화되어 있는 질문지를 통하여 직무담당자가 직접 직무에 관련된 항목을 체크하거나 평가하도록 하는 방법이다.
 ② 비교적 단시일에 직무정보를 수집할 수 있다.

(4) 실제수행법 또는 경험법(Empirical Method) : 직무분석자가 분석대상 직무를 직접 수행해 봄으로써 직무에 관한 정보를 얻는 방법이다.

(5) 중요사건법(Critical Incidents Method) 또는 중요사건서술법
 ① 직무수행과정에서 직무수행자가 보였던 보다 중요한 또는 가치가 있는 행동을 기록해 두었다가 이를 취합하여 분석하는 방법이다.
 ② 직무의 성공적인 수행에 필수적인 행위들을 유사한 범주별로 분류하고 이를 중요도에 따라 점수를 부여한다.
 ③ 직무행동과 직무성과 간의 관계를 직접적으로 파악할 수 있으며 인사고과 척도의 개발이나 교육훈련의 내용을 선정하는 데 유용하게 활용한다.

(6) 워크샘플링법(Work Sampling Method) : 단순한 관찰법을 보다 세련되게 개발한 것으로서 전체 작업 과정 동안 무작위적인 간격으로 많은 관찰을 행하여 직무행동에 관한 정보를 얻는 방법이다.

(7) 그 밖의 직무분석 방법
 ① 두 가지 이상을 결합하여 정보를 수집하는 종합적인 방법(Combination Method)
 ② 작업수행자에게 작업일지를 작성하게 한 다음 직무사이클(Job Cycle)에 따른 작업일지의 내용을 분석하는 작업일지법(Job Diary Method) 등이 있다.

참고

2015년 4월 20일(문제 18번)

보충학습

직위분석설문지

인간속성을 기술하는 약 195개 내외의 진술문으로 구성된 설문지로서 정보입력, 정신과정, 타인과의 관계, 직무맥락, 기타 직무요건 등의 범주로 구분하여 직무의 내용을 파악하는 직무분석방법

[표] 과제 중심형과 작업자 중심형으로 구분한 직무분석 유형

구분	특징
과제 중심 직무분석 (과업 지향적 직무분석)	① 직무수행 과제나 활동이 무엇인지 파악하는 데 초점을 둠 ② 직무기술서 작성 시 중요한 정보 제공 ③ 각 직무에서 이뤄지는 과제나 활동이 서로 다르기 때문에 분석하고자 하는 직무 각각에 대해 표준화된 분석 도구를 만들 수 없음
작업자 중심 직무분석 (작업자 지향적 직무분석)	① 직무 수행에 요구되는 지식, 기술, 능력, 경험 등 작업자 재능에 초점을 둠 ② 직무명세서(작업자명세서)를 작성하는 데 중요한 정보 제공 ③ 인간의 특성이 각 직무에 어느 정도 요구되는지를 분석하는 것이므로 직무에 관계없이 표준화된 분석 도구를 만들기가 비교적 용이함 ④ 과제 중심 직무분석에 비해 폭넓게 활용될 수 있음

12 리전(J. Reason)의 불안전행동에 관한 설명으로 옳지 않은 것은?

① 위반(violation)은 고의성 있는 위험한 행동이다.
② 실책(mistake)은 부적절한 의도(계획)에서 발생한다.
③ 실수(slip)는 의도하지 않았고 어떤 기준에 맞지 않는 것이다.
④ 착오(lapse)는 의도를 가지고 실행한 행동이다.
⑤ 불안전행동 중에는 실제 행동으로 나타나지 않고 당사자만 인식하는 것도 있다.

답 ④

해설

인간의 정보처리 과정에서 발생되는 에러

구분	특징
Mistake(착오)	• 인지과정과 의사결정과정에서 발생하는 에러 • 상황해석을 잘못하거나 틀린 목표를 착각하여 행하는 경우
Lapse(건망증)	• 저장단계에서 발생하는 에러 • 어떤 행동을 잊어버리고 안하는 경우
Slip(실수, 미끄러짐)	• 실행단계에서 발생하는 에러 • 상황(목표)해석은 제대로 하였으나 의도와는 다른 행동을 하는 경우

참고

① 2014년 4월 12일(산업안전일반 문제 18번)
② 2021년 3월 13일(문제 13번)

보충학습

(1) 과오(lapse)
  ① 실수는 의도된 것과 다른 부정확한 행동을 나타내지만, 과오는 어떤 행동을 수행하는 데 실패한 것을 나타낸다.
  ② 과오는 기억의 실패에 기인하며, 작업 기억 과부화와 연관된 지식 기반 착오와는 다르다.
  ③ 전형적인 예로 복사를 마치고 복사기에서 마지막 종이를 빼내는 것을 깜빡 잊는 것과 같은 건망증을 들 수 있다.
(2) 리전의 스위스 치즈 모델
  ① 스위스 치즈 조각들에 뚫려 있는 구멍들이 모두 관통되는 것처럼 모든 요소의 불안전이 겹쳐져서 산업재해가 발생한다는 이론
  ② 사고의 원인으로는 크게 처음 직접적인 원인으로 보여지는 외부요인, 사고를 낸 당사자나 사고발생 시 함께 있던 사람들의 불안전한 행위를 유발하는 조건, 감독의 불안전, 그리고 조직의 시스템과 프로세스가 잘못되어 생기는 실수로 나누어질 수 있다.

[표] 인간의 행동구분

구분	특징
의도적 행동	- 규칙기반실책(rule based mistake) - 지식기반실책(knowledge based mistake) - 고의사고(violation)
비의도적 행동	- 숙련기반의 에러(skill based error)

산업보건지도사 · 과년도기출문제

13 작업동기 이론에 관한 설명으로 옳은 것을 모두 고른 것은?

> ㄱ. 기대 이론(expectancy theory)에서 노력이 수행을 이끌어 낼 것이라는 믿음을 도구성(instrumentality)이라고 한다.
> ㄴ. 형평 이론(equity theory)에 의하면 개인이 자신의 투입에 대한 성과의 비율과 다른 사람의 투입에 대한 성과의 비율이 일치하지 않는다고 느낀다면 이러한 불형평을 줄이기 위해 동기가 발생한다.
> ㄷ. 목표설정 이론(goal-setting theory)의 기본 전제는 명확하고 구체적이며 도전적인 목표를 설정하면 수행동기가 증가하여 더 높은 수준의 과업수행을 유발한다는 것이다.
> ㄹ. 작업설계 이론(work design theory)은 열심히 노력하도록 만드는 직무의 차원이나 특성에 관한 이론으로, 직무를 적절하게 설계하면 작업 자체가 개인의 동기를 촉진할 수 있다고 주장한다.
> ㅁ. 2요인 이론(two-factor theory)은 동기가 외부의 보상이나 직무 조건으로부터 발생하는 것이지 직무 자체의 본질에서 발생하는 것이 아니라고 주장한다.

① ㄱ, ㄴ, ㅁ
② ㄱ, ㄷ, ㄹ
③ ㄴ, ㄷ, ㄹ
④ ㄴ, ㄹ, ㅁ
⑤ ㄷ, ㄹ, ㅁ

답 ③

해설

기대이론의 특징

기대이론(expectancy theory)은 다른 사람들 간의 동기의 정도를 예측하는 것보다는 한 사람이 서로 다양한 과업에 기울이는 노력의 수준을 예측하는 데 유용하다.

보충학습

Herzberg의 동기·위생이론

① 위생요인(유지욕구) : 인간의 동물적 욕구를 반영하는 것으로 Maslow의 욕구 단계에서 생리적, 안전, 사회적 욕구와 비슷하다.
② 동기요인(만족욕구) : 자아실현을 하려는 인간의 독특한 경향을 반영한 것으로 Maslow의 자아실현 욕구와 비슷하다.

[표] 위생요인과 동기요인

위생요인(직무환경)	동기요인(직무내용)
회사 정책과 관리, 개인 상호간의 관계, 감독, 임금, 보수, 작업 조건, 지위, 안전	성취감, 책임감, 안정감, 성장과 발전, 도전감, 일 그 자체(일의 내용)

참고

① 기업진단·지도 p.136(3. 동기 및 욕구이론)
② 2017년 3월 25일(문제 13번) 출제

14 직업 스트레스 모델에 관한 설명으로 옳지 않은 것은?

① 노력 - 보상 불균형 모델(Effort - Reward Imbalance Model)은 직장에서 제공하는 보상이 종업원의 노력에 비례하지 않을 때 종업원이 많은 스트레스를 느낀다고 주장한다.

② 요구 - 통제 모델(Demands - Control Model)에 따르면 작업장에서 스트레스가 가장 높은 상황은 종업원에 대한 업무 요구가 높고 동시에 종업원 자신이 가지는 업무통제력이 많을 때이다.

③ 직무요구 - 자원 모델(Job Demands - Resources Model)은 업무량 이외에도 다양한 요구가 존재한다는 점을 인식하고, 이러한 다양한 요구가 종업원의 안녕과 동기에 미치는 영향을 연구한다.

④ 자원보존 모델(Conservation of Resources Model)은 자원의 실제적 손실 또는 손실의 위협이 종업원에게 스트레스를 경험하게 한다고 주장한다.

⑤ 사람 - 환경 적합 모델(Person - Environment Fit Model)에 의하면 종업원은 개인과 환경 간의 적합도가 낮은 업무 환경을 스트레스원(stressor)으로 지각한다.

답 ②

해설

직업(무) 스트레스 모델

(1) 직무요구 - 통제 모형
　① 모형에 의하면, 적절한 대응수단이 제공되지 않은 상태에서 직무담당자가 과도한 수준의 직무요구에 직면하게 되면, 이는 곧 업무추진 동기의 상실은 물론, 직무긴장과 스트레스, 심지어 불안과 소진 등 매우 부정적인 생리적, 심리적 경험을 초래할 수 있게 된다.
　② 결과는 이러한 부정적인 직무경험은 직무만족과 조직몰입의 저하는 물론, 이직의도의 증대 등 해당 조직에 대해서도 여러 면에서 심각한 부정적 영향을 줄 수가 있다.

(2) 직무요구 - 자원모형
　① 일종의 '확장된 직무요구 - 통제모형'(extended JD-C model)이라고 할 수 있는데, 이는 기존의 직무통제 요인 이외에 직무요구와 상호작용하여 여러 가지 부정적인 영향을 경감, 완화시켜 줄 수 있는 다양한 조절요인을 규명해 보고자 하는 시도에서 비롯되었다고 볼 수 있다.
　② JD-R 모형의 기본 가정에 따르면, 비록 많은 조직들이 처한 구체적인 직무조건이나 상황이 저마다 조금씩 다르긴 하지만, 이들 조직의 직무특성들은 크게 직무요구(job demands)와 직무자원(job resources)이라는 두 가지 일반적 요인들로 구분해 볼 수 있다.
　③ '직무요구'란, JD-C 모형에서도 이미 활용되어 온 개념으로서, '직무담당자로 하여금 직무수행이나 완수를 위해 지속적인 육체적, 정신적 노력을 기울이도록 요구함으로써, 그 결과 해당 직무수행자에게 상당한 생리적, 심리적 희생을 감내하게 만드는 직무특성'을 의미한다.
　④ '직무자원'이란, '직무담당자가 자신의 과업목표를 달성해 가는데 기능적인 역할을 하며, 그 과정에서 직무요구의 여러 부정적인 심리적, 생리적 영향을 감소시키는데 기여할 뿐만 아니라, 나아가 개인적인 성장과 학습, 개발을 촉진하는 직무 측면'을 일컫는다.

참고

① 2015년 4월 20일(문제 12번)
② 2021년 3월 13일(문제 10번)

15 산업재해의 인적 요인이라고 볼 수 없는 것은?

① 작업 환경

② 불안전행동

③ 인간 오류

④ 사고 경향성

⑤ 직무 스트레스

답 ①

해설

산업재해의 직접 원인

① 물적원인 : 불안전한 상태
 ㉮ 물 자체의 결함
 ㉯ 안전 방호 장치의 결함
 ㉰ 복장, 보호구의 결함
 ㉱ 기계의 배치 및 작업장소의 결함
 ㉲ 작업환경의 결함
 ㉳ 생산공정의 결함
 ㉴ 경계표시 및 설비의 결함

② 인적원인 : 불안전한 행동
 ㉮ 위험장소 접근
 ㉯ 안전장치의 기능 제거
 ㉰ 복장, 기구의 잘못 사용
 ㉱ 기계, 기구의 잘못 사용
 ㉲ 운전중인 기계장치의 손실
 ㉳ 불안전한 속도 조작
 ㉴ 위험물 취급 부주의
 ㉵ 불안전한 상태 방식
 ㉶ 불안전한 자세 동작

보충학습

불안전한 행동의 배후요인

분류	구분	특징
인적요인	망각	학습된 행동이 지속되지 않고 소실되는 현상(지속되는 것은 파지)
	소질적 결함	$B=f(P \cdot E)$ 작성배치를 통한 안전관리대책 필요
	주변적 동작	의식외의 동작으로 인한 위험성 노출
	의식의 우회	① 공상 ② 회상 등
	지름길 반응	지름길을 통해 목적장소에 빨리 도달하려고 하는 행위
	생략행위	① 예의 범절과 태만심의 문제 ② 소정의 작업용구 사용 않고 가까이 있는 용구로 변칙사용 ③ 보호구 미착용 ④ 정해진 작업순서를 빠뜨리는 경우 등
	억측판단	자기멋대로 하는 주관적인 판단
	착오(착각)	설비와 환경의 개선이 선결조건
	피로	① 능률의 저하 ② 생체의 타각적인 기능의 변화 ③ 피로의 자각 등의 변화
외적 (환경적) 요인 (4M)	인간관계요인(Man)	인간관계 불량으로 작업의욕침체, 능률저하, 안전의식저하 등을 초래
	설비적(물적)요인 (Machine)	기계설비 등의 물적조건, 인간공학적 배려 및 작업성, 보전성, 신뢰성 등을 고려
	작업적 요인(Media)	① 작업의 내용, 방법, 정보 등의 작업방법적 요인 ② 작업을 실시하는 장소에 관한 작업환경적 요인
	관리적 요인 (Management)	안전법규의 철저, 안전기준, 지휘감독 등의 안전관리 ① 교육훈련 부족 ② 감독지도 불충분 ③ 적성배치 불충분

산업보건지도사 · 과년도기출문제

16 인간의 일반적인 정보처리 순서에서 행동실행 바로 전 단계에 해당하는 것은?

① 자극
② 지각
③ 주의
④ 감각
⑤ 결정

답 ⑤

해설

인간의 정보처리과정[人間-情報處理過程]

① 인간이 범하는 불안전행동의 구조는 아직 분명하지 않지만, 인간의 행동에는 생리학, 심리학, 인간공학 등이 관련을 가지면서, 그것들은 결국 「인간의 정보처리」라는 것으로 집약된다.
② 정보처리과정을 분석해서 관련되는 여러 가지 조건이나 인자를 정비하는 데 따라서 불안전행동, 특히 오판단, 오조작의 기회를 감소시킬 수 있다.
③ 인간의 정보처리과정은 표시기(정보근원), 감각, 지각, 판단, 응답, 출력, 조작기구로 나누어 생각할 수 있다.

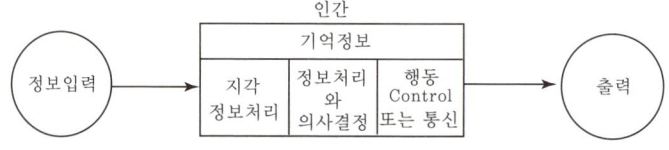

[그림] 인간의 정보처리과정

[표] 인간-기계체계의 인간의 기본기능의 유형

구분	특징
입력(Input)	① 원하는 결과를 얻기 위한 재료(물질 및 물체, 정보, 에너지 등)
감지(Sensing)	① 정보 입수의 과정 ② 인간의 감지기는 - 5관(감각기관) ③ 기계의 감지기는 - 전자, 사진장치, 자동개폐장치, 음파탐지기 등
정보보관 (Information storage)	① 인간 - 기억 ② 기계 - 펀치카드, 자기테이프, 기록, 자료표, 녹음테이프 ③ 저장방법 - 부호화, 암호화

정보처리 및 의사결정
(Information Processing Decision)
	① 정보처리란 감지한 정보를 수행하는 여러 종류의 조작을 말한다.
	② 인간의 심리적 정보처리 단계
	   ㉠ 회상 ㉡ 인식 ㉢ 정리(집적)
	③ 프로그램 방법
	   ㉠ 치차(gear) ㉡ 캠(cam) ㉢ 전기전자회로 ㉣ 레버(lever) ㉤ 컴퓨터
	④ 인간의 정보처리 능력의 한계 - 0.5초

행동기능 (Action function)	① 결심, 결정된 결과에 따라 인간은 행동, 기계는 작동함 ② 물리적 행위 - 조정장치작동, 물체물건취급, 이동, 변경, 개조 행위 ③ 통신 행위 - 음성, 신호, 기록, 기호 등의 통신행위
출력 (Output)	① 제품의 변화, 제공된 용역(service), 전달된 통신과 같은 체계의 성과나 결과 ② 문제되는 체계가 많은 부품을 포함한다면 부품 하나의 출력은 다른 부품의 입력으로 작용

참고
2019년 3월 30일(문제 12번)

17 조명의 측정단위에 관한 설명으로 옳은 것을 모두 고른 것은?

> ㄱ. 광도는 광원의 밝기 정도이다.
> ㄴ. 조도는 물체의 표면에 도달하는 빛의 양이다.
> ㄷ. 휘도는 단위 면적당 표면에서 반사 혹은 방출되는 빛의 양이다.
> ㄹ. 반사율은 조도와 광도간의 비율이다.

① ㄱ, ㄷ
② ㄴ, ㄹ
③ ㄱ, ㄴ, ㄷ
④ ㄱ, ㄷ, ㄹ
⑤ ㄱ, ㄴ, ㄷ, ㄹ

답 ③

해설

반사율
① 두 매질의 경계면에 파동(또는 입자)이 입사할 때 반사하는 파동의 강도(또는 입자수)와 입사하는 파동의 강도(또는 입자수)의 비율
② 값은 물질의 종류와 표면의 상태로 결정되며, 일반적으로 금속에서 크다.
   예 구리에서는 59[%], 은에서는 95[%] 정도이다.

$$\text{반사율} = \frac{\text{광도}(fL)}{\text{조도}(fC)} \times 100 = \frac{cd/\text{m}^2 \times \pi}{lux}$$

참고
2018년 3월 24일(문제 17번)

보충학습

(1) 조도(illuminance)
물체의 표면에 도달하는 빛의 밀도

$$\text{조도} = \frac{\text{광도}}{(\text{거리})^2}$$

즉, 거리가 증가할 때에 조도는 거리 역자승의 법칙에 따라 감소한다.

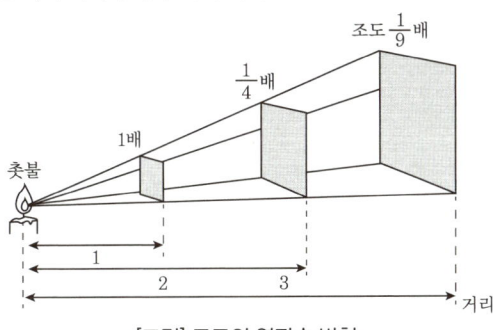

[그림] 조도의 역자승 법칙

(2) 광도
단위면적당 표면에서 반사 또는 방출하는 빛의 양

정보제공
산업안전일반 p.276(2. 조명)

산업보건지도사 · 과년도기출문제

18 아래의 그림에서 a에서 b까지의 선분 길이와 c에서 d까지의 선분 길이가 다르게 보이지만 실제로는 같다. 이러한 현상을 나타내는 용어는?

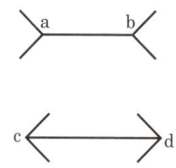

① 포겐도르프(Poggendorf) 착시현상　　② 뮬러-라이어(Müller-Lyer) 착시현상
③ 폰조(Ponze) 착시현상　　　　　　　　④ 죌너(Zöllner) 착시현상
⑤ 티체너(Titchener) 착시현상

답 ②

해설

착시
물체의 물리적인 구조가 인간의 감각기관인 시각을 통하여 인지한 구조와 현저하게 일치하지 않은것으로 보이는 현상

[표] 착시의 구분

분류	도해	특징
Müler·Lyer의 착시	(a) (b)	(a)가 (b)보다 길게 보인다.
Helmholtz의 착시	(a) (b)	(a)는 가로로 길어보이고 (b)는 세로로 길어보인다.
Herling의 착시	(a) (b)	(a)는 양단이 벌어져 보이고 (b)는 중앙이 벌어져 보인다.
Poggendorff의 착시	(a) (c) (b)	(a)와 (c)가 일직선으로 보인다.(실제는 (a)와 (b)가 일직선)
Köhler의 착시		우선 평행의 호를 보고, 바로 직선을 본 경우 직선은 호와의 반대방향으로 휘어져 보인다.(윤곽 착시)
Zöller의 착시		세로의 선이 수직선인데 휘어져 보인다.

보충학습

[표] 물건의 정리(군화의 법칙)

분류	내용	도해
근접의 요인	근접된 물건끼리 정리	○○ ○○ ○○ ○○
동류의 요인	가장 비슷한 물건끼리 정리	●○●○●○
폐합의 요인	밀폐된 것으로 정리	(얼굴 모양)
연속의 요인	연속된 것으로 정리	(a) 직선과 곡선의 교차 (b) 변형된 2개의 조합

참고

2014년 4월 12일(문제 11번) 출제

합격키

2023년 4월 1일(문제 16번) 출제

정보제공

산업심리학 p.151(2. 착시의 종류)

19 다음에서 설명하고 있는 기계설비의 위험점은?

> 서로 반대방향으로 회전하는 두 개의 회전체에 물려 들어가는 위험점

① 협착점 ② 절단점
③ 끼임점 ④ 물림점
⑤ 회전말림점

답 ④

해설

기계설비 위험점 6가지

(1) 협착점(Squeeze Point)
왕복운동을 하는 운동부와 고정부 사이에 형성되는 위험점

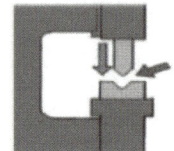  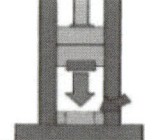

[그림] 협착점

① 단조해머
② 프레스
③ 인쇄기 등

프레스기 재해예방 대책

프레스의 경우 작업자가 근원적으로 금형 부위에 손을 넣을 필요가 없도록 양수조작식 스위치를 설치
작업 중 신체의 일부가 협착점 부근에 있을 경우 자동으로 왕복운동을 정지시키는 광전자식 방호장치
작업 중 신체가 협착점에 접근하지 못하도록 안전덮개 등을 설치

(2) 끼임점(Shear Point)
고정부분과 회전하는 동작부분이 함께 만드는 위험점

[그림] 끼임점

① 연삭숫돌과 공구지지대 사이
② 교반기 외함과 임펠러 사이
③ 반복하는 링크 기구

> **안전대책**

연삭기와 같이 운동체와 고정체가 있는 경우에는 그 사이에 신체 일부가 끼지 않도록 연삭숫돌과 작업대의 간격은 2mm 이내, 연삭숫돌과 조정편의 간격은 10mm 이내로 좁게 유지하여야 하고, 교반기 등과 같이 회전체인 경우는 덮개에 연동장치를 설치하여 작업자가 덮개를 열 경우 회전부(회전날개)의 동작이 멈추도록 하는 등의 안전장치를 설치

(3) 절단점(Cutting Point)
회전하는 운동부분 자체, 운동하는 기계의 돌출부에서 초래하는 위험점

[그림] 절단점

① 띠톱이나 둥근톱의 톱날
② 밀링의 커터
③ 벨트의 이음새 부분

> **안전대책**

기계의 회전 또는 왕복하는 부분에 절단점이 형성되는 설비에는 날 접촉방지장치, 덮개, 지그 등의 방호장치를 설치하여 절단점과 접촉되는 것을 방지하는 등의 안전조치가 필요

(4) 물림점(Nip Point)
회전하는 2개의 회전체가 서로 반대방향으로 맞물려 들어가는 위험점

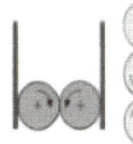

[그림] 물림점

① 롤러
② 기어

> **안전대책**

롤러와 기어 등 맞물려 회전하는 부위에는 물림점에 접근하지 못하도록 방호덮개 등을 설치해야 하며, 물림에 의한 재해가 발생했을 경우 역회전으로 재해를 최소화할 수 있도록 비상정지장치와 같은 안전장치의 설치가 필요

(5) 접선물림점(Tangential Nip Point)
회전하는 부분의 접선 방향으로 물려들어가는 위험점

[그림] 접선물림점

① 풀리와 V-belt 사이
② 체인과 스프로켓 휠 사이
③ 피니언과 랙 사이

> 안전대책

롤러와 평벨트, 기어와 랙 등 접선물림점이 있는 기계 기구에는 탈부착식 방호망 또는 방호덮개를 설치하고, 필요시 설비에 접근을 방지하는 방호울 또는 가드와 같은 안전장치를 설치

(6) 회전말림점(Trapping Point)
회전하는 물체에 작업복, 장갑, 머리카락 등이 말려드는 위험점

[그림] 회전말림점

① 회전하는 축
② 회전하는 드릴
③ 커플링

> 안전대책

회전하는 축이나 드릴 축 등 회전말림점을 형성하는 부위에는 신체의 접촉이나 옷 등이 말려들지 않도록 방호덮개나 방호울 등을 설치

20. 제조물 책임법상 결함에 해당하는 것을 모두 고른 것은?

> ㄱ. 설계상의 결함
> ㄴ. 제조상의 결함
> ㄷ. 표시상의 결함

① ㄱ
② ㄴ
③ ㄱ, ㄷ
④ ㄴ, ㄷ
⑤ ㄱ, ㄴ, ㄷ

답 ⑤

해설

2019년 문제 22번 출제

21 개인보호구의 사용 및 관리에 관한 기술지침에서 유해인자 취급 작업별 보호구 중 작업명과 보호구의 연결로 옳지 않은 것은?

① 석면 해체·제거 작업 - 송기마스크

② 환자의 가검물 처리 작업 - 보호마스크

③ 산소결핍 위험이 있는 밀폐공간 작업 - 방독마스크

④ 허가 대상 유해물질을 제조·사용하는 작업 - 방독마스크

⑤ 혈액이 분출되거나 분무될 가능성이 있는 작업 - 보호마스크

답 ③

해설

제32조(보호구의 지급 등) ① 사업주는 다음 각 호의 어느 하나에 해당하는 작업을 하는 근로자에 대해서는 다음 각 호의 구분에 따라 그 작업조건에 맞는 보호구를 작업하는 근로자 수 이상으로 지급하고 착용하도록 하여야 한다. 〈개정 2017. 3. 3.〉
  1. 물체가 떨어지거나 날아올 위험 또는 근로자가 추락할 위험이 있는 작업: 안전모
  2. 높이 또는 깊이 2미터 이상의 추락할 위험이 있는 장소에서 하는 작업: 안전대(安全帶)
  3. 물체의 낙하·충격, 물체에의 끼임, 감전 또는 정전기의 대전(帶電)에 의한 위험이 있는 작업: 안전화
  4. 물체가 흩날릴 위험이 있는 작업: 보안경
  5. 용접 시 불꽃이나 물체가 흩날릴 위험이 있는 작업: 보안면
  6. 감전의 위험이 있는 작업: 절연용 보호구
  7. 고열에 의한 화상 등의 위험이 있는 작업: 방열복
  8. 선창 등에서 분진(粉塵)이 심하게 발생하는 하역작업: 방진마스크
  9. 섭씨 영하 18도 이하인 급냉동어창에서 하는 하역작업: 방한모·방한복·방한화·방한장갑
  10. 물건을 운반하거나 수거·배달하기 위하여 「자동차관리법」 제3조제1항제5호에 따른 이륜자동차(이하 "이륜자동차"라 한다)를 운행하는 작업: 「도로교통법 시행규칙」 제32조제1항 각 호의 기준에 적합한 승차용 안전모
  ② 사업주로부터 제1항에 따른 보호구를 받거나 착용지시를 받은 근로자는 그 보호구를 착용하여야 한다.

합격정보

산업안전보건기준에 관한 규칙 (약칭: 안전보건규칙)
[시행 2024. 1. 1.] [고용노동부령 제399호, 2023. 11. 14., 일부개정]

KOSHA GUIDE H-82-2020 원칙

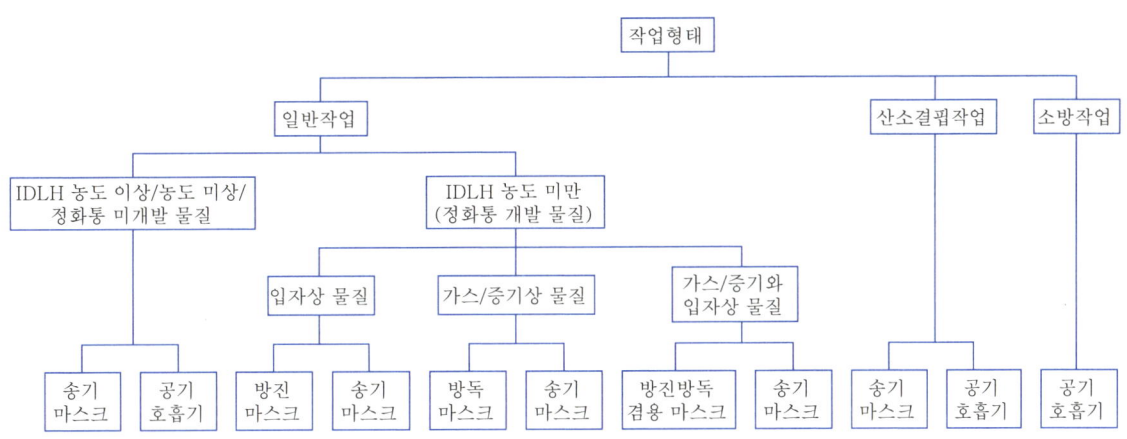

[그림] 호흡보호구 선정 일반 원칙

🔵 독성 오염물질이면 즉시위험건강농도(IDLH)에 해당되는지 여부를 구분한다.
① 즉시위험건강농도(IDLH) 이상인 경우 공기호흡기, 송기마스크를 사용한다.
② 즉시위험건강농도(IDLH) 미만인 경우 입자상 물질이 존재하면 방진마스크, 송기마스크를 사용하고, 가스·증기상 오염물질이 존재하면 방독마마스크, 송기마스크를 사용한다. 입자상 및 가스·증기상 물질이 동시에 존재하면 방진방독 겸용마스크 또는 송기마스크를 사용한다.

22 사업장 위험성평가에 관한 지침에서 명시하고 있는 유해·위험요인 파악의 방법이 아닌 것은?(단, 그 밖에 사업장의 특성에 적합한 방법은 고려하지 않음)

① 청취조사에 의한 방법
② 경영실적에 의한 방법
③ 안전보건 자료에 의한 방법
④ 사업장 순회점검에 의한 방법
⑤ 안전보건 체크리스트에 의한 방법

답 ②

해설

제10조(유해·위험요인 파악) 사업주는 사업장 내의 제5조의2에 따른 유해·위험요인을 파악하여야 한다. 이때 업종, 규모 등 사업장 실정에 따라 다음 각 호의 방법 중 어느 하나 이상의 방법을 사용하되, 특별한 사정이 없으면 제1호에 의한 방법을 포함하여야 한다.
1. 사업장 순회점검에 의한 방법
2. 근로자들의 상시적 제안에 의한 방법
3. 설문조사·인터뷰 등 청취조사에 의한 방법
4. 물질안전보건자료, 작업환경측정결과, 특수건강진단결과 등 안전보건 자료에 의한 방법
5. 안전보건 체크리스트에 의한 방법
6. 그 밖에 사업장의 특성에 적합한 방법

합격정보

사업장 위험성평가에 관한 지침
[시행 2023. 5. 22.] [고용노동부고시 제2023-19호, 2023. 5. 22., 일부개정]

23. 사업장 위험성평가에 관한 지침에 따른 사업장 위험성평가 실시에 관한 내용으로 옳은 것을 모두 고른 것은?

> ㄱ. 사업주는 관리감독자가 유해·위험요인을 파악하고 그 결과에 따라 개선조치를 시행하게 한다.
> ㄴ. 도급사업주는 수급사업주가 실시한 위험성평가 결과를 검토하여 도급 사업주가 개선할 사항이 있는 경우 이를 개선하여야 한다.
> ㄷ. 사업주가 위험성 감소대책을 수립하는 경우 해당 작업에 종사하는 근로자를 참여시켜야 한다.

① ㄱ
② ㄴ
③ ㄱ, ㄷ
④ ㄴ, ㄷ
⑤ ㄱ, ㄴ, ㄷ

답 ⑤

해설

사업장 위험성 평가 실시에 관한 내용
① 안전보건관리책임자 등 해당 사업장에서 사업의 실시를 총괄 관리하는 사람에게 위험성평가의 실시를 총괄 관리하게 할 것
② 사업장의 안전관리자, 보건관리자 등이 위험성평가의 실시에 관하여 안전보건관리책임자를 보좌하고 지도·조언하게 할 것
③ 유해·위험요인을 파악하고 그 결과에 따른 개선조치를 시행할 것
④ 기계·기구, 설비 등과 관련된 위험성평가에는 해당 기계·기구, 설비 등에 전문 지식을 갖춘 사람을 참여하게 할 것
⑤ 안전·보건관리자의 선임의무가 없는 경우에는 제2호에 따른 업무를 수행할 사람을 지정하는 등 그 밖에 위험성평가를 위한 체제를 구축할 것

합격정보
사업장 위험성평가에 관한 지침 제7조(위험성평가의 방법)

24
국내 어느 사업장에서 경상이 15건 발생하였다. 이때 버드(Bird)의 재해구성 비율을 적용한다면 무상해 사고는 몇 건이 발생할 수 있는가?

① 29
② 45
③ 290
④ 450
⑤ 900

답 ②

해설

(1) 하인리히(H. W. Heinrich)의 1:29:300
재해 구성 비율은 어떤 대형 사고가 발생하기 전에 그와 관련된 수십 차례의 경미한 사고와 수백 번의 징후들이 반드시 나타난다는 것을 뜻하는 통계적 법칙이다.
1 : 29 : 300 법칙은 1931년 하인리히가 펴낸 「산업재해 예방 : 과학적 접근」이라는 책에서 소개된 법칙이며, 이 책이 출간되었을 당시 하인리히는 미국 트래블러스 보험사에서 엔지니어링 및 손실통제 부서에서 근무하고 있었다. 업무 성격상 수많은 사고 통계를 접했던 하인리히는 산업재해 사례분석을 통해 하나의 통계적 법칙을 발견했는데, 그것이 바로 산업재해가 발생하여 사망자가 1명 나오면 그 전에 같은 원인으로 발생한 경상자가 29명, 같은 원인으로 부상을 당할 뻔한 잠재적 부상자가 300명 있었다는 사실이다. 즉, 큰 재해와 작은 재해 그리고 사소한 사고의 발생 비율이 1 : 29 : 300 이라는 것이다.

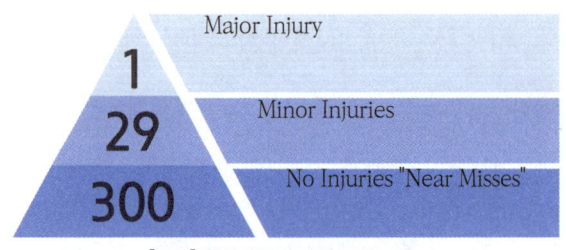

[그림] 하인리히의 재해 구성 비율

(2) 버드(F. Birds)의 1:10:30:600
1960년대 175,300여건의 보험사고를 분석하여 하인리히가 처음 주장한 사고 발생 연쇄이론을 수정하고, 641건의 사고 중 중상, 경상, 무상해 물적 손실 사고, 무상해 무손실 사고의 비율이 약 1 : 10 : 30 : 600 이라고 제시하였다.
다시 말해 재해예방의 범위는 11건의 인적 상해(중경상)뿐만 아니라 30건의 물적 손해(무상해의 경우라도) 그리고 600건의 아차사고(인적·물적 피해가 없는 사고)까지 포함한 포괄적인 것이다.

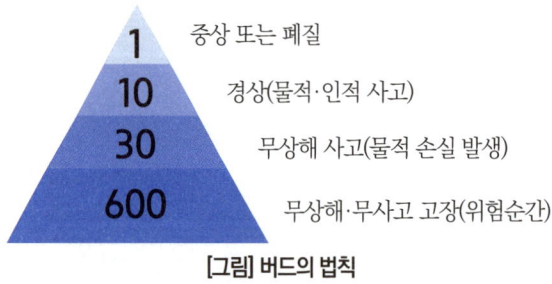

[그림] 버드의 법칙

발생 연쇄이론을 수정하고, 641[건]의 사고 중 중상, 경상, 무상해 물적 손실 사고, 무상해 무손실 사고의 비율이 약 1:10:30:600이라고 제시하였다.

25 재해 조사 과정의 절차를 순서대로 옳게 나열한 것은?

ㄱ. 사실 확인 ㄴ. 직접 원인 파악
ㄷ. 대책 수립 ㄹ. 기본 원인 파악

① ㄱ → ㄴ → ㄹ → ㄷ
② ㄱ → ㄹ → ㄴ → ㄷ
③ ㄴ → ㄱ → ㄹ → ㄷ
④ ㄷ → ㄱ → ㄹ → ㄴ
⑤ ㄹ → ㄴ → ㄷ → ㄱ

답 ①

해설

(1) 산업재해발생 조치순서

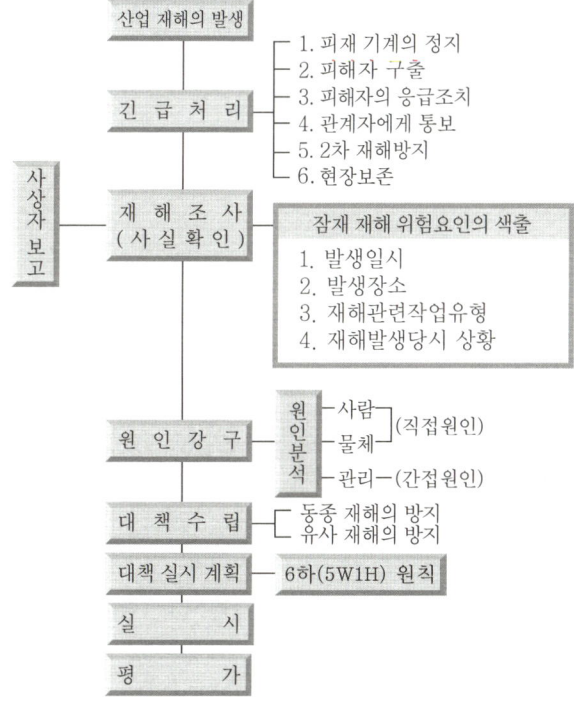

(2) 재해조사 과정의 절차(순서)

단계	항목	조사내용
1단계 : 사실의 확인	Man	• 피해자 및 공동작업자의 인적사항 • 불안전 행동 유무에 관한 관계자 사실 청취
	Machine	• 레이아웃, 안전장치, 재료, 보호구
	Method(Media)	• 작업명, 작업형태, 작업인원, 작업자세 • 작업장소, 작업 환경·조건의 조사
1단계 : 사실의 확인	Management	• 작업 중 지도·지휘의 조사 • 교육훈련, 점검, 보고 • 사고 또는 재해발생 시 조치
2단계 : 직접원인과 문제점 확인		• 사내 제반 기준에 비추어 • 물적원인 (불안전 상태) • 인적원인 (불안전 행동) • 작업의 관리 감독
3단계 : 기본원인과 근본적 문제의 결정		• 4M에의한 기본원인 파악(불안전 상태 및 불안전 행동의 배후 원인) • 근본적 문제 : 기본적 원인의 배후에 있는문제 • Fish-bone diagram (특성요인도) 등의 방법 사용
4단계 : 대책의 수립		• 최선의 효과가 기대되는 대책 • 유사재해 방지대책의 수립 • 실시계획의 수립

합격키

2023년 문제 02번 출제

SAFETY ENGINEER

산업보건지도사 자격시험
제1차 시험문제지

2023년도 4월 1일 필기문제

제3과목 기업진단·지도	총 시험시간 : 90분 (과목당 30분)	문제형별 A

수험번호	20230401	성 명	도서출판 세화

【수험자 유의사항】

1. 시험문제지 표지와 시험문제지 내 **문제형별의 동일여부** 및 시험문제지의 **총면수·문제번호 일련순서·인쇄상태** 등을 확인하시고, 문제지 표지에 수험번호와 성명을 기재하시기 바랍니다.
2. 답은 각 문제마다 요구하는 **가장 적합하거나 가까운 답 1개**만 선택하고, 답안카드 작성 시 시험문제지 **형별누락, 마킹착오**로 인한 불이익은 전적으로 **수험자에게 책임**이 있음을 알려 드립니다.
3. 답안카드는 국가전문자격 공통 표준형으로 문제번호가 1번부터 125번까지 인쇄되어 있습니다. 답안 마킹 시에는 반드시 **시험문제지의 문제번호와 동일한 번호**에 마킹하여야 합니다.
4. **감독위원의 지시에 불응하거나 시험 시간 종료 후 답안카드를 제출하지 않을 경우** 불이익이 발생할 수 있음을 알려 드립니다.
5. 시험문제지는 시험 종료 후 가져가시기 바랍니다.

【안 내 사 항】

1. 수험자는 **QR코드를 통해 가답안을 확인**하시기 바랍니다.
   (※ 사전 설문조사 필수)
2. 시험 합격자에게 '**합격축하 SMS(알림톡) 알림 서비스**'를 제공하고 있습니다.

- 수험자 여러분의 합격을 기원합니다 -

3. 기업진단·지도

01 인사평가의 방법을 상대평가법과 절대평가법으로 구분할 때 **상대평가법에 속하는 기법**을 모두 고른것은?

ㄱ. 서열법
ㄴ. 쌍대비교법
ㄷ. 평정척도법
ㄹ. 강제할당법
ㅁ. 행위기준척도법

① ㄱ, ㄴ, ㄷ
② ㄱ, ㄴ, ㄹ
③ ㄱ, ㄷ, ㄹ
④ ㄴ, ㄷ, ㅁ
⑤ ㄴ, ㄹ, ㅁ

답 ②

해설

인사평가방법

1. 상대평가(선별형 인사평가)법
(1) 상대평가의 의의
 ① 상대평가는 비교적 관점에서 평가자가 피평가자의 고과를 다른 사람의 것과 비교하여 평가하는 방법
 ② 항상오류(관대화, 가혹화, 중심화 오류)를 원천 방지할 수 있으나, 구성원의 실력수준을 명확히 파악하기 어렵다는 단점이 존재한다.
  ㉮ 특정 평가자가 다른 평가자들에 비해 피평가자들에게 언제나 높은 점수 혹은 언제나 낮은 점수를 주는 오류를 말한다.
  ㉯ 높은 점수를 주거나 낮은 점수를 주는 것이 언제나 일관적이라는 점에서 항상 오류는 일관적 오류 혹은 규칙적 오류(systematic error)라고 불리기도 한다.
  ㉰ 고과평가 상황에서 항상 오류가 발생하면 피평가자는 어떤 평가자를 만나는지에 따라서 높은 점수를 받기도 하고 낮은 점수를 받기도 하기 때문에 객관적 평가가 이루어지기 어렵게 된다.
(2) 대표적인 평가방법
 ① 서열법 : 최고성과자부터 차례대로 순서를 정하는 방법으로 평가대상자가 소수일 때 적합
 ② 강제할당법 : 사전에 정해진 정규분포에 따라 일정한 비율로 강제로 서열을 정하는 방법
 ③ 쌍대비교법 : 두사람씩 쌍을 지어 비교하면서 서열을 정하는 기법
(3) 장·단점
 ① 장점은 자원의 효율적인 분배가 가능하고, 평가자의 중심화·관대화 경향 등의 문제를 어느 정도 해결할 수 있다.
 ② 단점은 기업 내 경쟁을 부추겨 동료 간 협력을 저하시키고 조직문화를 약화시킬 수 있다.

2. 절대평가(육성형 인사평가)법
(1) 절대평가의 의의
 ① 절대평가는 다른 구성원의 능력수준에 관계없이 피평가자의 역량과 업적이 요구하는 기준을 어느정도 충족하였는가를 측정하는 방법이다.
 ② 구성원간에 치열하게 경쟁할 필요가 상대적으로 적기에 팀워크에 도움이 되고, 자기개발이나 교육에 활용하기 좋다.
 ③ 객관성이 낮을 경우 평가가 주관적으로 이루어질 수 있고, 제한된 자원을 배분하기 곤란하다는 문제가 있다.

(2) 대표적인 평가방법
　① 평정척도법 : 특성과 행동을 '평가요소'와 '달성도'를 기준으로 평가하는 방법
　② 체크리스트법 : 몇 가지 특성이나 행동을 구체적으로 기술한 체크리스트를 바탕으로 평가자가 피평가자의 능력을 기준 표의 등급과 비교하는 방법
　③ 중요사건 기술법 : 피평가자의 직무와 관련된 효과적이거나 비효과적인 행동을 관찰하여 기록에 남긴 후 평가하는 기법
(3) 장·단점
　① 장점은 평가기준이 정해져 있기 때문에 평가하기가 쉽고, 자기개발이나 교육에 사용될 수 있다.
　② 단점은 평가기준을 만들기 위해 시간과 비용이 많이 들고, 강제할당이 없기 때문에 관대화 경향(인플레이션 현상), 제한된 자원의 배분문제가 제기될 수 있다.
(3) 상대평가와 절대평가의 비교
　① 평가기준의 명확성 여부
　　㉮ "상대평가"의 경우 사람과 사람의 비교이기 때문에 기준이 일정하지 않다.
　　㉯ "절대평가"의 경우 정확한 평가기준의 정립이 필요하다.
　② 팀워크에 미치는 영향
　　㉮ "상대평가"의 경우 다른 구성원보다 더 높은 성과 달성에 초점을 두고 있기에 팀워크에 부정적인 영향을 미치기도 한다.
　　㉯ "절대평가"의 경우 목표 성과를 팀이 협력하여 달성할 수 있기에 긍정적인 영향을 미친다.
　③ 평가의 목적
　　㉮ "상대평가"는 주로 승진관리, 보상관리 등에 사용된다.
　　㉯ "절대평가"는 교육훈련, 배치전환 등에 사용된다.
　④ 평가결과의 조정가능성
　　㉮ "상대평가"의 경우 조정할 경우 타인에게도 영향을 미치기 때문에 조정이 곤란하다.
　　㉯ "절대평가"의 경우 기준에 의해 행해지므로 평가결과의 조정이 비교적 용이하다.
　⑤ 종업원의 수용성
　　㉮ "상대평가"의 경우 결과가 인적 구성에 따라 달라질 수 있기에 수용성이 낮은 편이다.
　　㉯ "절대평가"의 경우 직능기준에 밀착한 평가가 이루어지므로 수용성이 높다.

02 기능별 부문화와 제품별 부문화를 결합한 조직구조는?

① 가상조직(virtual organization)

② 하이퍼텍스트조직(hypertext organization)

③ 애드호크라시(adhocracy)

④ 매트릭스조직(matrix organization)

⑤ 네트워크조직(network organization)

답 ④

해설

부문화

(1) 부문화 개념
  ① 유사성이나 관련성이 높은 조직의 업무를 통합해 전반적인 조직의 목표를 달성할 수 있도록 하는 조직 설계방법을 가리켜 부문화(departmentalization)라고 한다.
  ② 대표적으로 기능에 따라 생산, 재무, 마케팅, 회계 등으로 통합한 기능 별 부문화가 있다.

(2) 종류
  ① 기능별 부문화(functional departmentalization)
    ㉮ 장점은 구성원의 전문성에 의해 수행되는 업무에 따라 부서를 통합한 방식으로 공통 전문성에 따라 모인 인력으로 규모의 경제를 이룰 수 있다는 장점이 있다.
    ㉯ 단점은 한 분야의 전문성을 개발하기 좋지만 여러 분야의 전문성을 얻기는 힘들다는 단점이 있다.
  ② 제품별 부문화(product departmentalization)는 제품에 따라 구성원을 나누는 방식으로 한 명의 관리자에게 책임을 부여하기 때문에 명확한 성과 책임을 알 수 있다.
  ③ 고객별 부문화(customer departmentalization)의 경우 고객의 유형에 따라 구성원을 나누는 방식으로 고객 특성에 따라 맞춤 응대가 가능하다는 자정에 따라 선택된 방식이다.
  ④ 지역별 부문화(geographical departmentalization)의 경우 지리적인 기준으로 나누어지는 방식으로 다양한 지역에 고객이 있는 경우 선택이 가능하다.
  ⑤ 프로세스별 부문화(process departmentalization)의 경우 제품이 생산되는 과정에 따라 나누어지는 방식으로 제품 품질 향상에 도움이 된다.

(3) 매트릭스 조직(matriz organization)
  ① 매트릭스 조직은 계층적인 기능식 조직에 수평적인 사업주제 조직을 화학적으로 결합한 부문화의 형태로 양자간의 균형을 추구하는 것이다.
  ② 기능식 구조이면서 동시에 사업부제적인 구조를 가진 것이다.
  ③ 조직구조에서 제품과 기능 또는 제품과 지역이 동시에 강조되는 다초점이 필요한 경우에 수평적 연결 메커니즘이 잘 작동되지 않을 때 발생한다.

산업보건지도사 · 과년도기출문제

03 아담스(J. Adams)의 공정성이론에서 투입과 산출의 내용 중 투입이 아닌 것은?

① 시간
② 노력
③ 임금
④ 경험
⑤ 창의성

답 ③

해설

아담스의 공정성 이론(equity theory)

(1) 개요
　Adams의 공정성 이론(equity thory)은 조직과 구성원간 사회적 교환을 비교하는 과정에서 불공정성(inequity)이 느껴진다면 공정성을 얻기 위해 동기가 유발된다고 생각하였다.

(2) 이론의 기본입장
　① 타인과 비교 → 공정여부 → 동기요인으로 작용
　　사회적 비교이론의 하나로, 한 개인이 타인에 비해 얼마나 공정한 대우를 받고 있다고 느끼느냐에 따라 행동이 달라진다고 본다.
　② 자신과 타인의 투입-성과 비율 비교 → 행동 결정
　　사람들은 자신이 일을 하기 위해 투입한 것과 이를 통해 얻은 성과의 비율, 즉 투입-성과의 비율을 타인(동료)의 투입-성과 비율에 비교하여 행동을 결정한다.

(3) 만족과 불만족의 유발
　① 투입-성과 비율이 동등 → 공정함 인식 → 만족함
　　투입-성과 비율이 동등할 때 피고용자는 공정한 거래를 하고 있다고 느끼게 되며, 직무에 대해 만족감을 가지게 된다.
　② 자신의 투입-성과 비율 → 타인의 것보다 크거나 작을때 → 불만
　　자신의 투입-성과 비율이 타인의 투입-성과 비율보다 크거나 작을 때 직무에 대하여 불안과 불만을 가지게 된다.

(4) 공정성 비교를 위한 투입과 산출의 의미
　① 투입에는 시간, 노력(effort), 직무경험, 지위, 나이(창의성) 등이 있다.
　② 산출에는 임금 및 기타 복지 후생, 승진, 근무환경, 만족감, 조직과 상사의 인정과 지원 등이라고 할 수 있다.

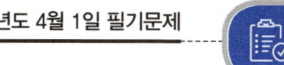

04 집단의사결정기법에 관한 설명으로 옳지 않은 것은?

① 델파이법(Delphi technique)은 의사결정 시간이 짧아 긴박한 문제의 해결에 적합하다.

② 브레인스토밍(brainstorming)은 다른 참여자의 아이디어에 대해 비판할 수 없다.

③ 프리모텀(premortem) 기법은 어떤 프로젝트가 실패했다고 미리 가정하고 그 실패의 원인을 찾는 방법이다.

④ 지명반론자법은 악마의 옹호자(devil's advocate) 기법이라고도 하며, 집단사고의 위험을 줄이는 방법이다.

⑤ 명목집단법은 참여자들 간에 토론을 하지 못한다.

답 ①

해설

델파이법(Delphi Method, Delphi Technique)
① 문제 해결을 위해 다수의 전문가들의 의견을 취합하여 결론을 도출해 내는 방식
② 고비용의 순환적, 간접적 의사소통
③ 진행방법 : 먼저, 의견을 물을 전문가 집단을 구성, 이때, 전문가들은 누가 선택되었는지 서로 알 수 없음
④ 취합한 내용을 각 전문가들에게 발송
⑤ 각각의 전문가들의 의견을 우편이나 전자메일 등 서면으로 수집
⑥ 취합한 내용을 받은 전문가들은 의견을 수정·보완하여 다시 발송
⑦ 전문가들의 의견이 일정한 합의에 수렴할 때까지 반복

보충학습

(1) 명목 진단법(Nominal Group Technique)
　① 구성원 간의 상호 작용을 제한하여, 개인의 의견이 타인의 의견에 영향을 받지도 주지도 않도록 하는 방식
　② 같이 모이긴 하지만, 토론과 비평이 허용되지 않기 때문에 '이름뿐인 모임'이라는 뜻으로 '명목집단'이라 부름
　③ 진행방법 : 리더가 문제를 제기하고, 구성원들은 각자의 의견을 작성함
　　　㉮ 리더가 구성원들의 의견을 취합함
　　　㉯ 의견들을 앞에 놓고, 장단점에 대해 토론함(이때부터 토의를 허용, 다만 누구의 의견인지를 알 수 없게)
　　　㉰ 구성원들의 투표를 통해 하나의 의견을 선택함
(2) 오스본(Osborn)의 브레인스토밍(Brainstroming)
　① 한가지 문제에 대해, 각자 떠오르는 생각들을 무작위로 뱉어 내면서 의견을 모으는 방식
　② 아이디어의 질보다 양이 중요
　③ 타인의 의견을 방해하거나, 비난하지 않을 것(자유로운 의견 제시)
　④ 내 의견을 덧붙이거나, 개선 방안을 제시하거나, 여러 의견들을 하나로 합쳐 제시하는 것은 가능
(3) 고든(Gordon)의 고든법(Gordon Method)
　① 한 가지 문제를 추상화하여, 의사 결정 참여자들이 본래의 문제에 대해 모르는 상황에서 의견 제출
　② 진행자는 나온 모든 의견을 실제 문제와 연관 지어 생각하고 검토해야 함
　③ 진행방법 : 진행자만 진짜 문제를 알고 있는 상태에서, 참가자들은 자유롭게 의견 개진
　　　㉮ 참가자들이 내는 의견이 주제와 가까워지면, 진행자는 주제를 공개함
　　　㉯ 참가자들은 지금까지 낸 의견들을 발전시켜 해결책 모색
(4) 지명 반론자법, 악마의 옹호자(Devil's Advocate)
　① 의사 결정을 위해 모인 집단을 둘로 나누어, 한 쪽은 찬성 의견을, 나머지는 반대 의견을 지지하도록 정함
　② 소수(2~3명)의 반론자를 선정하여, 반대 의견만 제시하도록 할당하는 방식
　③ 반대 의견이 별로 없을 때, 반대 의견을 내기 민감한 주제일 때와 같은 상황에서 사용하기 좋음
　④ 집단 사고의 방지책으로도 사용할 수 있음

05 부당노동행위 중 근로자가 어느 노동조합에 가입하지 아니할 것 또는 탈퇴할 것을 고용조건으로 하거나 특정한 노동조합의 조합원이 된 것을 고용조건으로 하는 행위는?

① 불이익 대우

② 단체교섭거부

③ 지배·개입 및 경비원조

④ 정당한 단체행동참가에 대한 해고 및 불이익 대우

⑤ 황견계약

답 ⑤

해설

황견계약(黃犬契約 : yellow dog contract)

(1) 개요
① 황견계약은 '근로자가 어느 노동조합에 가입하지 아니할 것 또는 탈퇴할 것을 고용조건으로 하거나, 특정한 노동조합의 조합원이 될 것을 고용조건으로 하는 행위'(「노동조합 및 노동관계조정법」제81조제2호)를 말한다.
② 비열계약, 반조합계약이라고도 한다.
③ 노동조합 및 노동관계조정법은 이 같은 행위를 사용자의 부당노동행위로서 금지하고 있다.
④ 노동조합 및 노동관계조정법 제81조제1호에 규정된 불이익 취급이 종업원이 된 자의 노동3권 보장활동을 억압하는 것이라면, 황견계약은 종업원이 되기 전에 단결권 활동을 제한하기 위한 것이라 할 수 있다.
⑤ 황견계약이 불이익 취급에 이어 부당노동행위로서 금지되고 있는 것은, 이들 양자가 반조합적 행위의 대표적인 것으로 인정되기 때문이다.

(2) 기타내용
① 황견계약의 체결금지는 원래 태프트하틀리법(Taft-Hartley) 제8조에서 처음으로 법제화되었다.
② 노동조합법의 명문상으로는 특정조합에의 가입과 탈퇴강제만을 금지대상으로 하고 있는데, 부당노동행위제도는 근로자의 노동3권 보장활동을 저해하는 사용자의 행위를 배제하는 데 그 목적을 두고 있다.
③ 조합에 가입하더라도 조합활동을 하지 않는다든가 어용조합에의 가입을 고용조건으로 하는 것도 황견계약으로 보는 것이 일반적 견해이다.
④ 반조합적 조건을 고용조건으로 하는 것은 반드시 신규채용 계약체결시에 약정될 필요는 없다.

(3) 법적인 내용
① 종업원이 된 후에 고용 계속의 조건으로 약정하는 것도 황견계약이 된다.
② 황견계약은 「헌법」제33조제1항의 자주적 단결권 등의 보장과, 「민법」제103조의 공서양속(公序良俗) 규정에 비추어 당연 무효로 본다.
③ 근로계약 전체가 무효인 것은 아니며, 당해 황견계약 부분만이 무효가 된다.
④ 황견계약을 근거로 하여 행하여진 해고는 원인 자체가 무효이므로 해고 또한 무효로 다루어지며, 황견계약의 실행 내지는 불이익한 취급이 되는 것으로서 사용자의 부당노동행위가 된다.(출처 : 실무노동용어사전)

06. 식스 시그마(Six Sigma) 분석도구 중 품질 결함의 원인이 되는 잠재적인 요인들을 체계적으로 표현해주며, Fishbone Diagram으로도 불리는 것은?

① 린 차트
② 파레토 차트
③ 가치흐름도
④ 원인결과 분석도
⑤ 프로세스 관리도

답 ④

해설

식스시그마(6σ)

① 프로세스 불량과 변동을 최소화하면서 기업의 성공 달성·유지·최대화 하려는 종합적인 유연한 시스템이며 "통계적 기법+품질개선 운동"이다.
② 통계적 품질관리를 기반으로 품질혁신과 고객만족을 달성하기 위하여 전사적으로 실행하는 경영혁신기법이며 제조 과정 뿐만 아니라 제품개발, 판매, 서비스, 사무업무 등 거의 모든 분야에서 활용 가능하다.
③ 모든 프로세스의 품질 수준을 6σ를 달성하여 3.4[PPM](parts per milion)또는 결함 발생수를 3.4[DPMO](defects per milion opportunities) 이하로 하고자 하는 품질경영전략 → 불량률(3.4/1,000,000) 불량률(2/1,000,000,000) 등을 목표로 한다.
④ 적용회사 : GE, 모토로라
모토로라 Bill Smith가 착안했고, Mikel Harry가 경영학적으로 정립했다.

참고

어골도(漁骨圖 : 특성요인도)

① 특정 문제의 원인들을 보여주는 도표이다.(원인결과 분석도)
② 어골도는 문제를 일으킬만한 원인과 조건에 이르기까지의 단계를 탐구하고, 문제상황과 익숙한 사람들을 선발하여 문제를 일으킬 가능성이 있는 원인들에 대해서 생각하며, 각각의 원인들을 분석 및 결과를 도출하는데 사용된다.
③ 인과관계 다이어그램 방법(cause-and-effect diagram method)라고도 불리고 전사적품질관리(TQM)에 많이 사용하며, 과거 지향적이면서 부정적인 수행차이를 없애는데 초점을 둔다.
(출처:[네이버 지식백과] 어골도 [漁骨圖] (HRD 용어사전, 2010. 9. 6., (사)한국기업교육학회))

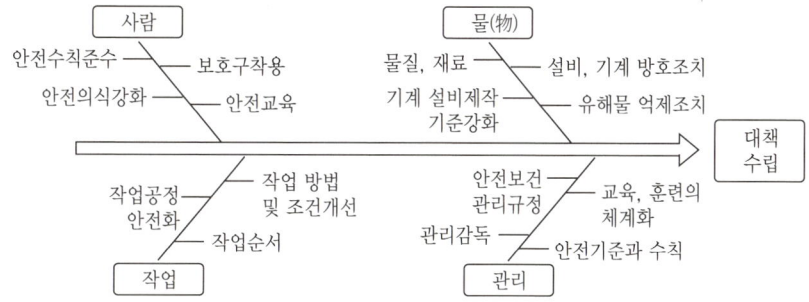

[그림] 특성요인(원인결과분석)도

합격키

2014, 2015, 2016, 2018, 2021년 유사문제 출제

07 수요를 예측하는데 있어 과거 자료보다는 최근 자료가 더 중요한 역할을 한다는 논리에 근거한 **지수평활법**을 사용하여 수요를 예측하고자 한다. 다음 자료의 수요 예측값(F_t)은?

> ○ 직전 기간의 지수평활 예측값(F_{t-1})=1,000
> ○ 평활 상수(α)=0.05
> ○ 직전 기간의 실제값(A_{t-1})=1,200

① 1,005
② 1,010
③ 1,015
④ 1,020
⑤ 1,200

답 ②

해설

단순 지수 평활법

① $F_t = F_{t-1} + \alpha(A_{t-1} - F_{t-1}) = \alpha A_{t-1} + (1-\alpha)F_{t-1} = (0.05 \times 1,200) + [(1-0.05) \times 1,000] = 10,010$
② 차기 예측치 = 당기 예측치 + α(당기 실적치 − 당기 예측치)
  = α × 당기 실측치 + $(1-\alpha)$ × (당기 예측치)
  (α : 지수 평활 계수($0 \leq \alpha \leq 1$), A_{t-1} : $(t-1)$기의 실측치, F_{t-1} : $(t-1)$기의 예측치, F_t : t기의 예측기)

보충학습

지수평활법(exponential smoothing)

① 1959년 로버트 구델 브라운(Robert Goodell Brown)이 처음 소개한 지수평활법은 공급망 수요를 예측하는 방법 중 정량적 예측 방법의 하나이다.
② 공급망 수요를 예측하는 것은 이윤 극대화를 가져오므로 매우 중요한 사안인데, 이러한 예측을 위해서 크게 정성적 예측 방법과 정량적 예측 방법을 사용한다.
③ 정성적 예측 방법은 실무자, 전문가 등의 판단에 의존적인 방법이다.
④ 정량적 예측 방법은 과거에 대한 정보, 과거의 시계열 자료 등 수치적인 자료를 이용하여 예측하는 방법이다.
⑤ 지수평활법은 수많은 복잡한 예측 모형에 비해 수식이 단순하여 계산량이 적으며, 예측 능력이 크게 떨어지지 않기 때문에 많은 종류의 수요를 일별, 주별 등 매우 빈번하게 예측해야만 하는 모델을 관리하기에 적합한 예측 방법이다.
⑥ 시계열의 내재 과정(Underlying Process)에 급격한 수준의 변화와 기울기가 발생할 때, 이러한 변화에 신속하게 적응하여 미래를 예측하지 못한다는 단점이 있다.

[네이버 지식백과] 지수평활법 [exponential smoothing] (두산백과 두피디아, 두산백과)

08 재고량에 관한 의사결정을 할 때 고려해야 하는 재고유지 비용을 모두 고른 것은?

> ㄱ. 보관설비 비용 ㄴ. 생산준비 비용
> ㄷ. 진부화 비용 ㄹ. 품절비용
> ㅁ. 보험비용

① ㄱ, ㄴ, ㄷ ② ㄱ, ㄴ, ㄹ
③ ㄱ, ㄷ, ㅁ ④ ㄱ, ㄹ, ㅁ
⑤ ㄴ, ㄷ, ㄹ

답 ③

해설

재고비용

(1) 발주/구매비용(Ordering, procurement cost)
 ① 물품의 주문, 구매, 조달과 관련하여 발생되는 비율
 ② 가격 및 거래처에 대한 조사비용
 ③ 수송비, 하역비, 통관료, 검사 시험비 등
(2) 준비비용(Set-up, production change cost)
 ① 특정 제품을 생산하기 위하여 생산공정의 변경이나 가계 및 공구의 교환 등으로 발생되는 비용
 ② 준비시간 중 발생되는 기계의 유휴비용, 준비인원의 직접 노무비, 공구비용 등
(3) 재고유지비용(Carrying, Holding cost)
 ① 재고를 보관하고 유지하는데 발생되는 비용(보관설비비용)
 ② 창고의 임대료, 유지경비, 보관료, 보관보험, 세금 등
 ③ 재고자산에 투입된 자금의 금리비용(진부화 비용)
 ④ 도난, 변질 등으로 발생된 손실비용
(4) 재고부족비(Shortage, Stockout cost)
 ① 품절로 발생되는 일종의 기회비용
 ② 손실, 즉 판매기회 및 고객상실의 기회비용으로 주문거절, 긴급조처를 위한 추가비용 등

보충학습

진부화 비용

① 팔리지 않고 오래된 재고는 물리적 손상 또는 유행 경과 등으로 가치가 하락할 수 있는데 이를 '진부화' 재고자산이라 표현한다.
② 장기체화, 진부화 재고자산에 대해서는 자선성 검토 이슈가 발생한다.
③ 자산으로 기재한 재고자산이 그만큼의 경제적 가치가 있을지의 여부를 검토하는 것이다.
④ 장기체화, 진부화 등의 요인으로 가치가 하락하게 되는 경우 최초 인식한 자산 금액에서 가치가 하락된 금액만큼은 자산이 아닌 비용으로 반영해야 한다.

산업보건지도사 · 과년도기출문제

09 서비스 수율관리(yield management)가 효과적으로 나타나는 경우가 아닌 것은?

① 변동비가 높고 고정비가 낮은 경우

② 재고가 저장성이 없어 시간이 지나면 소멸하는 경우

③ 예약으로 사전에 판매가 가능한 경우

④ 수요의 변동이 시기에 따라 큰 경우

⑤ 고객특성에 따라 수요을 세분화할 수 있는 경우

답 ①

해설

수율관리(Yield Management)

(1) 개요

① 수율관리는 재료생산성을 의미하며 재료비의 이상적 원가를 계산하는과정에서 발생하는 로스를 파악하고 개선에 활용하기 위한 목적으로 사용된다.

② 기업의 매출 혹은 수익을 최대화하기 위해서, 공급능력을 적절한 가격과 시점에 적절한 고객에게 할당하는 과정이라 할 수 있다

③ 수요를 좀더 예측 가능하게하는 강력한 접근법이 될 수있으며 수율은 자재의 투입에 따른 산출량의결과로서 수율의 높고 낮음을 평가한다.

(2) 산출공식

① 수율(yield)=실제수익/잠재수익

② 실제수익=실제사용량×실제가격평균

③ 잠재수익=가용능력×최대가격

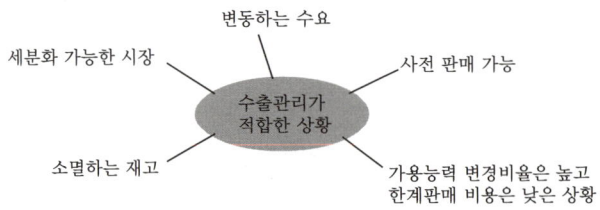

[그림] 수율관리 필요성

(3) 수율관리가 효과적인 경우

① 고객그룹별로 수요가 분리될 수 있는 경우

② 고정비는 높고 변동비는 낮은 경우

③ 재고(잉여공급능력)은 시간이 지나면 사용 불가

④ 예약으로 사전판매가 가능한 경우

⑤ 수요가 매우 변동성이 높은 경우

(4) 수율관리시스템 운영

① 가격책정 구조가 고객이 논리적으로 느껴야하고 가격차 등이 정당화되어야 함

② 도착시간, 체류기간, 고객들간의 시간간격에 있어서 변동성에 대처할 수 있어야 함

③ 서비스과정을 관리할 수 있어야 함

④ 고객에 직접 영향을 주는 초과예약과 가격변동이 발생하는 작업환경에 대한 종업원훈련 실시

⑤ 수율관리의 핵심은 수요을 관리할 수 있는 능력

10 오건(D. Organ)이 범주화던 조직시민행동의 유형에서 불평, 불만, 험담 등을 하지 않고, 있지도 않은 문제를 과장해서 이야기 하지 않는 행동에 해당하는 것은?

① 시민덕목(civic virtue)
② 이타주의(altruism)
③ 성실성(conscientiousness)
④ 스포츠맨십(sportsmanship)
⑤ 예의(courtesy)

답 ④

해설

조직시민 행동

(1) 조직시민 행동의 동기
  ① 조직관심 동기 : 구성원은 자신이 속한 조직이 잘되기를 바라고 조직에 대한 자부심을 가지고 있는 경우
  ② 친사회적인 동기 : 인간은 기본적으로 남을 돕고 다른 사람과 좋은 관계를 맺고자 희망하기 때문
  ③ 인상관리 동기 : 조직내에서 자신의 좋은 면을 보여주어 후에 어떠한 보상을 얻고자 하는 동기를 의미한다.

(2) 조직시민행동의 유형
  ① 이타적 행동 : 이해타산이 아니라 순수한 의도로 조직 내 타인을 돕는 행동
    예 업무량이 많은 동료를 도와준다든가, 결근한 동료의 일을 처리해 주는 행동, 주로 조직내 타인을 대상으로 많이 일어나지만, 조직외부인 고객, 원재료, 공급자 등에게도 일어난다.
  ② 양심적 행동 : 조직에서 요구하는 규정 이상의 수준을 지키려는 행동을 의미함
    회사의 규정의 빈틈을 이용하여 개인의 편의나 이익을 챙기지 않으면서도 규정에서 요구하는 수준 이상을 준수하고자 하며, 사회적 룰이나 양심에 맞는 행동을 하는 경우를 말함
    예 갑작스럽게 병이 났거나 교통사고를 당한 와중에도 정상적으로 출근하려고 노력하는 모습 등
  ③ 예의 행동 : 직무수행과 관련하여 갈등이 발생할 수 있는 가능성을 미리 막으려고 노력하는 행동
    예 동료의 직무관련 권한을 침해하지 않는 다든지, 어떤 의사결정을 하기 전에 관련되는 다른 사람들과 상의하는 등이 이에 포함됨(향후 좋지 않은 일이 발생할 가능성을 미리 줄이는 행동)
  ④ 공익적 행동 : 조직생활에 관심을 갖고 적극적으로 참여하는 행동을 말한다.
    예 조직에서 주관하는 행사에 적극적으로 참석하는 것. 조직의 아이디어 회의에 적극적인 토론참여 등
  ⑤ 스포츠맨십 : 회사에 대하여 불평불만을 하지 않고, 개인적으로 감내할 수 있는 조직 내 문제점을 과장하지 않는 태도
    예 조직의 결정이 자신에게 불리한 점이 있음에도 불구하고 이를 수용하는 태도

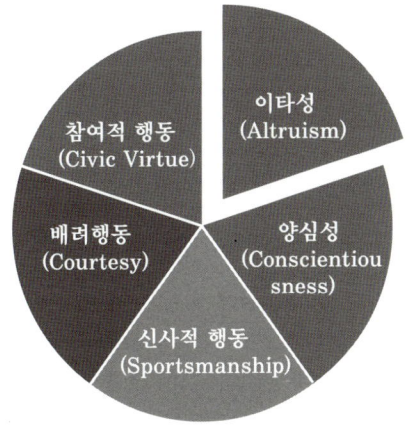

[그림] 시민행동의 유형

> **읽을거리**

조직시민행동

조직시민행동은 직책의 요구를 초과하여 종업원이 추가적으로 행하는 긍정적인 행동을 의미한다. 예를 들어 부서에 대해 건설적으로 진술하거나 타인의 작업에 대해 개인적인 관심을 표현하면서 개선을 위해 제안하거나 신입사원의 훈련을 자처하고 경영규칙을 준수하면서 그 정신을 존중하는 것이 조직시민행동이라고 할 수 있다. 여기서 종업원들은 조직에 대해서 긍정적인 인식을 지니고 있으며 다른 동료와도 더욱 긍정적인 관계를 형성한다. 관리자는 이러한 행동을 보여 주는 종업원을 더욱 선호할 것이다.

11 직업 스트레스에 관한 설명으로 옳지 않은 것은?

① 비르(T. Beehr)와 프랜즈(T. Franz)는 직업 스트레스를 의학적 접근, 임상·상담적 접근, 공학심리학적 접근, 조직심리학접 접근 등 네 가지 다른 관점에서 설명할 수 있다고 제안하였다.

② 요구-통제 모델(Demands-Control Model)은 업무량 이외에도 다양한 요구가 존재한다는 점을 인식하고, 이러한 다양한 요구가 종업원의 안녕과 동기에 미치는 영향을 연구한다.

③ 자원보존 이론(Conservation of Resources Theory)은 종업원들은 시간에 걸쳐 자원을 축척하려는 동기를 가지고 있으며, 자원의 실제적 손실 또는 손실의 위협이 그들에게 스트레스를 경험하게 한다고 주장하였다.

④ 셀리에(H. Selye)의 일반적 적응증후군 모델은 경고(alarm), 저항(resistance), 소진(exhaustion)의 세 가지 단계로 구성된다.

⑤ 직업 스트레스 요인 중 역할 모호성(role ambiguity)은 종업원이 자신의 직무기능과 책임이 무엇인지 불명확하게 느끼는 정도를 말한다.

답 ②

해설

Karasek의 직무요구-통제모형

① 초기의 직무요구-자원 모형은 Karasek(1979)가 제안한 직무요구-통제 모형(Job Demand-Control Model)에 기반을 둔 분석의 틀에서 출발하였다.

② 직무요구-통제 모형은 업무과부하, 예기치 않는 업무, 인적 갈등을 포함한 심리적 스트레스 요인을 직무요구라고 정의하였다. 근무시간 동안 수행하는 업무에 대한 종업원 개인의 통제력을 직무통제라고 정의하였다.

③ 직무요구와 직무통제가 각각의 작용을 하는 것이 아니라 서로 상호작용을 하고 있으며, 직무요구가 직무스트레스에 영향을 주는 것에 직무통제가 신체적, 정신적 악영향에의 완충 역할을 한다고 제시하였다.

④ Karasek의 직무요구-통제 모형은 결과의 예측을 위해 직무요구와 직무재량권이 상호작용을 통해 결합하여 높은 통제와 낮은 요구의 결합은 낮은 긴장을 발생시키고, 낮은 통제와 높은 요구의 결합은 높은 긴장으로 이어진다는 것으로 그림과 같다.

⑤ 이론 모형들은 모두 Hackman & Oldman(1974)이 제안한 직무특성 모형(Job Characteristic Model)에 기초한 것으로서 직무설계와 성과 간의 관계에서 직무담당자의 내적 동기부여 및 만족 간의 관계를 규명하기 위한 것으로 특히, 직무특성 모형에서 Hackman et al.(1976)이 제시한 다섯 가지 핵심특성들(기술 다양성, 과업 정체성, 과업 중요성, 직무 자율성 및 과업 피드백)은 조직 구성원들이 수행하는 직무 자체와 관련된 변수로서 직무요구-자원 모형에서 직무 자원의 개념으로 새롭게 분류되고 있다.

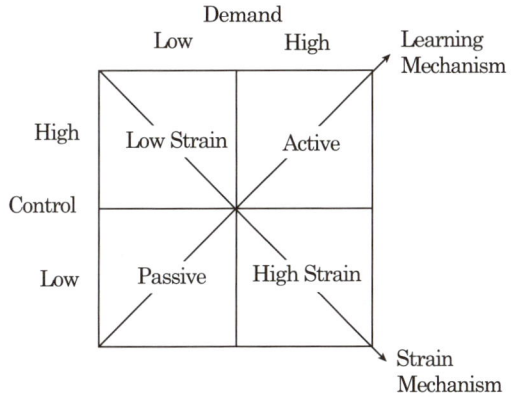

(출처 : Karasek Jr, R. A.(1979) "Job demands, job decision latitude, and mental strain: Implications for job redesign". Administrative science quarterly, 285-308.)

12 직무만족을 측정하는 대표적인 척도인 **직무기술 지표(Job Descriptive Index : JDI)의 하위 요인**이 아닌 것은?

① 업무
② 동료
③ 관리 감독
④ 승진 기회
⑤ 작업 조건

답 ⑤

해설

직무만족에 영향을 미치는 내·외적 요인 및 측정도구
(1) 내재적 요인
  ① 먼저 내재적 요인에는 직무를 수행하는 그 사람 자체에 대한 개인적인 특성과 직무 자체에 대한 특성이 포함된다.
  ② 개인적 특성에는 기분과 정서, 성격, 자기효능감, 개인역량 등이 있다.
  ③ 직무 자체에 대한 특성에는 직무독립성, 직무에 대한 관심, 성공적인 직무수행, 기술의 적용, 직무에 대한 몰입 등이 있다.
(2) 외재적 요인
  ① 직무만족의 외재적 요인 직무 그 자체보다는 직무를 둘러싼 환경적 요인에 관련된 것이다.
  ② 보상, 고용안정, 안전한 근무여건, 감독 및 상사와의 관계, 동료관계, 승진 등이 있으며 이 6가지는 실무적으로 직무만족도 조사에서 많이 활용되는 조사결과에 따라 근로자들이 가장 중요하다고 생각하는 외재적 요인들을 바탕으로 한 것이다.
(3) 측정 도구
  ① 직무 만족을 측정하는 도구는 주요 관심사가 정서적 측면인지 인지적 측면인지에 따라 달라진다. 대부분의 측정 방법은 자기 보고식 질문지에 의존한다.
  ② 직무만족을 활용하는 연구자는 연구의 목적과 내용 그리고 연구대상에 따라 크게 전반적인 직무만족도를 측정할 필요가 있는지 아니면 요인 별 직무만족도를 측정할 필요가 있는지를 확인할 필요가 있다.
  ③ 스미스등(Smith et al, 1969)의 **직무기술지표(JDI)는 직무, 급여, 승진, 감독 및 동료 등의 다섯가지 요인**으로 구분하여 72개 설문문항으로 측정하고 있는데, 직무(Work)에 대해서는 18문항으로 측정하고 있다.
  ④ JDI의 경우 직무의 구체적인 내용에 대해서 측정하는 것이 아니라 직무에 대해 '반복적인(routine)', '환상적인(fascinating)' 등과 같은 형용사적인 표현에 대해 '예', '아니오', '잘 모르겠다'는 3가지로 응답하도록 되어 있다.
  ⑤ 직무자체에 대한 만족도, 즉 내재적 직무특성요인인 직무다양성, 자율성, 책임, 일자체와 관련해서는 Hackman & Oldham(1975)의 직무진단조사(JDS), Weiss et al.(1969)의 미네소타만족설문지(MSQ) 등이 있다.
  (참고자료 출처 : 위키백과)

읽을거리

(1) 직무만족의 개요
직무 만족(職務 滿足, job satisfaction)은 개인이 직무와 관련된 평가의 결과로 얻을 수 있는 감정의 상태를 나타내는 용어이다.
(2) 연구
  ① 직무 만족에 대한 연구는 호손효과연구로부터 시작되었다고 할 수 있다.
  ② 호손효과연구는 본래 물리적 환경이 노동자들의 성과에 미치는 영향을 보고자 실시되었다. 그런데 물리적 환경요소보다 자신이 연구대상자라는 인식이 행동에 영향을 미치는 '호손효과(Hawthorne effect)'가 발견되었다.
  ③ 사람들이 임금뿐만이 아닌 다른 목적들을 위해 일을 한다는 강력한 증거로 작용하며, 학자들이 직무 만족의 다른 변인들을 탐색하는 시발점이 되었다.
  ④ 1930년대부터는 종종 노동자 대상의 익명 조사를 통한 직업 만족도 평가가 일어났다. 노동자들의 태도에 비로소 관심을 갖기 시작한 것이다.
  ⑤ 1934년 Uhrbrock은 노동자들의 태도를 평가하기 위해 새롭게 개발된 태도 측정 기술을 사용하였다.

⑥ 1935년 Hoppock은 직업 그 자체, 직장 동료 및 상관과의 관계에 의해서 영향 받는 직무 만족 연구를 시행했다.
⑦ 1950년대 말에는 직무만족, 직무태도, 직무성과 등에 대한 연구를 토대로 Herzberg의 2-요인 이론(two-factor)이 제시되었다.
⑧ Herzberg는 만족과 불만족이 두개의 독립적인 개념임을 전제한 후, 직무만족과 불만족이 나타나게 되는 선행요인을 연구하였다. 그 후 직무만족에 영향을 미치는 요인들을 정리하여 동기요인(motivation)이라 이름하였고 직무 불만족에 영향을 미치는 요인들을 집합적으로 위생요인(hygiene factor)이라고 명명하였다.
⑨ Herzberg가 정의한 동기요인에는 급여, 감시와 감독, 회사의 정책과 행정, 감독자(상사)와의 인간관계, 하급자와의 인간관계, 동료와의 인간관계, 작업조건, 개인생활 요소들, 직위, 직장의 안정성 등이 있다.

13 해크만(J. Hackman)과 올드 햄(G. Oldham)의 직무특성 이론은 5개의 핵심 직무특성이 중요 심리상태라고 불리는 다음 단계와 직접적으로 연결된다고 주장하는데, '일의 의미감(meaning fulness)경험'이라는 심리상태와 관련있는 직무특성을 모두 고른 것은?

> ㄱ. 기술 다양성　　　　　　ㄴ. 과제 피드백
> ㄷ. 과제 정체성　　　　　　ㄹ. 자율성
> ㅁ. 과제 중요성

① ㄱ, ㄷ
② ㄱ, ㄷ, ㅁ
③ ㄴ, ㄹ, ㅁ
④ ㄷ, ㄹ, ㅁ
⑤ ㄴ, ㄷ, ㄹ, ㅁ

답 ②

해설

직무 특성 모델

(1) Hackman과 Oldham에 의해 만들어진 직무 특성 모델(Job characteristics model)은 직무 특성들이 어떻게 직업 성과를 가져오는지에 대해 연구하는데 널리 사용된다.
(2) 다섯 가지의 직무 특성과 세 가지 직무수행자의 심리적 상태들, 그리고 직무만족을 포함한 네 가지 성과변수들로 구성되어 있다.

다섯 가지 직무 특성에는
　① 기능(술) 다양성(skill variety) : 많은 수의 다른 기술과 재능을 요구하는 정도
　② 과업 정체성(task identity) : 전체적이고, 동일하다고 증명할 수 있는 한 작업 부분의 완성을 요하는 정도
　③ 과업 중요성(task significance) : 직무가 다른 사람들에 대하여 가지고 있다고 믿는 영향의 정도
　④ 자율성(autonomy) : 작업장, 작업중단, 과업할당과 같은 의사결정에서의 자유, 독립성, 재량이 주어지는 정도
　⑤ 과업 피드백(task feedback) : 성과의 효율성에 대한 명료하고 직접적인 정보를 제공하는 정도가 그것이다.

(3) 다섯 가지 주요 직무 특성들은 합쳐져서 직무의 Motivating Potential Score(MPS)를 이루게 되는데 이것은 직무가 얼마나 한 직원의 태도와 행동에 영향을 끼치는가를 알게 해주는 지표로 사용된다. 이들을 상호 결합하여 설계하면, 세 개의 심리적 상태가 직무수행자들 사이에 일어난다.
(4) 직무에 대하여 느끼게 되는 의미성, 직무에 대한 책임감, 직무수행 결과에 대한 지식이 그것이다. 개인이 이러한 심리적 상태를 경험하게 되면 결과적으로 내재적인 작업동기와 직무만족은 높아지고 작업의 질이 상승하며 이직률과 결근율이 저하된다.(참고문헌 : 위키백과)

14 브룸(V. Vroom)의 기대 이론(expectancy theory)에서 일정 수준의 행동이나 수행이 결과적으로 어떤 성과를 가져올 것이라는 믿음을 나타내는 것은?

① 기대(expectancy)
② 방향(direction)
③ 도구성(instrumentality)
④ 강도(intensity)
⑤ 유인가(valence)

답 ①,③

해설

기대 이론(expectancy theory : 期待理論)

① 브룸에 의하면 모티베이션(motivation)은 유의성(valence)·수단(도구성 : instrumentality)·기대(expectancy)의 3요소에 의해 영향을 받는다.
② 유의성은 특정 보상에 대해 갖는 선호의 강도이다.
③ 수단은 어떤 특정한 수준의 성과를 달성하면 바람직한 보상이 주어지리라고 믿는 정도를 말한다.(도구성)
④ 기대는 어떤 활동이 특정 결과를 가져오리라고 믿는 가능성을 말하는 것으로, 모티베이션의 강도 = 유의성×기대×수단으로 나타낼 수 있다.

참고

기업진단·지도 p.137(합격날개 : 합격예측)

합격키

① 2012년 6월 2일(문제 16번) 출제
② 2014년 4월 12일(문제 14번) 출제

15 라스무센(J. Rasmussen)의 수행수준 이론에 관한 설명으로 옳은 것은?

① 실수(slip)의 기본적인 분류는 3가지 주제에 대한 것으로 의도형성에 따른 오류, 잘못된 활성화에 의한 오류, 잘못된 촉발에 의한 오류이다.

② 인간의 행동을 숙련(skill)에 바탕을 둔 행동, 규칙(rule)에 바탕을 둔 행동, 지식(knowledge)에 바탕을 둔 행동으로 분류한다.

③ 오류의 종류로 인간공학적 설계오류, 제작오류, 검사오류, 설치 및 보수오류, 조작오류, 취급오류를 제시한다.

④ 오류를 분류하는 방법으로 오류를 일으키는 원인에 의한 분류, 오류의 발생 결과에 의한 분류, 오류가 발생하는 시스템 개발단계에 의한 분류가 있다.

⑤ 사람들의 오류를 분석하고 심리수준에서 구체적으로 설명할 수 있는 모델이며 욕구체계, 기억체계, 의도체계, 행위체계가 존재한다.

답 ②

해설

라스무센의 3가지 휴먼에러
① 지식기반착오(Konowledge based Mistake) : 무지로 발생하는 착오
② 규칙기반착오(Rule-base Mistake) : 규칙을 알지 못해 발생하는 착오
③ 숙련기반착오(Skill-base Mistake) : 숙련되지 못해 발생하는 착오

보충학습

인간오류의 5가지 모형

구분	특징
착각(Illusion)	감각적으로 물리현상을 왜곡하는 지각 오류
착오(Mistake)	상황해석을 잘못하거나 목표를 잘못 이해하고 착각하여 행하는 인간의 실수로 위치, 순서, 패턴, 형상, 기억오류 등 외부적 요인에 의해 나타나는 오류
실수(Slip)	의도는 올바른 것이었지만, 행동이 의도한 것과는 다르게 나타나는 오류
건망증(Lapse)	일련의 과정에서 일부를 빠뜨리거나 기억의 실패에 의해 발생하는 오류
위반(Violation)	정해진 규칙을 알고 있음에도 의도적으로 따르지 않거나 무시한 경우에 발생하는 오류

합격키

① 2017년 3월 25일(문제 16번) 출제
② 2020년 9월 25일(문제 15번) 출제

16 착시를 크기 착시와 방향 착시로 구분하는 경우, 동일한 물리적인 길이와 크기를 가지는 선이나 형태를 다르게 지각하는 크기 착시에 해당하지 않는 것은?

① 뮬러 - 라이어(Müller-Lyer) 착시
② 폰조(Ponzo) 착시
③ 에빙하우스(Ebbinghaus) 착시
④ 포겐도르프(Poggendorf) 착시
⑤ 델뵈프(Delboeuf) 착시

답 ④

해설

착시의 종류(현상)

구분	그림	현상
Müller-Lyer의 길이착시		(a)가 (b)보다 길게 보인다. 실제 (a) = (b)
Helmholtz의 분할착시		(a)는 세로로 길어 보이고, (b)는 가로로 길어 보인다.
Hering의 착시		가운데 두 직선이 곡선으로 보인다.
Köhler의 착시 (윤곽착오)		우선 평행의 호(弧)를 본 경우에 직선은 호의 반대반향으로 굽어 보인다.
Poggendorf의 기하학적 광학 착시		(a)와 (c)가 일직선상으로 보인다. 실제는 (a)와 (b)가 일직선이다.
Zöller의 방향 착시		세로의 선이 굽어 보인다.
Orbigon의 착시		안쪽 원이 찌그러져 보인다.
Sander의 착시		두 점선의 길이가 다르게 보인다.
Ponzo의 기하학적 광학 착시		두 수평선부의 길이가 다르게 보인다.

Tichener의 착시 Ebbinghaus의 착시		같은 크기의 원이지만 달라보인다.
델뵈우프 Delboeuf 착시		가운데 있는 두 개의 검은 원은 같은 크기이지만 오른쪽 원이 더 커보인다.

참고

기업진단·지도 p.151(2. 착시의 종류)

합격키

① 2014년 4월 12일(문제 11번) 출제
② 2022년 3월 19일 출제

17 집단(팀)에 관한 다음 설명에 해당하는 모델은?

> ○ 집단이 발전함에 따라 다양한 단계를 거친다는 가정을 한다.
> ○ 집단발달의 단계로 5단계(형성, 폭풍, 규범화, 성과, 해산)를 제시하였다.
> ○ 시간의 경과에 따라 팀은 여러 단계를 왔다 갔다 반복하면서 발달한다.

① 캠피온(Campion)의 모델
② 맥그래스(McGrath)의 모델
③ 그래드스테인(Gladstein)의 모델
④ 해크만(Hackman)의 모델
⑤ 터크만(Tuckman)의 모델

답 ⑤

해설

Tuckman's Model(팀발달모델)
(1) 제1단계 : 형성(Forming)-탐색기
　① 팀이 처음 구성되는 시기로 모든것이 불확실한 상태
　② 팀원은 서로를 탐색하는 중
　③ 팀의 목표와 문제에 대해 상대적인 이해가 부족
　④ 리더는 팀원들이 서로 이해하고, 신뢰할 수 있도록 팀을 단결시킨다. 그러기 위해선 팀의 기본 규칙을 세운다.
(2) 제2단계 : 격동(폭풍 : Storming)-준비기
　① 팀이 꾸려지면서 같은 소속이라는 것을 인정하면서도 타협이 되지 않아서 내부적인 갈등이 높은 시기
　② 과업, 제도와 관련하여 서로 이해가 엇갈리는 시기
　③ 리더는 혼란스러운 이 단계에 각 개인 및 차이에 대한 포용력이 필요
　④ 타협과, 양보로 규칙, 제도를 정해야 한다.
(3) 제3단계 : 표준화(규범화 : Norming)-형성기
　① 집단의 목표, 규칙, 가치, 행동, 방법 등이 만들어진다.
　② 서로 협력하며 자신들의 행동을 서로에게 맞추면서 좋은 관계를 가지는 시기
　③ 문제해결과 그룹의 조화를 위한 의식적인 노력, 동기부여
　④ 리더는 팀이 좀 더 자율적이 되도록 노력
(4) 제4단계 : 수행(성과 : Performing)-실행기
　① 집단의 목표에 총력을 기울이는 시기
　② 부적절한 갈등 또는 외부 감독이 필요없으며 작업을 부드럽고 효과적으로 마무리
　③ 팀이 큰 갈등 없이 가장 잘 운영되는 시기
　④ 팀원들은 서로를 잘 이해함으로써, 어떻게 자신들의 역량을 잘 조화시켜 팀의 목표를 함께 성취
(5) 제5단계 : 해산(Adjouring)
　① 프로젝트가 완료되면 팀은 해체
　② 공식적으로 해체하기도 하고, 서서히 소멸하기도 한다.

18 산업재해이론 중 아담스(E. Adams)의 사고연쇄 이론에 관한 설명으로 옳은 것은?

① 관리구조의 결함, 전술적 오류, 관리기술 오류가 연속적으로 발생하게 되며 사고와 재해로 이어진다.

② 불안전상태와 불안전행동을 어떻게 조절하고 관리할 것인가에 관심을 가지고 위험해결을 위한 노력을 기울인다.

③ 긴장 수준이 지나치게 높은 작업자가 사고를 일으키기 쉽고 작업수행의 질도 떨어진다.

④ 작업자의 주의력이 저하하거나 약화될 때 작업의 질은 떨어지고 오류가 발생해서 사고나 재해가 유발되기 쉽다.

⑤ 사고나 재해는 사고를 낸 당사자나 사고발생 당시의 불안전행동, 그리고 불안전 행동을 유발하는 조건과 감독의 불안전 등이 동시에 나타날 때 발생한다.

답 ①, ②

해설

애드워드 아담스의 사고연쇄반응

(1) 사고연쇄반응 5단계

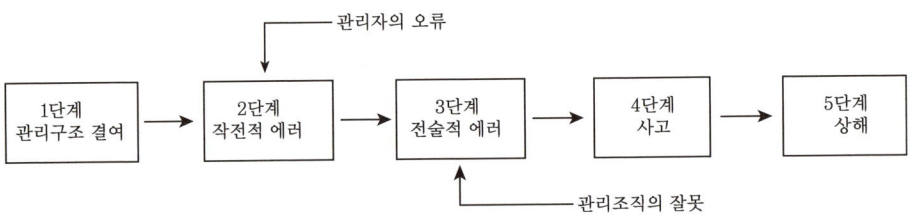

(2) 단계별 특징
① 관리구조 결여 : 회사의 조직 운영, 방침과 관련된 사항
② 작전적 에러 : 감독자 및 관리자의 관리적인 잘못에 기인
③ 전술적 에러 : 불안전한 행동 및 불안전한 상태
④ 사고 : 아차사고를 포함함(물적사고)
⑤ 상해 또는 손실 : 인적 부상과 물질적 손해 포함

합격키

① 2013년 4월 20일 산업안전일반 출제
② 2014년 4월 12일 산업안전일반 출제

19 물체의 낙하 또는 비래 및 추락에 의한 위험을 방지 또는 경감하고 머리부위 감전에 의한 위험을 방지하기 위한 안전모의 종류(기호)는?

① A
② AB
③ AE
④ ABE
⑤ ABF

답 ④

해설

안전모의 종류

종류기호	사용구분	모체의 제질	내전압성
AB	물체낙하, 날아옴, 추락에 의한 위험을 방지, 경감시키는 것	합성수지	비 내전압성
AE	물체낙하, 날아옴에 의한 위험을 방지 또는 경감하고 머리부위 감전에 의한 위험을 방지하기 위한 것	합성수지(FRP)	내전압성
ABE	물체의 낙하 또는 날아옴 및 추락에 의한 위험 및 감전을 방지하기 위한 것	합성수지(FRP)	내전압성

주 ① 내전압성이란 7,000V 이하의 전압에 견디는 것을 말한다.
 ② FRP : Fiber Glass Reinforced Plastic(유리섬유 강화 플라스틱)

보충학습

안전모 형태별 분류
① 캡형 : 공작기계의 조작이나 기계의 조립작업
② 전부위 차양형 : 토사의 채취 현장
③ MP형 : 건설 현장

합격키

2019년 문제 05번 출제 및 해설

20 산업재해발생의 기본 원인 4M에 해당하지 않는 것은?

① Man
② Media
③ Machine
④ Mechanism
⑤ Management

답 ④

해설

4M 위험성 평가(4M assessment)

Machine(기계적), Media(물질·환경적), Man(인적), Management(관리적) 등 4가지 면에서 유해·위험요인을 도출하고 발생빈도와 피해크기를 그룹화한 위험성 평가기법

Machine(기계적)
- 기계·설비의 결함
- 위험방호 장치의 불량
- 본질안전의 결여
- 사용 유틸리티의 결함 등

Media(물질·환경적)
- 작업공간의 불량
- 가스, 증기, 분진, 흄 발생
- 산소결핍, 유해광선, 소음, 진동
- MSDS자료, 미비 등

Man(인적)
- 근로자 특성의 불안전 행동
  - 여성, 고령자, 외국인, 비정규직 등
- 작업자세, 동작의 결함
- 작업정보의 부적절 등

Management(관리적)
- 관리감독 및 지도 결여
- 교육·훈련의 미흡
- 규정, 지침, 매뉴얼 등 미작성
- 수칙 및 각종 표지판 미게시 등

합격키

2022년 (문제 07번) 해설

21 안전보건경영시스템의 적용 범위 결정방법에 관한 지침상 안전보건경영시스템의 범위(경계) 결정의 핵심 과정을 모두 고른 것은?

> ㄱ. 핵심 작업 활동 관련 이슈를 파악하는 과정
> ㄴ. 안전·보건 관련 내부 및 외부 이슈를 파악하는 과정
> ㄷ. 근로자 및 기타 이해관계자의 니즈와 기대를 파악하는 과정

① ㄱ
② ㄱ, ㄴ
③ ㄱ, ㄷ
④ ㄴ, ㄷ
⑤ ㄱ, ㄴ, ㄷ

답 ⑤

해설

적용범위 결정 방법

1. 의의와 핵심 과정
(1) 안전보건경영시스템을 구축하려는 조직(사업장)은 조직환경, 사업장 소재지 특성, 산업특성을 고려하여 경영시스템의 적용 범위를 규정하여 적용할 수 있다
  ① 모든 안전보건 요소가 경영시스템에 적용되는 것이 원칙이나, 업종의 종류, 조직의 규모 또는 업무특성에 따라 각 요소의 적용 범위를 조정하여 적용할 수 있다.
  ② 안전보건경영시스템의 적용 범위는 자유와 유연성을 갖는다
  ③ 타당성 없는 일방적인 적용 범위 결정은 경영시스템의 신뢰성에 영향을 미친다. 따라서, 적용 범위 결정 의사 결정 관련 모든 자료는 문서화 되어 적합성을 보여야 한다.
(2) 안전보건경영시스템의 범위(경계) 결정의 핵심 과정은 안전.보건 관련 내부 및 외부 이슈를 파악하는 과정 : 근로자 및 기타 이해관계자의 니즈와 기대를 파악하는 과정 : 그리고 핵심 작업 활동 관련 이슈이다.

합격정보
안전보건경영시스템의 적용 범위 결정방법에 관한 지침(KOSHA GUIDE Z-12-2022)

22 Fail-Safe 기능면에서의 분류에 관한 설명으로 옳은 것을 모두 고른 것은?

> ㄱ. Fail-Active : 부품이 고장 났을 경우 통상 기계는 정지하는 방향으로 이동
> ㄴ. Fail-Passive : 부품이 고장 났을 경우 경보를 울리는 가운데 짧은 시간동안 운전가능
> ㄷ. Fail-Operational : 부품에 고장이 있더라도 기계는 추후 보수가 이루어질 때까지 안전한 기능 유지

① ㄱ
② ㄴ
③ ㄷ
④ ㄱ, ㄴ
⑤ ㄱ, ㄴ, ㄷ

답 ③

해설

Fail – safe
작업방법이나 기계설비에 결함이 발생되더라도 사고가 발생되지 않도록 이중, 삼중으로 제어를 하는 것을 말한다.
① Fail passive : 일반적인 산업기계 방식의 구조로 부품의 고장시 기계장치는 정지 상태로 옮겨간다.
② Fail operational : 병렬 또는 대기 여분계의 부품을 구성한 경우이며, 부품의 고장이 있어도 다음 정기점검까지 운전이 가능한 구조로 운전상 제일 선호하는 안전한 운전방법이다.
③ Fail active : 부품이 고장나면 기계는 경보를 울리는 가운데 짧은 시간 동안의 운전이 가능하다.
④ Fail soft : 기계설비 또는 장치의 일부가 고장났을 때, 기능의 저하가 되더라도 전체로서는 기능을 정지시키지 않는 기법
⑤ Tamper proof : 고의로 안전장치를 제거하는 경우를 대비한 예방 설계 개념

23 산업안전보건기준에 관한 규칙상 위험물질의 종류에 관한 내용이다. ( )에 들어갈 것으로 옳은 것은?

> - 부식성 산류 : 농도가 (ㄱ)퍼센트 이상인 인산, 아세트산, 불산, 그 밖에 이와 같은 정도 이상의 부식성을 가지는 물질
> - 부식성 염기류 : 농도가 (ㄴ)퍼센트 이상인 수산화나트륨, 수산화칼륨, 그 밖에 이와 같은 정도 이상의 부식성을 가지는 염기류

① ㄱ : 20, ㄴ : 40
② ㄱ : 40, ㄴ : 20
③ ㄱ : 50, ㄴ : 50
④ ㄱ : 50, ㄴ : 60
⑤ ㄱ : 60, ㄴ : 40

답 ⑤

해설

부식성 물질

(1) 부식성 산류
① 농도가 20퍼센트 이상인 염산, 황산, 질산, 그 밖에 이와 같은 정도 이상의 부식성을 가지는 물질
② 농도가 60퍼센트 이상인 인산, 아세트산, 불산, 그 밖에 이와 같은 정도 이상의 부식성을 가지는 물질

(2) 부식성 염기류
농도가 40퍼센트 이상인 수산화나트륨, 수산화칼륨, 그 밖에 이와 같은 정도 이상의 부식성을 가지는 염기류

보충학습

급성 독성 물질
① 쥐에 대한 경구투입실험에 의하여 실험동물의 50퍼센트를 사망시킬 수 있는 물질의 양, 즉 LD50(경구, 쥐)이 킬로그램당 300밀리그램-(체중) 이하인 화학물질
② 쥐 또는 토끼에 대한 경피흡수실험에 의하여 실험동물의 50퍼센트를 사망시킬 수 있는 물질의 양, 즉 LD50(경피, 토끼 또는 쥐)이 킬로그램당 1000밀리그램 - (체중) 이하인 화학물질
③ 쥐에 대한 4시간 동안의 흡입실험에 의하여 실험동물의 50퍼센트를 사망시킬 수 있는 물질의 농도, 즉 가스 LC50(쥐, 4시간 흡입)이 2500ppm 이하인 화학물질, 증기 LC50(쥐, 4시간 흡입)이 10mg/ℓ 이하인 화학물질, 분진 또는 미스트 1mg/ℓ 이하인 화학물질

합격정보
산업안전보건기준에 관한 규칙 [별표 1] 위험물질의 종류

24 감전시 응급조치에 관한 기술지침상 통전전류에 의한 영향에 관한 내용이다. ( )에 들어갈 것으로 옳은 것은?

종류	인체반응	전류치
(ㄱ)	짜릿함을 느끼는 정도	1~2mA
(ㄴ)	참을 수 있거나 고통스럽다	2~8mA

① ㄱ : 최소감지전류, ㄴ : 고통전류
② ㄱ : 최소감지전류, ㄴ : 가수전류
③ ㄱ : 가수전류, ㄴ : 고통전류
④ ㄱ : 불류전류, ㄴ : 가수전류
⑤ ㄱ : 심실세동전류, ㄴ : 고통전류

답 ①

해설

통전전류에 의한 영향

종류	인체반응	전류치
최소감지전류	짜릿함을 느끼는 정도	1~2mA
고통전류	참을 수 있거나 고통스럽다.	2~8mA
가수전류	안전하게 스스로 접촉된 전원으로부터 떨어질 수 있는 최대한도의 전류	8~15mA
불수전류	전력을 받았음을 느끼면서 스스로 그 전원으로부터 떨어질 수 없는 전류	15~50mA
심실세동전류	심장의 기능을 잃게 되어 전원으로 부터 떨어져도 수분이내 사망	$\frac{155}{\sqrt{t}}$ mA(체중 57kg) $\frac{165}{\sqrt{t}}$ mA(체중 57kg)

합격정보
감전시 응급조치에 관한 기술지침(5. 통전전류에 의한 영향)

합격키
2020년 (문제 02번) 해설

25 인간공학적 동작 경제원칙 내용으로 옳지 않은 것은?

① 양팔의 동작은 동시에 서로 반대방향으로 대칭적으로 움직이도록 한다.

② 손과 신체동작은 작업을 원만하게 수행할 수 있는 범위 내에서 가장 높은 동작 등급을 사용하도록 한다.

③ 가능하다면 낙하식 운반 방법을 사용한다.

④ 양손은 동시에 시작하고 동시에 끝나도록 한다.

⑤ 휴식시간을 제외하고는 양손이 동시에 쉬지 않도록 한다.

답 ②

해설

동작경제의 3원칙

길브레스(F.B.Gilbreth)가 처음 사용하고, 반즈(R.M.Barnes)가 개량, 보완

(1) 신체사용에 관한 원칙
① 탄도동작은 제한되거나 통제된 동작보다 더 신속, 정확, 용이하다.
② 초점작업은 가능한 없애고 불가피한 경우 초점간의 거리를 짧게 한다.
③ 작업동작은 자연스러운 리듬이 생기도록 배치한다.
④ 손의 동작은 자연스러운 연속동작이 되도록 하며 갑작스럽게 방향이 바뀌는 직선동작은 피한다.
⑤ 손의 동작은 최소동작 등급을 사용하도록 한다.
⑥ 양손은 동시에 동작을 시작하고 끝마쳐야 한다.
⑦ 동작의 관성을 이용하여 작업하되 억제하여야 하는 최소한도로 줄인다.
⑧ 휴식시간 외에는 양손이 동시에 쉬어서는 안된다.
⑨ 양팔은 각기 반대방향에서 대칭적으로 동시에 움직여야 한다.

(2) 공구 및 설비 디자인에 관한 원칙
① 치구나 족답장치를 활용하여 양손이 다른 일을 할 수 있도록 한다.
② 공구의 기능을 결합하여 사용한다.
③ 공구, 재료는 미리 위치를 잡아준다.
④ 각 손가락이 서로 다른 작업을 할 때는 손가락의 능력에 맞게 작업량을 분배한다.
⑤ 레버, 핸들 등의 제어장치는 자세를 바꾸지 않더라도 조작하기 용이하도록 배치한다.

(3) 작업장의 배치에 관한 원칙
① 낙하식 운반방법을 사용한다.
② 중력이송원리를 사용하여 부품을 사용위치에 가깝게 보낸다.
③ 적절한 조명을 사용한다.
④ 작업대, 의자높이를 조정한다.
⑤ 디자인이 좋아야 한다.
⑥ 공구, 재료, 제어장치는 사용위치에 가까이 둔다.
⑦ 공구, 재료는 지정된 위치에 둔다.
⑧ 공구, 재료를 그 위치를 정해둔다.

보충학습

(1) 동작분석 이란?
작업자의 동작을 분해가능한 최소한의 단위, 특히 미세동작으로 분석하고, 비능률적인 동작(무리, 낭비, 불합리한 동작)을 제거해서 최선의 작업방법으로 개선하기 위한 기법입니다. 여기서 미세동작이란 가장 작은 작업활동의 단위로서, 쥐다(grasp)등과 같은 기본적인 움직임을 포함합니다.

(2) 동작분석의 목적과 방법
① 동작분석은 작업을 함에 있어서 가장 경제적인 방법을 발견하기 위해 그 작업에 종사하는 작업자의 동작을 분석하여 개선하는 것이 목적
② 동작분석의 방법에는 동작경제의 원칙, 서블릭분석, 필름분석 등

SAFETY ENGINEER

산업보건지도사 자격시험
제1차 시험문제지

2024년도 3월 30일 필기문제

제3과목 기업진단·지도	총 시험시간 : 90분 (과목당 30분)	문제형별 A

수험번호	20240330	성 명	도서출판 세화

【수험자 유의사항】

1. 시험문제지 표지와 시험문제지 내 **문제형별의 동일여부** 및 시험문제지의 **총면수·문제번호 일련순서·인쇄상태** 등을 확인하시고, 문제지 표지에 수험번호와 성명을 기재하시기 바랍니다.
2. 답은 각 문제마다 요구하는 **가장 적합하거나 가까운 답 1개**만 선택하고, 답안카드 작성 시 시험문제지 **형별누락, 마킹착오**로 인한 불이익은 전적으로 **수험자에게 책임**이 있음을 알려 드립니다.
3. 답안카드는 국가전문자격 공통 표준형으로 문제번호가 1번부터 125번까지 인쇄되어 있습니다. 답안 마킹 시에는 반드시 **시험문제지의 문제번호와 동일한 번호**에 마킹하여야 합니다.
4. **감독위원의 지시에 불응하거나 시험 시간 종료 후 답안카드를 제출하지 않을 경우** 불이익이 발생할 수 있음을 알려 드립니다.
5. 시험문제지는 시험 종료 후 가져가시기 바랍니다.

【안 내 사 항】

1. 수험자는 **QR코드를 통해 가답안을 확인**하시기 바랍니다.
   (※ 사전 설문조사 필수)
2. 시험 합격자에게 '**합격축하 SMS(알림톡) 알림 서비스**'를 제공하고 있습니다.

▲ 가답안 확인

- 수험자 여러분의 합격을 기원합니다 -

3. 기업진단·지도

01 테일러(F. Taylor)의 과학적 관리법(scientific management)에 관한 설명으로 옳은 것을 모두 고른 것은?

> ㄱ. 고임금 고노무비 ㄴ. 개방체계
> ㄷ. 차별성과급 제도 ㄹ. 시간연구
> ㅁ. 작업장의 사회적 조건 ㅂ. 과업의 표준

① ㄱ
② ㄴ, ㅁ
③ ㄱ, ㄷ, ㅂ
④ ㄴ, ㄹ, ㅁ
⑤ ㄷ, ㄹ, ㅂ

답 ⑤

해설

테일러의 과학적 관리법
(1) 프레드릭 윈슬로우 테일러(Frederick Winslow Taylor)의 1911년 책 "과학적 관리법"
  ① 테일러의 핵심 아이디어 중 하나는 과학적인 직원 설발과 교육이 중요
  ② 관리자가 각 직원의 능력과 적성에 따라 과학적으로 선발하고 교육해야 한다고 제안
  ③ 직원들이 업무에 적합하고 최고의 성과를 낼 수 있도록 보장
(2) 시간 및 동작 연구
  ① 테일러는 업무 프로세스를 분석하고 최적화하기 위해 시간 및 동작 연구라는 개념을 도입
  ② 작업을 가장 작은 구성 요소로 나누고 각 단계를 수행하는 가장 효율적인 방법을 경정할 것을 주장
  ③ 접근 방식은 불필요한 움직임을 없애고 낭비를 중려 궁극적으로 생산성을 높이는 것을 목표
(3) 공정한 보상
  ① 테일러는 공정한 보상은 근로자의 생산량과 고용주의 이익 모두를 기준으로 이루어져야 한다고 주장
  ② 근로자가 더 높은 생산성을 위해 더 높은 임금을 받아 노사 간에 공정하고 상호 이익이 되는 관계를 만들어야 한다.

보충학습

테일러의 이론
(1) 개요
  ① 테일러는 근로자 생산성 향상이 관리자와 국가의 핵심 관심사라는 점부터 언급한다.
  ② 시어도어 루스벨트 미국 대통령의 말을 인용하며 국가 효율성의 중요성에 대해 설명
  ③ 직무에 적합한 인재를 찾는 데 그치지 않고 체계적인 교육에 집중해야 한다고 강조
  ④ 테일러는 비효율성의 주요 원인이 널리 퍼져있는 '경험 법칙'에 따른 업무 방식에 있다고 주장
  ⑤ 일상적인 행위의 비효율성을 강조하고, 체계적인 관리를 옹호
  ⑥ 모든 인간 활동에 적용 가능한 과학적 원리에 기반한 최상의 관리가 가능하다는 것을 입증
(2) 과학적 관리의 기초
  ① 테일러는 산업 시설에서 만연한 '군인화' 또는 고의적으로 느리게 일하는 문제에 대해 논의하고 경영의 주요 목표는 고용주와 직원 모두의 번영을 보장하는 것이어야 한다고 주장
  ② 테일러는 비효율성의 세 가지 원인으로
    ㉮ 생산량 증가가 실업으로 이어질 것이라는 믿음

㉯ 군인화를 조장하는 결함이 있는 관리 시스템
　　㉰ 비효율적인 기존 방식
　　㉱ 가장 효율적인 업무 방식을 결정하기 위해 동작 및 시간 연구의 중요성을 강조
(3) 과학적 관리의 4가지 원칙
　① 기존의 경험 법칙을 대체하여 업무의 각 요소에 대한 과학을 개발
　　㉮ 전통적인 관리는 표준화되지 않은 방법과 개인적인 판단에 의존합니다. 반면 과학적 관리는 과학적 방법을 사용하여 가장 표율적인 업무 수행 방법을 결정
　　㉯ 작업을 연구하고 가장 효율적인 방법을 문서화하여 직원들에게 가르쳐야 하고 이는 기존의 '경험 법칙'방식을 대체
　② 직원을 과학적으로 선발, 교육, 개발
　　㉮ 직원은 특정 업무에 대한 능력을 기준으로 선발해야 한다.
　　㉯ 일단 선발된 직원은 가능한 한 가장 효율적인 방식으로 업무를 수행할 수 있도록 교육을 받아야 한다.
　③ 개발된 과학과 업무가 일치하도록 직원들과 협력
　　㉮ 경영진은 계획 및 교육과 같은 더 많은 책임을 맡아서 근로자가 실행에만 집중할 수 있도록 해야함
　　㉯ 테일러는위의 4가지 원칙으로 과학적 관리를 구현하면 근로자의 행복, 임금 상승, 기업의 이익 증가, 모두의 번영으로 이어질 것이라고 믿음
(4) 테일러 과학적 관리법 장점
　① 효율적 향상 : 테일러의 방법, 특히 시간 및 동작 연구는 작업을 수행하는 가장 효율적인 방법을 찾아 생산성을 높이는 것을 목표로 한다.
　② 표준화 : 각 작업을 수행하는 '최선의 방법'을 정립함으로써 전반적으로 일관된 방법과 표준이 마련되어 변동성과 오류가 줄어든다.
　③ 명확한 역할과 책임 : 과학적 관리법은 경영진과 작업자 간의 명확한 역할과 책임 분담을 지지한다.
　④ 과학적 접근 : 체계적인 연구와 관찰을 통해 보다 객관적이고 데이터에 기반한 관리 방식을 도입한다.
　⑤ 더 높은 임금 : 테일러는 효율성을 높이면 기업이 근로자에게 더 많은 임금을 지급할 수 있고, 이는 임금과 생활 수준 향상으로 이어질 수 있다고 믿었다.
(5) 테일러 과학적 관리법 단점
　① 지나친 단순화 : 비평가들은 테일러의 방식이 복잡한 작업을 지나치게 단순화하여 개인의 기술과 창의성의 역할을 축소한다고 주장
　② 비인간화 : 효율성과 업무 최적화에 초점을 맞추다 보면 직원들이 기계의 톱니바퀴처럼 느껴져 업무 만족도가 떨어질 수 있다.
　③ 변화에 대한 저항 : 근로자들은 효율성 향상이 일자리 감소로 이어질 것을 우려해 테일러의 방식에 저항하는 경우가 많다.
　④ 좁은 초점 : 테일러의 원칙은 주로 효율성과 생산성에 초점을 맞추기 때문에 근로자의 복지, 직무 만족도, 조직 문화와 같은 다른 중요한 요소는 희생되는 경우가 많다.
　⑤ 현대적 맥락에서는 구식 : 일부에서는 산업 시대에 개발된 테일러의 원칙이 오늘날의 지식 기반 및 서비스 지향 산업에 완전히 적용되지 않을 수 있다고 주장
(6) 테일러 과학적 관리법 비판 및 논쟁
　① "과학적 관리법"은 출간되자마자 다양한 비평적 반응을 받았으며, 일부에서는 테일러를 선구자라고 칭송
　② 몇몇 비평가들은 테일러가 효율성에만 집중한 나머지 직원들의 소진과 불만을 초래할 수 있다고 주장했으며, 또한 테일러의 원칙이 노동자들을 기계에 불과한 존재로 만들어 그들을 비인간화한다고 생각
　③ 효율성에만 초점을 맞추다 보니 업무 만족도나 창의성 같은 다른 중요한 직장 내 요소들이 무시되었다고 생각
　④ 시간이 지나면서 테일러의 아이디어는 널리 받아들여졌고 다양한 사업 분야의 경영 관행에 큰 영향을 미쳤다.
　⑤ 본질적으로 "과학적 관리법"은 직장에서의 생산성에 대찬 체계적이고 분석적인 접근 방식을 도입했다는 점에서 획기적이었으며 테일러의 원칙은 향후 경영 및 조직 행동 연구의 토대로 마련했다.

2024년도 3월 30일 필기문제

02 조직에서 생산적 행동(Productive behavior)과 반생산적 행동(Counterproductive work behavior: CWB)에 관한 설명으로 옳지 않은 것은?

① 조직시민행동(Organizational Citizenship Behavior: OCB)은 생산적 행동에 속한다.
② OCB는 친사회적 행동이며 역할 외 행동이라고도 한다.
③ 일탈행동(Deviance)은 CWB에 속하지만 조직에 해로운 행동은 아니다.
④ 조직시민행동은 OCB I(Individual)와 OCB-O(Organizational)로 분류되기도 한다.
⑤ CWB는 개인적 범주와 조직적 범주로 분류할 수 있다.

답 ③

해설

생산적 행동과 반생산적 행동

(1) 생산적 행동
① 조직이 목표를 달성하기 위해서는 개별 구성원이 보유한 핵심역량 혹은 객관적인 숙련 수준을 통해 자신의 직무를 수행해야만 함
② 영리조직에서의 경우 개인들의 낮은 직무수행이 누적되어 쌓이게 되면 전체 조직을 하루아침에 파산에 이르게 할 수도 있기 때문에 이 부분에 많은 관심을 가져야 함
③ 개개인들이 직무수행을 제대로 할 경우 이는 조직의 생산성을 높여주게 될 것이며 이 결과 국가경제에도 도움이 될 것임

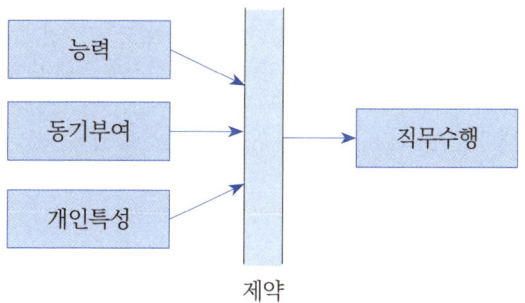

[그림] 직무수행을 위한 능력, 동기부여, 개인특성

[표] Big Five의 영역과 특징

영역	특징
외향성	사교, 명랑, 적극, 대화 좋아함
정서적 안정성	침착, 인내, 안정, 조용
포용성	양보, 동조, 화평, 포용, 협조, 신뢰
신중성	집중, 신중, 전력투구, 완전, 성취
경험의 개방성	새로움, 호기심, 혁신, 예술, 상상, 변화

[표] 8가지 조직제약 분야

직무관련 정보	직무를 위해 필요한 자료와 정보
도구와 장비	컴퓨터와 트럭과 같이 직무를 위해 필요한 도구, 장비, 연장, 기계류
재료와 공급	목재나 종이와 같이 직무를 위해 필요한 재료를 공급
예산지원	직무를 수행하는 데 필요하며 자원획득을 위한 금전적 지원
요구된 서비스와 타인으로부터의 도움	타인들로부터의 도움 가능성
작업준비	직무를 위한 KSAOs
시간 이용가능성	직무수행을 위해 이용할 수 있는 적정 시간의 양
작업환경	건물의 기후나 같은 직무환경의 물리적 특징

(2) 종업원의 반생산적 행동
① 대규모 조직에서 하루의 일상 중에 어떤 사람들은 지각을 하거나 하루를 무단 결근하는 사람이 있으며, 습관적으로 지각하는 사람이 있는가하면, 어떤 사람은 그 직장을 영구히 떠나려는 사람들이 종종 있게 됨.(일탈행동 혹은 반생산적 행동)
② 종업원의 결근, 지각, 이직, 공격행동, 노조의 불법적인 사보타지 등이 반생산적 행동에 속함

> 참고

불법사보타지
① 반생산적 행동인 공격행동 중 하나가 바로 다른 작업자에 대해 공격을 행하는 불법적인 사보타지임.
② 사보타지란 불법파업으로서 조직에게 심각한 피해를 미침은 물론이고 많은 경제적 비용을 초래함.
③ 부하들은 그들의 상사를 공격의 목표로 삼는 경우가 일반적이며, 상사에 의해 부정적인 직무수행평가를 받았을 때 행동으로 옮기는 경우가 많음.
④ 장비나 도구, 물적 자산에 대하여 손상을 미침으로써 직접적인 손실을 입히기도 하며, 생산성 손실로 인한 간접적인 손실을 야기하기도 함.

> 보충학습

조직시민행동
(1) 조직시민행동(OCB)이란 조직에 의해 공식적으로 규정되어 있지는 않지만 종업원 스스로 행하는 조직기능에 긍정적으로 영향을 미치는 자발적 행동으로 간주하고 있음.
(2) 조직시민행동은 다른 동료들을 돕고, 역할 외의 과업을 자발적으로 수행하고, 부서나 조직발전을 위해 창의적인 아이디어를 제안하며, 시간을 낭비하지 않으려는 행동 등이 포함됨.
(3) 스미스(C. A. Smith) 오르간(D. W. Organ)과 니어(P. J. Near)는 직무와 직접관련이 없으면서 공식적으로 주어지지도 않는 직무 외 행동이 오히려 장기적으로 볼 때 직무의 성과나 조직의 휴효성에 밀접하게 연계되어 있음을 밝히고 있음.
(4) OCB을 구성하는 요소로는 이타성, 양심성, 예의성, 시민정신 및 스포츠맨십 등 5가지가 아주 일반적인 주장임.
① 이타성이란 조직관련과업이나 문제 중 다른 사람에게 도움을 주는 사려 깊은 행동이면서 잠재적으로는 조직전체의 능률을 증가시키는 친사회적 행동을 말함.
② 양심성은 조직 구성원들에게 최소한의 범위 안에서 어떤 역할을 수행하도록 하고, 고용조건에 어긋나지 않는 범위 내에서 작업에 참여하며, 청결의 유지와 향상을 위해 노력하는 행동임.
③ 예의성이란 의사결정이나 몰입에 영향을 주는 당사자들의 행동과 조직내에서 발생하기 쉬운 문제들을 사전에 막으려는 행동임.
④ 시민정신이란 회의에 참여하여 논의하고 조직의 정치적 활동에 책임을 지는 행동임.
⑤ 스포츠맨쉽이란 불평, 불만 및 고충 등을 자발적으로 참고 승복하는 행동임

03 직무평가에 관한 설명으로 옳은 것을 모두 고른 것은?

ㄱ. 직무평가 대상은 직무 자체임
ㄴ. 다른 직무들과의 상대적 가치를 평가
ㄷ. 직무수행자를 평가
ㄹ. 종업원의 기업목표달성 공헌도 평가
ㅁ. 직무의 중요성, 난이도, 위험도의 반영

① ㄱ, ㄷ
② ㄱ, ㄴ, ㄹ
③ ㄱ, ㄴ, ㅁ
④ ㄷ, ㄹ, ㅁ
⑤ ㄴ, ㄷ, ㄹ, ㅁ

답 ③

해설

직무평가

(1) 개요
  ① 직무평가(職務評價, job evaluation)란 경영조직에 있어서 개개의 직무의 상대적 가치를 평가하여 모든 직무를 직무가치체계로 종합하는 것을 말한다.
  ② 직무평가의 목적은 경영에 있어서 직무의 상대적 유용성을 측정하여 공평하고 합리적인 임금관리를 행할 뿐 아니라 합리적인 직무분류를 함으로써 승진경로나 배치기준을 명확히 하여 종업원의 배치·이동·승진·훈련 등을 효과적으로 수행하며 종업원에 대한 공정한 인사관리를 기하려는 데에 있다.

(2) 직무평가의 방법 4가지
  ① 서열법(序列法) 또는 등급법 : 직무를 그 곤란도와 책임도의 면에서 상호 비교하여 수행의 난이(難易)순으로 배열하여 등급을 정하는 방법이다.
  ② 분류법 : 이 방법은 평가하고자 하는 직무를 그 곤란도와 책임도의 면에서 종합적으로 관찰하여 등급정의에 따라 적당한 등급으로 편입하는 방법이다.
  ③ 점수법 : 직무의 상대적 가치를 점수로 표시하는 방법이다.
  ④ 요소비교법(要素比較法) : 직무의 상대적 가치를 임금액으로 평가하는 특징을 가지고 있다.

04 노동쟁의조정에 관한 설명으로 옳지 않은 것은?

① 노동쟁의조정은 노동위원회가 담당한다.
② 노동쟁의조정은 조정, 중재, 긴급조정 등이 있다.
③ 노동쟁의조정 방법에 있어서 임의조정제도는 허용되지 않는다.
④ 확정된 중재내용은 단체협약과 동일한 효력을 갖는다.
⑤ 노동쟁의조정 중 조정은 노동위원회에서 조정안을 작성하여 관계당사자들에게 제시하는 방법이다.

답 ③

해설

노동쟁의 조정

(1) 노동쟁의의 의의와 유형
  ① 노동쟁의의 뜻
    노동쟁의는 노동관계 당사자(노동조합과 사용자 또는 사용자 단체) 간에 근로조건(임금, 근로시간, 복지, 해고, 기타 대우 등)의 결정에 관한 주장의 불일치로 인하여 발생한 분쟁상태를 말한다.
  ② 쟁의 조정의 원리
    ㉮ 자주적 해결의 원칙
    ㉯ 신속한 처리의 원칙, 공정성의 원칙
    ㉰ 공익성의 원칙 : 국민경제에 중대한 영향을 주거나 공익을 해진다고 인정될 때에는 국가가 개입한다.
    ㉱ 우리나라의 경우 임의조정제도가 기본이다.
  ③ 쟁의 조정의 유형
    ㉮ 조정 : 노동위원회에 설치된 조정위원회가 관계 당사자의 의견을 청취한 뒤 조정안을 작성하여 노사 쌍방에게 그 수락을 권고하는 형식의 조정방법.
    ㉯ 중재 : 노동위원회에 설치된 중재위원회가 노동쟁의의 해결 조건을 정한 해결안(중재재정)을 작성하고 당사자는 무조건 그 해결안에 구속되는 조정방법.

(2) 노동쟁의 조정의 방법
  ① 조정의 요건과 개시
    ㉮ 노동관계 당사자의 일방이 노동쟁의 조정을 신청한 때 시작한다.
    ㉯ 고용노동부장관이 긴급조정의 결정을 한 때 시작한다.
  ② 중재
    ㉮ 임의중재 : 관계 당사자의 신청이 있을 때 중재 절차가 개시되는 중재
    ㉯ 강제중재 : 관계 당사자의 신청 없이 강제적으로 중재 절차가 개시되는 중재
  ③ 긴급조정
    ㉮ 긴급조정은 고용노동부장관의 결정에 의한 강제로 개시되는 조정이다.
    ㉯ 긴급조정의 결정이 공포되면 관계 당사자는 즉시 쟁의행위를 중지하여야 한다.
    ㉰ 긴급조정의 실질적 요건

보충학습

쟁의행위

(1) 쟁의행위의 의의
  노동관계 당사자가 그 주장을 관철할 목적으로 행하는 행위와 이에 대항하는 행위로서 업무의 정상적인 운영을 저해하는 행위를 말한다.

(2) 노동자 측의 쟁의행위
① 동맹파업 : 노동자가 단결하여 근로조건의 유지 및 개선을 달성하기 위하여 집단적으로 노무의 제공을 거부하는 쟁의행위이다.
② 태업 : 노동자들이 단결해서 의식적으로 작업 능률을 저하시키는 것이다. (예 : 불량품 생산, 서비스 질의 저하, 생산품 양의 감소 등)
③ 준법투쟁 : 보안, 안전, 근무규정 등을 필요 이상으로 엄정하게 준수하여 작업 능률을 의식적으로 저하시키는 행위를 말한다.
④ 불매동맹 : 사용자의 제품을 구매 또는 시설을 거부하여 압력을 가하는 것을 말한다.
⑤ 생산관리 : 노동자들이 단결하여 사업장 또는 공장을 점거하여 사용자의 지휘를 거부하고 조합 간부의 지휘 하에 노무를 제공하는 행위를 말한다. (부당한 쟁의행위)
⑥ 피케팅 : 근로 희망자(파업 비참가자)들의 사업장 또는 공장의 출입을 저지하고 파업 참여에 협력할 것을 요구하는 행위를 말한다.

(3) 사용자 측의 대항행위
① 조업계속
  - 노동조합원 이외의 노동자(비노조원)를 사용해서 조업을 계속할 수 있다.
  - 노동조합이 쟁의행위를 행하고 있는 단계에서 신규로 노동자를 채용해서 조업을 계속할 수는 없다.
② 직장폐쇄
  - 노동자 집단을 생산 수단에 접근하는 것을 차단하고 노동자의 노동력 수령을 거부하는 행위를 말한다.
  - 직장폐쇄는 노동조합이 쟁의행위를 개시한 이후에만 가능하다.

산업보건지도사 · 과년도기출문제

05 조직설계에 영향을 미치는 기술유형을 학자들이 제시한 것이다. ( )에 들어갈 내용으로 옳은 것은?

> · 우드워드(J. Woodward): 소량단위 생산기술, (ㄱ) , 연속공정생산기술
> · 페로우(C. Perrow): 일상적 기술, 비일상적 기술, (ㄴ), 공학적 기술
> · 톰슨(J. Thompson): (ㄷ) , 연속형 기술, 집약형 기술

① ㄱ: 대량생산기술, ㄴ: 장인기술, ㄷ: 중개형 기술
② ㄱ: 대량생산기술, ㄴ: 중개형 기술, ㄷ: 장인기술
③ ㄱ: 중개형 기술, ㄴ: 장인기술, ㄷ : 대량생산기술
④ ㄱ: 장인기술, ㄴ: 중개형 기술, ㄷ : 대량생산기술
⑤ ㄱ: 장인기술, ㄴ: 대량생산기술, ㄷ : 중개형 기술

답 ①

해설

조직설계에 영향을 미치는 상황변수
(1) 환경
  ① 반즈와 스토커

구분	기계식 조직	유기적 조직
환경	단순, 안정적, 자원많음	복잡, 변동성, 자원적음
구조	경직, 수직적, 불확실성 낮음, 권한 집중	탄력, 수평적, 불확실성 높음, 분권화

  ② 로렌스와 로쉬 : 분화와 통합

(2) 기술
  ① 우드워드 : 기술복잡성에 따라 구분
     단위생산기술, 대량생산기술, 연속공정 생산기술
  ② 페로우 : 과업의 다양성과 분석가능성에 따라 구분

과업다양성	분석가능성	네가지 기술유형
낮음	높음	일상적 기술(은행)
낮음	낮음	기능적 기술(공예)
높음	높음	공학적 기술(회계, 법률)
높음	낮음	비일상적 기술(첨단과학컨설팅)

  ③ 톰슨 : 부서간 상호의존성에 따라 구분
     중개형(의존성 낮음), 연속형(중간), 집중형(의존성 높음)

(3) 규모 : 조직 구성원의 수는 조직구조에 영향
(4) 전략
　① 마일즈와 스노우 : 공격형 vs 방어형 → 절충안으로 분석형 전략
　　㉮ 공격형 : 혁신 = 유기적 구조
　　㉯ 방어형 : 현상유지 = 기계적 구조
　② 포터 : 차별화 vs 원가우위 → 절충안으로 집중화
　　㉮ 차별화 : 창의적, 유기적 조직 : 위험감수, 재량권 부여
　　㉯ 원가우위 : 효율성추구, 기계식 조직 : 표준화, 감독과 관리

06 수요예측 방법 중 주관적(정성적) 접근방법에 해당하지 않는 것은?

① 델파이법
② 이동평균법
③ 시장조사법
④ 자료유추법
⑤ 판매원 의견종합법

답 ②

해설

수요예측(需要豫測 : Demand Forecast)

1. 수요예측(Demand Forecast)의 개요
수요예측이란 미래의 일정 기간에 대한 기업의 제품이나 서비스의 수요를 예측하는 것으로 수요예측은 대상기간에 따라 단기, 중기, 장기로 구분할 수 있다. 단기예측은 6개월 이내의 월/주/일별 예측으로 세부적으로 구분되며, 중기예측은 6개월에서 2년 정도의 기간을 대상으로 한다. 그리고 장기예측은 2년 이상의 기간을 대상으로 예측하게 된다. 수요예측의 대상은 제품에 대한 것 또는 해당 지역에 대한 것 등이 있다. 이러한 수요예측을 통해 생산설비의 공정설계, 설비설치, 일정수립 등의 총괄적인 계획과 재고관리 등에 활용할 수 있다.

2. 정성적 기법
정성적 예측기법은 주로 중장기 예측에 적용되는 기법으로 경제, 정치, 사회, 기술 등의 외부환경요인의 변화에 따라 시장 잠재력이 변화되므로 과거의 자료가 불충분하거나 주관적 판단 또는 의견에 기초하여 수요를 예측할 수 밖에 없는 상황에서 사용한다. 일반적으로 경영자의 판단이나 전문가의 지식과 경험에 입각하여 수요를 예측하는 기법이다. 정성적 예측기법을 사용하게 되면 시간과 비용이 많이 들며, 단기보다는 중, 장기 예측에 사용하는 경우가 많다.

(1) 델파이법(Delphi method)
예측 대상에 대한 전문가 그룹(위원회 등)을 선정한 다음, 전문가들에게 여러차례 설문지를 돌려 의견을 수렴함으로써 예측치를 구하는 방법이다. 일반적으로 예측에 불확실성이 크거나 과거 자료가 없는 경우에 사용하고 시간과 비용이 많이 들어가는 방법이다. 델파이법은 원래 기술예측 방법으로 개발되었고 현재에는 시장에 대한 전략, 신제품 개발, 설비설치 계획 등을 위한 장기예측이나 기술 예측에 적합한 방식이다. 델파이는 신탁으로 유명한 아폴로 신전이 자리잡고 있던 고대 그리스의 도시 이름에서 따온 명칭이다.
델파이법의 특징은 다수 의견이나 유력자의 의견에 편향되지 않도록 전문가들을 한자리에 모으지 않은 상태에서 각자의 견해를 밝히고 이를 종합하여 피드백과정을 거쳐 의견을 좁혀나가는 방식이다. 다른 주관적인 예측보다 정확도가 높은 것으로 평가되는 방법이다. 하지만, 분석하는데 시간이 많이 소요되며 설문지 작성에도 어려움이 있다.

(2) 시장조사법(Market research)
정성적 기법 중 가장 계량적이고 객관적인 방법으로 소비자로부터 직접 수요에 관한 정보를 얻으려는 방법이며 시간과 비용이 가장 많이 들지만, 단기예측시 비교적 정확한 예측이 가능한 병법입니다. 설문지, 직접 인터뷰, 전화, 우편, 이메일, 시험시장 등을 통해 제품에 대한 잠재적 고객의 반응을 조사함으로 수요를 예측한다.

(3) 패널동의법(Panel consensus)
경영자, 판매원, 소비자 등으로 패널을 구성하여 자유롭게 의견을 제시하게 함으로써 예측치를 구하는 방법이다. 다양한 계층의 지식과 경험을 기초로 관련된 수요를 예측한다. 단 패널 토론이 자유롭지 못한 경우, 적합한 결과를 얻기가 어렵다. 비용이 저렴한 반면에 정확도가 떨어지는 방법이다.

(4) 역사적 유추법 (Historical analogy)
신제품의 경우와 같이 과거 자료가 없을 때 이와 비슷한 기존 제품이 과거에 시장에서 어떻게 도입기, 성장기, 성숙기의 제품수명주기를 거치면서 수요가 성장해 갔는가에 입각하여 수요를 유추하는 방법이다.

(5) 전문가 의견법, 집단 의견법
상위층의 경영자들이 모여서 집단적으로 행하는 예측 기법으로 보통 장기계획이나 신제품 개발을 위해서 사용하지만, 영향력 있는 인물에 의해 편향될 수 있거나 공동의 예측으로 책임감이 결여될 수 있어 다른 예측 기법과 병행하여 사용하는 것이 좋다.

(6) 수명주기 유추법
과거의 자료가 없는 품목 또는 신제품의 수요를 예측하려 할 때 과거의 상황이 미래에도 유사하게 전재된다는 가정하에 이 품목과 비슷한 품목의 제품 수명주기 상의 수요 변화 (도입기, 성장기, 성숙기를 거치면서 어떻게 변화 한지)를 보고 유추하고 예측하는 방법이다.

3. 정량적 기법
(1) 시계열 분석기법(Time series analysis)
① 시간에 따라 변화하는 어떤 현상을 일정한 시간간격으로 관찰할 때 얻어지는 일련의 관측치로 일별, 주별, 월별 배출자료 등이 있다.
② 과거의 시계열 자료 (역사적 수요)에 입각하여 미래 수요를 예측할 수 있습니다. 주로 단기 또는 중기예측에 사용된다.
③ 종류 : 단순이동 평균법, 가중이동 평균법, 지수평활법, 최소자승법, 박스 · 젠킨스법

(2) 시계열 분해법 – 계절지수법
단순한 이동평균법이나 추세분석법 또는 지수평활법과는 달리 시계열 자료는 변동요인(추세, 순환, 계절, 우연)의 혼합으로 이루어져 있기에 시계열 자료를 형성하고 있는 변동요소들을 찾아내어 시계열 자료를 그 요소들로 표현하여 예측하는 방법이다. 구성요소를 분해하여 계절지수를 반영함으로 좀 더 정확한 예측을 시도하는 예측 기법이다. 시계열 분해법을 적용하기 위해서는 시간의 흐름에 따라 수요에 관한 최신 자료를 정기적으로 분석에 포함시켜 단위가긴의 수요를 계산하고, 조정된 계절지수를 갱신하여 새로운 추세식을 유도하게 된다.

(3) 추세 분석법(Trend Analysis)
시계열 자료가 장기적으로 어떤 경향을 나타내고 있는가를 추세라고 한다. 시계열이 증가하는 경향인지, 감소하는 경향인지를 알아보고 그 움직임이 선형인지, 어떤 함수관계로 나타내는지를 찾는 방법이다. 즉, 시계열을 잘 관통하는 추세선을 구한 다음 그 추세선으로 미래 수요를 예측하는 방법이다. 두 변수간의 인과관계를 조사, 수요량 예측은 최소 자승법을 이용한다. 실제치와 직선 추세선상의 예측치와의 오차 자승의 합이 최소가 되도록 구한다.

(4) 인과형 모형(Causal Relationship method)
수요와 밀접하게 관련되어 있는 변수들과 수요와의 인과관계를 분석하여 미래 수요를 예측한다. 주로 중기 또는 장기 예측에 사용된다. 인과형 모형에서는 수요를 종속변수로 수요에 영향을 미치는 요인들을 독립변수로 놓고 양자의 관계를 여러가지 모형으로 파악하여 수요를 예측한다.

07 총괄생산계획 기법 중 휴리스틱 계획기법에 해당하지 않는 것은?

① 선형계획법
② 매개변수에 의한 생산계획
③ 생산전환 탐색법
④ 서어치 디시즌 룰(search decision rule)
⑤ 경영계수이론

답 ①

해설

휴리스틱 계획기법

(1) 경영계수법(mangaement coefficient method)
경영자들의 의사결정은 일관성만 있다면 아주 좋다는 가정에 입각하여, 경영자들이 과거에 내린 총괄생산계획에 관한 의사결정들을 다중회귀분석하여 생산수준과 고용수준을 결정하는 규칙을 이끌어내는 기법이다.

(2) 탐색결정규칙(SDR : Search Decision Rule)
일반적인 비용구조를 가진 총괄생산 계획 문제에 대해 먼저 하나의 가능해를 구한 다음, 이로부터 총비용을 감소시키는 방향으로 점점 더 개선된 해를 찾아가는 기법이다. Taubert가 개발했으며, 컴퓨터를 이용한다.

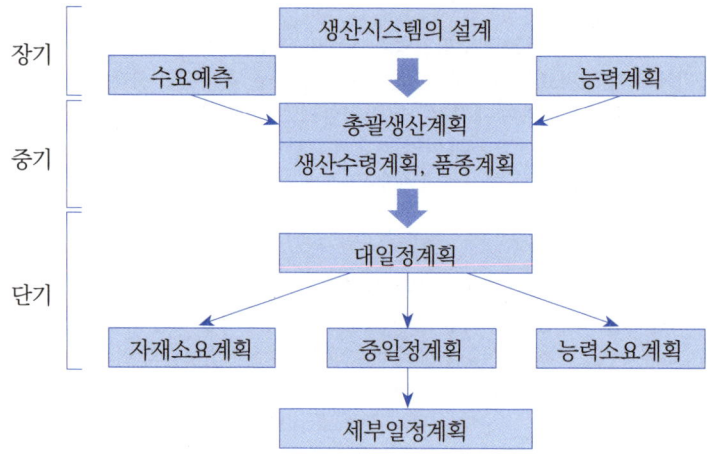

[그림] 휴리스틱 계획기법

보충학습

총괄생산계획을 위한 기법

(1) 도시법
도표를 이용하여 총괄생산계획의 여러 대안을 개발한 다음 이들의 총비용을 계산·비교하여 최선의 대안을 선택하는 기법이다.

(2) 수리적 모형
① 선형계획모형(LP) : 총괄생산계획의 각종 결정변수와 관련 비용 간의 관계를 선형으로 가정하고, 여러 제약조건하에서 총비용을 최소화하는 최적해를 구하는 방법이다.

② 수송모형 : 선형계획모형보다 단순한 특수 형태로서, 고용수준을 일정하게 유지하며 채용과 해고가 없는 경우에만 사용된다.
③ 선형결정규칙(LDR : Linear Decision Rule) : 2차 비용함수를 가정하고 총비용을 최소화하는 생산율 및 작업자 수를 결정하는 선형규칙을 도출한다.

08 다음은 신 QC 7가지 도구 중 무엇에 관한 설명인가?

> 문제를 해결하는 활동에 필요한 실시사항을 시계열적인 순서에 따라 네트워크로 나타낸 화살표 그림을 이용하여 최적의 일정계획을 위한 진척도를 관리하는 방법

① 친화도
② 계통도
③ PDPC법(Process Decision Program Chart)
④ 애로우 다이어그램
⑤ 매트릭스 다이어그램

답 ④

해설

품질관리(QC : Quality Control) 도구

품질은 4M 즉 재료(Material), 장비(Machine), 작업방법(Method), 작업자(Man)를 대상으로 지속적인 개선이 요구된다. 품질관리(QC) 7가지 도구는, "적은 데이터로부터 가능한 한 신뢰성이 높은 객관적인 정보를 얻는데 가장 유효한 수단" 품질의 개발, 개선, 관리의 제 활동에 대한 유용한 도구로 데이터의 기초적인 정리 방법으로 널리 쓰이며, 품질관리를 하는데 있어서 가장 필수적인 통계적 방법

[표] 품질관리 (QC) 7가지 도구

구분	QC 7가지 도구
1	특성요인도(Cause and Effect Diagram)
2	히스토그램(Histogram)
3	체크시트(Check Sheet)
4	층별(Stratification)
5	파레토 도표(Pareto Diagram)
6	산포도(Scatter Diagram)
7	그래프와 프로세스 관리도(Graph & Process Control Charts)

보충학습

품질 경영철학의 변천

구분	특징	변천
테일러 (Taylor)	• 과학적 관리의 원칙·직능식 조직의 도입, 표준적인 작업방법, 표준시간이 작업순서에 따라 정리되어 있는 작업지도 표 활용 • 과업달성을 촉진하기 위한 차별 성과급 제도	책임의 분리는 산출물의 품질을 감시하는 독립된 검사부서를 만들게 되는 결과

구분	특징	변천
슈와트 (Shewhart)	• 생산제품의 경세적 품질관리 "관리도(control chart)" 개발(1930년대)	샘플링과 관리도에 대한 연구
데밍 (Deming)	• 통계적 품질관리(SQC)의 사용 제창 (1950년대)	① 설계품질, ② 적합품질, ③ 판매 및 서비스 기능의 품질 '14가지 지침'과 '7가지 치명적 병폐' 1951년 '데밍상' 창설
쥬란 (Juran)	• '품질비용(cost of quality)' 개념 1954년, 경영적 QC의 필요성 주장	예상/평가/실패비용 ① 품질계획 ② 품질통제 ③ 품질개선
파이겐바움 (Feigenbaum)	• 종합적 품질관리(TQC)	마케팅, 기술, 생산 및 서비스가 가장 경제적으로 소비자를 충분히 만족시킬 수 있도록 품질개발, 품질유지 및 품질향상에 관란 조직 내 품질관련 노력 통합
필립 크로스 비 (P.B.Crosby)	• 무결점 경영(zero-defect) 프로그램 창안	4가지 절대원칙(Absolute of QM) ① 요구에의 적합성 ② 검사가 아닌 예방·최초에 올바르게 하자는 것 ③ 성과의 표준은 무결점(완전무결, ZD) ④ 품질의 척도는 품질비용
이시가와 박사	• CWQC(Company Wide Quality Control) : 전사적 품질관리	QC분조조를 적극 활용, 전원이 참여하는 일본형 TQC
TQM(Total Quality Management) : 전사적 품질경영		1982년 PL법 제정 1987년 MBNQA(Malcom Baldrige National Quality Qward) wpwjd

09 도요타 생산방식의 주축을 이루는 JIT(Just In Time) 시스템의 장점에 해당되지 않는 것은?

① 한정된 수의 공급자와 친밀한 유대관계를 구축한다.

② 미래의 수요예측에 근거한 기본일정계획을 달성하기 위해 종속품목의 양과 시기를 결정한다.

③ JIT 생산으로 원자재, 재공품, 제품의 재고수준을 줄인다.

④ 유연한 설비배치와 다기능공으로 작업자 수를 줄인다.

⑤ 생산성의 낭비제거로 원가를 낮추고 생산성을 향상시킨다.

답 ②

해설

JIT 생산시스템

① JIT(Just in time)의 약자로 필요한 것을 필요한 때에 필요한 만큼만 만드는 생산시스템이다.
② 일반적으로 재고가 생산의 비능률을 유발하기 때문에 재고를 최대한 없애려는 기법으로 적시생산방법이며 도요타의 생산방식으로 유영하다.
③ 도요타 자동차는 JIT 생산 관리시스템을 개발하여 철저하게 현장중심으로 운영
④ 도요타는 JIT 생산시스템을 개발하는데 있어서 4가지 근거를 기반으로 하였다.
　㉮ 생산양이 줄더라도 생산성을 올려야 한다.
　㉯ 필요한 것을 필요한 때에 필요한 만큼만 만든다.
　㉰ 다기능으로 일의 흐름을 만든다.
　㉱ JIT는 늦어도 빨라도 안된다. 즉 JIT는 철저한 낭비제거의 사상과 기술이라고 볼 수 있다.

10 유용성이 높은 인사 선발 도구에 관한 설명으로 옳지 않은 것은?

① 예측변인(predictor)의 타당도가 커질수록 전체 집단의 평균적인 준거수행(criterion)에 비해 합격한 집단의 평균적인 준거수행은 높아진다.

② 선발률(selection ratio)이 낮을수록 예측변인의 가치는 커진다.

③ 기초율(base rate)이 높을수록 사용한 선발 도구의 유용성 수준은 높아진다.

④ 선발률과 기초율의 상관은 0이다.

⑤ 예측변인의 점수와 준거수행으로 이루어진 산점도(scatter plot)가 1사분면은 높고 3사분면은 낮은 타원형을 이룬다.

답 ③,④

해설

인적선발도구

(1) 선발률 = $\dfrac{\text{선발인력}}{\text{총지원자}}$ (선발률 1이하여야 의미가 있음)

- 선발률과 예측변인의 가치 관계는 선발률이 낮을수록 예측변인의 가치가 더 커진다.

(2) 타당도 = $\dfrac{\text{채용 후 직무 수행 성공자}}{\text{선발인력}}$

- 시험 등 선발도구로서, 타당도가 높아야 효용성이 높아짐
    ① 내용 타당도 : 평가자 기준에서 검사 문항 내용이 적절한지 판단
    ② 안면 타당도 : 수험자 기준에서 검사 타당성 판단
    ③ 준거 타당도 : 특정 준거집단과의 관련성 판단[예측타당도(미래) vs 동시타당도(현재)]
    ④ 구성 타당도 : 심리평가 검사 구성 또는 특성 반영 판단

(3) 기초율 = $\dfrac{\text{채용 후 직무 수행 성공자}}{\text{총 지원자}}$ (기초율 100[%] 라면 선발도구 사용 의미가 없다)

11 집단 또는 팀(team)에 관한 설명으로 옳지 않은 것은?

① 교차기능팀(cross functional team)은 조직 내의 다양한 부서에 근무하는 사람들로 이루어진 팀이다.
② '남만큼만 하기 효과(sucker effect)'는 사회적 태만(social loafing)의 한 현상이다.
③ 제니스(Janis)의 모형에서 집단사고(groupthink)의 선행요인 중 하나는 구성원들 간 낮은 응집성과 친밀성이다.
④ 다른 사람의 존재가 개인의 성과에 부정적 영향을 미치는 것을 사회적 억제(social inhibition)라고 한다.
⑤ 높은 집단 응집성은 그 집단에 긍정적 효과와 부정적 효과를 준다.

답 ③

해설

제니스(Janis)가 주장한 집단사고(groupthink) 예방전략
① 조직에서 결정하는 사안에 대해서 외부 인사들이 재평가할 수 있는 체계를 구축
② 최고 의사결정자는 대안 탐색 단계마다 참여자 중 한 명에게 악역을 맡겨 다수의견에 반대되는 의견을 강제로 개진하게 함
③ 집단적 의사결정에서 의사결정 단위를 2개 이상으로 나눔

보충학습

집단사고(group-think)
조직 내 사회적 압력으로 인하여 비판적인 사고가 억제되고 판단능력이 저하되어 잘못된 의사결정에 도달하는 현상

12 내적(intrinsic) 동기와 외적(extrinsic) 동기의 특징과 관계를 체계적으로 다루는 동기이론으로 옳은 것은?

① 앨더퍼(Alderfer)의 ERG이론
② 아담스(Adams)의 형평이론(cquity theory)
③ 로크(Locke)의 목표설정이론(goal-setting theory)
④ 맥클레란드(McClelland)의 성취동기이론(need for achievement theory)
⑤ 리안(Ryan)과 디시(Deci)의 자기결정이론(self-determination theory)

답 ⑤

해설

자기결정이론

① 자기결정은 Deci와 Ryan이 제안한 개념으로 외재적인 보상이나 압력 보다는 자율적으로 자신의 행동을 결정하기를 바라는 욕구에 의해서 동기화 된다는 이론이다. 여기서 이들은 사람들 행동의 원인 소재가 외부에 있을 때보다 내부에 있을 때 동기유발이 더 잘 되고 행동을 적극적으로 수행하려 한다고 주장한다.

② 자기결정 이론에서는 외재적 동기가 사회화 과정을 거치면서 점차 내면화 : 아동들이 사회화 과정을 거치면서 부모나 교사 등으로부터 획득한 사회에서 가치 있는 것으로 인정되는 가치관이나 태도, 행동 등을 자신의 가치 체계 속에 통합시켜 자신의 가치관, 태도, 행동 등을 변화시키는 과정

③ 내면화 되어 내재적 동기로 변화된다고 가정한다. 따라서 직접적인 외재적 보상이나 내재적 흥미가 없는 과제를 수행하기도 한다는 것이다. 이러한 관점에서 Deci, Ryan은 내적-외적이라는 이분법적으로 개념화하지 않고, 외적 통제에서부터 내적인 자기 결단에 이르는 하나의 연속 체계로 개념화하였다.

13 산업심리학의 연구방법에 관한 설명으로 옳은 것은?

① 내적 타당도는 실험에서 종속변인의 변화가 독립변인과 가외변인(extraneous variable)의 영향에 따른 것이라고 신뢰하는 정도이다.
② 검사-재검사 신뢰도를 구할 때는 .역균형화(counterbalancing)를 실시한다.
③ 쿠더 리차드슨 공식 20(Kuder-Richardson formula 20)은 검사 문항들 간의 내적 일관성 정도를 알려준다.
④ 내용타당도와 안면타당도는 동일한 타당도이다.
⑤ 실험실 실험(laboratory experiment)보다 준실험 (quasi experiment)에서 통제를 더 많이 한다.

답 ③

해설

쿠더-리처드슨 신뢰도, KR-20, KR-21

(1) KR 신뢰도
 ① 문항 내적 동질성 신뢰도를 추정하는 방법 중의 하나
 ② 한 검사 내에서 문항에 대한 반응이 얼마나 일관성(합치성) 있는지를 변산적 오차로 계산하는 신뢰도 지수의 하나
 ③ KR-20 : 문항점수가 0과 1로만 계산될 때(이분점수) 적용하는 공식
 ④ KR-21 : 문항점수가 연속변수이며 문항의 난이도가 같다는 가정하에 적용하는 공식

(2) KR-20
 ① G.F.Kuder와 M.W.Richardson이 1937년에 개발한 공식
 ② 반분신뢰도 추정방법이 일관적인 신뢰도를 산출하지 못하는 문제 해결
 ③ 각 문항점수의 분산을 사용하여 측정의 일관성을 추정하며 이분문항에 사용

$$r = \frac{K}{K-1}\left[1 - \frac{\sum_{i=1}^{K} p_i q_i}{\sigma^2_X}\right]$$

보충학습

① 내적타당도 : 양적연구의 목적 : 1. 인과관계규명 2. 일반화 3. 이것을 가지고 예측하고 통제하기 위해 양적연구를 한다. 의도적으로 모형을 만든다. 가설을 세운다. 모형을 만든 독립변수와 종속변수가 제대로 잘 설정되어 있는지, 타당한지를 규명하는 것이 내적타당도이다. 개입의 효과성을 확인하기 위해 확보해야 하는 요소, 조사결과에 대한 대안적 설명 가능성 정도.
② 외적타당도 : 조사 결과의 일반화 정도. 모형 바깥에서도 적용을 해도 그것이 먹혀들어가는가? 일반화. 외적 타당도
③ 내적타당도와 외적타당도와의 관계 : 둘 다 좋으면 좋은데 둘 다 높이기가 힘들다. 상호상충관계이다. 부적관계이다. 하나가 올라가면 하나는 내려가는 것이 일반적이다.
 예) 인과관계를 높이기 위해서는 표본의 크기가 작을수록 좋다. 하지만 표본이 많으면 다은 의견이 많아져서 부정적인 면이 점점 많아진다. 일반화를 높이기 위해서는 표본이 많아야 하기 때문에 둘의 관계는 반대의 관계인 것이다. 내적타당도는 외적타당도를 위한 필요조건이지 충분조건은 아니다.
④ 검사효과 : 테스트, 측정, 검사, 시험 효과
 검사-재검사법에서 검사효과가 나타난다. 사전검사를 할 때 발생
⑤ 주시험효과 : 사전검사×사후검사(사전검사를 기억하고 사후검사에 영향을 미침) 내적타당도를 저하시킴
⑥ 상호작용시험효과 검사와 개입의 상호작용 효과 : 사전검사가 독립변수 자체에 영향을 주는 경우을 말한다. 사전검사 → ×(영향을 독립에 미침) 사후검사/외적타당도를 저하시킨다. 일반화가 떨어짐
 예) 사회복지공동모금회의 tv광고가 인지도에 미치는 영향을 측정하는 경우, 광고를 노출시키기 전에 사회복지공동모

금회에 대한 '인지도를 먼저 측정하게 되면' 나중에 그 광고에 노출될 때보다 주의를 기울이게 되어 광고의 효과가 더욱 커질 수 있다.
⑦ 도구효과
　사전검사와 사후검사에서 사용된 척도나 검사자 또는 연구자를 달리하여 사용한 것이 종속변수에 영향을 주는 경우
　　예) 연구자의 화술이나 태도, 기술 등이 달라지게 되면 측정 결과에 상당한 차이가 발생할 수 있다.
⑧ 통계적 회귀 : 극단적 상황의 집단을 조사의 대상으로 선정할 때 발생한다. 시간이 지날수록 모집단의 평균 값으로 수렴하는 경향을 보이는 것을 말한다.
　　예) 사전검사에서 우울점수가 '지나치게 높은 5명'의 노인을 선정하여 프로그램을 진행할 때
⑨ 실험대상의 상실, 또는 실험 대상의 변동, 중도 탈락, 연구의 대상 상실 : 중도이탈, 종속변수에 영향을 준다.

산업보건지도사 · 과년도기출문제

14 라스뮈센(Rasmussen)의 인간행동 분류에 관한 설명으로 옳은 것을 모두 고른 것은?

> ㄱ. 숙련기반행동(skill-based behavior)은 사람이 충분히 습득하여 자동적으로 하는 행동을 말한다.
> ㄴ. 지식기반행동(knowledge-based behavior)은 입력된 정보를 그때마다 의식적이고 체계적으로 처리해서 나타난 행동을 말한다.
> ㄷ. 규칙기반행동(rule based behavior)은 친숙하지 않은 상황에서 기억 속의 규칙에 기반한 무의식적 행동을 말한다.
> ㄹ. 수행기반행동(commission based behavior)은 다수의 시행착오를 통해 학습한 행동을 말한다.

① ㄱ, ㄴ
② ㄴ, ㄹ
③ ㄷ, ㄹ
④ ㄱ, ㄴ, ㄷ
⑤ ㄱ, ㄷ, ㄹ

답 ①

해설

라스뮈센의 인간의 행동 3가지

원자력 안전 분야의 인간공학자인 라스무센은 인간의 행동을 3단계로 구분했다.

① 숙련 기반 행동(Skill Based Behovior)
  외부에서 들어오는 자극을 감각 후 즉시 실행되는 것으로, 보행이나 단순 조립 작업 등과 같이 거의 무의식 수준에서 실행되는 행동들이다.

② 규칙 기반 행동(Rule Based Behovior)
  외부 자극을 지각하는 과정을 거쳐 머릿속에 있는 'IF~THEN~'과 규칙(Rule)을 적용해 실행되는 행동들이다. '산소농도 18[%] 이하인 밀폐된 공간에서 작업할 때는 공기 호흡기를 착용한다'와 같은 규칙을 적용해 개인보호구를 착용하는 행동 등은 규칙 기반 행동의 예이다.

③ 지식 기반 행동(knowledge Based Behavior)
  가장 고도의 정신 활동이 관여하는 것으로 자신이 알고 있는 모든 'IF~THEN~' 규칙을 적용해도 쉽게 해결책이 나오지 않는 경우, 유추나 추론 등의 복잡한 지적 과정을 거쳐 행동한다. 처음 보는 기계를 매뉴얼 없이 조작해야 할 경우, 머릿속에서는 복잡한 판단 과정을 거쳐 기계를 조작하는 데 이러한 행동 영역이 지식기반 행동에 해당된다.

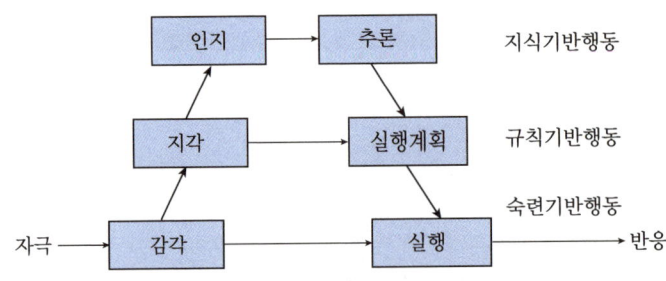

[그림] 라스무센의 인간행동 3단계 모델

> 보충학습

리즌의 불안전행동 유형 4가지

① 제임스 리즌(James Reason)은 라스무센의 인간 행동 3단계를 사용해 불안전 행동 원인을 아래 그림과 같이 분류했다.
② 리즌은 불안전 행동을 우선 의도되지 않은 행동과 의도된 행동으로 나누었다. 의도되지 않은 행동은 숙련 기반 행동에서 주로 나타나는 것으로 기억을 못해 발생하는 망각, 주의를 기울이지 못해 발생한 단순한 실수가 있다.
③ 반면에 의도된 행동에 따른 불안전행동으로는 규칙을 제대로 정확히 알지 못해 발생하는 규칙 기반 착오와 규칙을 전혀 몰랐기 때문에 발생하는 지식 기반 착오 등이 있다.
④ 가장 최악의 것은 알면서도 불안전 행동을 하는 것으로 이런 것들을 위반이라고 한다. 위반 행동은 일상 위반, 상황 위반, 특수 위반 행동으로 나뉜다.

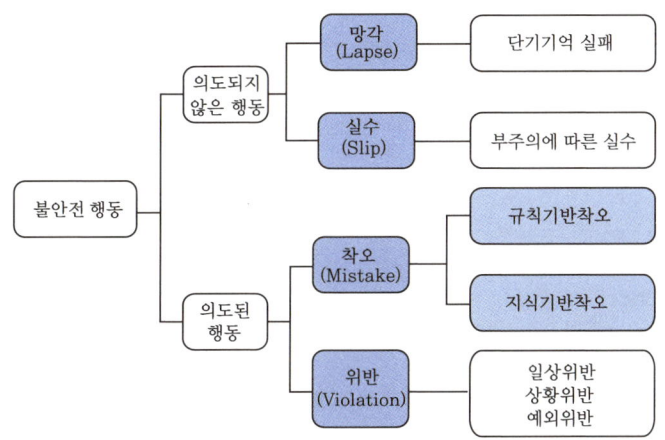

[그림] 불안전 행동의 분류

[표] 불안전 행동의 내용과 근로자 반응

인적오류			내용	근로자의 반응 예
비의도적 행동	숙련기반 오류 (skill based error)	망각(Lapse)	단기 기억의로의 회상 및 기억 불능	깜박했어요
		실수(Slip)	부주의 등에 의한 단순 오류	단순 실수였어요
의도적 행동	착오 (mistake)	규칙 기반 착오 (rule based mistake)	규칙의 잘못된 적용 혹은 잘못된 규칙 학습	앗, 그게 아니었나요?
		지식 기반 착오 (knowledge based mistake)	추론, 유추 등의 인지적 과정에서 발생하는 오류	앗, 전혀 몰랐어요.
	위반 (violation)	일상적 위반 (routine violation)	평상 시 작업 규칙과 절차 등을 위반	평소 다들 이렇게 해요
		상황적 위반 (situational violation)	특수한 상황(시간 압박 등)에서 규칙을 위반	급해서 그랬어요.
		예외적 위반 (exceptional violation)	생소한 상황에서 문제를 해결하고자 규칙을 어기는 위반	이렇게라도 해보려고 했어요

> 합격키

① 2017년 3월 25일(문제 16번) 출제
② 2020년 9월 25일(문제 15번) 출제
③ 2023년 4월 1일(문제 15번) 출제

산업보건지도사 · 과년도기출문제

15 스웨 인(Swain)이 분류한 휴먼에러 유형에 해당하는 것을 모두 고른 것은?

> ㄱ. 조작에러(performance error)
> ㄴ. 시간에러(time error)
> ㄷ. 위반에러(violation error)

① ㄱ, ㄴ
② ㄴ, ㄷ
③ ㄷ, ㄹ
④ ㄱ, ㄴ, ㄷ
⑤ ㄱ, ㄷ, ㄹ

답 ②

해설

인적에러의 분류(심리적 분류)
① 생략에러(Omission Error, 누설오류)
    필요한 직무나 단계를 수행하지 않은 에러
② 착각수행에러(Commission Error, 작위오류)
    직무나 순서 등을 착각하여 잘못 수행한 에러, 작위 실수(불확실한 수행)
③ 순서에러(Sequential Error, 순서오류)
    직무 수행과정에서 순서를 잘못 지켜 발생한 에러(순서착오)
④ 시간적 에러(Time Error, 시간오류)
    정해진 시간내 직무를 수행하지 못하여 발생한 에러(수행지연)
⑤ 과잉행동에러(Extraneous Error, 과잉행동오류)
    불필요한 직무 또는 절차를 수행하여 발생한 에러

참고

미국의 심리학자인 스웨인(A.D.Swain)은 원자력발전소의 휴먼에러 유형을 조사하는 과정에서 휴먼에러를 인간행동(Behaviour)의 관점에서 분류하는 방법을 주장하였다. 휴먼에러를 작업수행에 필요한 행동을 하는 과정에서 발생하는 에러와 작업수행에 불필요한 행동을 한 경우의 에러로 분류하였다.

보충학습

리즌(Reason)의 휴먼에러의 분류

비의도적 행동		의도적 행동	
숙련기반에러		착오(Mistake)	고의(Violation)
실수(Slip)	건망증(Lapse)	1) 규칙기반착오 (rule Based Mistake)	
		2) 지식기반착오 (Knowledge Based Mistake)	

16 인간의 뇌파에 관한 설명으로 옳지 않은 것은?

① 델타(δ)파는 무의식, 실신 상태에서 주로 나타나는 뇌파이다.

② 세타(θ)파는 피로나 졸림 등의 상태에서 주로 나타나는 뇌파이다.

③ 알파(α)파는 편안한 휴식 상태에서 주로 나타나는 뇌파이다.

④ 베타(β)파는 적극적으로 활동할 때 주로 나타나는 뇌파이다.

⑤ 오메가(Ω)파는 과도한 집중과 긴장 상태에서 주로 나타나는 뇌파이다.

답 ⑤

해설

인간의 뇌파

① 알파(α), 베타(β), 감마(γ), 세타(θ) 파동의 명명은 그리스 문자를 사용하여 뇌파의 다양한 주파수 대역을 구분하기 위해 도입되었다.

② 구분은 뇌파의 특정 주파수 범위가 뇌의 특정 활동이나 상태와 연관되어 있음을 나타내기 위해 사용된다.

[표] 뇌파의 다양한 의미

뇌 파	주파수	정신상태
델타파	0.5~3[Hz]	숙면, 간질, 정신박약 등
세타파	4~7[Hz]	정서불안, 졸음상태, 얕은 수면
알파파	8~12[Hz]	안정, 명상, 무념무상, 폐안
SMR파	12~15[Hz]	주의 집중 상태, 스트레스 감소
베타파	15~30[Hz]	약간 스트레스를 동반한 일상적 사고, 통상 긴장상태에서 일을 처리하고 있는 상태
감마파	30[Hz]	극도로 긴장한 상태, 매우 복잡한 정신 기능을 수행

17 면적에 관련한 착시현상으로 옳은 것은?

① 뮬러-라이어(Muller-Lyer) 착시
② 폰조(Ponzo) 착시
③ 포겐도르프(Poggendorf) 착시
④ 에빙하우스(Ebbinghaus) 착시
⑤ 쵤너(Zollner) 착시

답 ④

해설

에빙하우스의 착시(Ebbinghaus illusion)
① 같은 회색이라도 검은바탕에 있을 때가 흰 바탕에 있을 때보다 더 밝아 보인다.
② 같은 크기의 원도 작은 원들에 둘러싸여 있을 때가 큰 원들에 둘러싸여 있을 때보다 더 커 보이나 이러한 현상을 두고 에빙하우스의 착시(Ebbinghaus illusion)라고 한다.
③ 에빙하우스의 착시(Ebbinghaus illusion)는 상대적 크기 인식의 착시로, 우리가 있는 그대로를 보는 것이 아니라 주변에 있는 것들을 함께 고려해 상대적으로 보고 있음을 의미한다.

참고

1901년 실험 심리학 교과서에 에드워드 터치너(Edward B. Titchener)가 영어권에 이러한 환상적인 착시에 대한 소개로 대중화되었다. 기억과 망각에 대한 실험 연구분야를 개척한 독일의 심리학자인 헤르만 에빙하우스(Hermann Ebbinghaus 1850~1909)가 착시에 대한 연구를 통해 일부 착시현상(Optica illusion)을 발견하였는 데 이를 에빙하우스의 착시(Ebbinghaus illusion)라고 소개하였다.

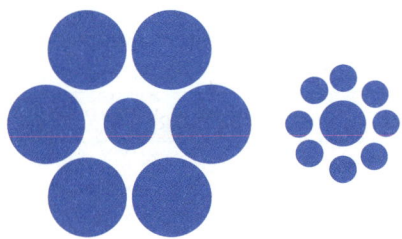

[그림] 에빙하우스 착시

보충학습

(1) 착시
물체의 물리적인 구조가 인간의 감각기관인 시각을 통하여 인지한 구조와 현저하게 일치하지 않은것으로 보이는 현상

[표] 착시의 구분

분류	도해		특징
Müler·Lyer의 착시	(a)	(b)	(a)가 (b)보다 길게 보인다.

분류	도해	특징
Helmholtz의 착시	(a) (b)	(a)는 가로로 길어보이고 (b)는 세로로 길어보인다.
Herling의 착시	(a) (b)	(a)는 양단이 벌어져 보이고 (b)는 중앙이 벌어져 보인다.
Poggendorff의 착시	(a) (c) (b)	(a)와 (c)가 일직선으로 보인다.(실제는 (a)와 (b)가 일직선)
Köhler의 착시		우선 평행의 호를 보고, 바로 직선을 본 경우 직선은 호와의 반대방향으로 휘어져 보인다.(윤곽 착시)
Zöller의 착시		세로의 선이 수직선인데 휘어져 보인다.

(2) 물건의 정리(군화의 법칙)

분류	내용	도해
근접의 요인	근접된 물건끼리 정리	○○ ○○ ○○ ○○
동류의 요인	가장 비슷한 물건끼리 정리	● ○ ● ○ ● ○
폐합의 요인	밀폐된 것으로 정리	
연속의 요인	연속된 것으로 정리	(a) 직선과 곡선의 교차 (b) 변형된 2개의 조합

> **참고**
> ① 2014년 4월 12일(문제 11번) 출제
> ② 2023년 4월 1일(문제 16번) 출제

> **정보제공**
> 산업심리학 p.151(2. 착시의 종류)

18 신체와 환경의 열교환 종류에 관한 설명으로 옳지 않은 것은?

① 대류(convection)는 피부와 공기의 온도 차이로 생긴 기류를 통해서 열을 교환 하는 것이다.

② 반사(reflection)는 피부에서 열이 혼합되면서 열전달이 발생하는 것이다.

③ 증발(evaporation)은 땀이 피부의 열로 가열되어 수증기로 변하면서 열교환이 발생하는 것이다.

④ 복사(radiation)는 전자파에 의해 물체들 사이에서 일어나는 열전달 방법이다.

⑤ 전도(conduction)는 신체가 고체나 유체와 직접 접촉할 때 열이 전달되는 방법이다.

답 ②

해설

신체와 환경 열교환의 종류
① 대류(convection) : 피부와 공기의 온도 차이로 생긴 기류를 통해서 열교환
② 증발(evaporation) : 땀이 피부의 열로 가열되어 수증기로 변하면서 열교환
③ 복사(radiation) : 전자파에 의해 물체들 사이에서 일어나는 열전달
④ 전달(conduction) : 신체가 고체나 유체와 직접 접촉할 때 열전달

보충학습

(1) 신체 열함량 변화량
$\triangle S = (M-W) \pm R \pm C - E$
(M : 열발생량, W : 수행한 일, R : 복사 열교환량, C : 대류 열교환량, E : 증발 열발산량)

(2) 온도지수
  ① 실효온도(effective temperature)
     - 온도, 습도 및 공기유동이 인체에 미치는 열 효과를 하나의 수치로 통합한 경험적 감각지수
     - 상대습도 100%일 때의 건구온도에서 느끼는 것과 동일한 온감
  ② Oxford지수
     - WB(습건)지수라고도 하며 습구, 건구 온도의 가중 평균치
     - WB=0.85W(습구온도)+0.15D(건구온도)
  ③ 습구흑구온도지수(WBGT) (13년 기출)
     - 옥외 WBGT=0.7×자연습구온도(NWB)+0.2흑구온도(GT)+0.1×건구온도(DT)
     - 옥내 WBGT=0.7×자연습구온도(NWB)+0.3흑구온도(GT)

19 다음은 하인리히(H. Heinrich)의 재해예방이론 4원칙과 사고예방원리 5단계이다. ( )에 들어갈 내용으로 옳은 것은?

> ● 재해예방이론 4원칙
>   (ㄱ), 원인계기의 원칙, (ㄴ), 대책선정의 원칙
> ● 사고예방원리 5단계
>   1단계 : 안전관리조직   2단계 : 사실의 발견
>   3단계 : (ㄷ)   4단계 : 시정책의 선정
>   5단계 : 시정책의 적용

① ㄱ : 손실가능의 원칙, ㄴ : 예방불가의 원칙, ㄷ : 위험성파악
② ㄱ : 손실우연의 원칙, ㄴ : 예방가능의 원칙, ㄷ : 분석·평가
③ ㄱ : 손실가능의 원칙, ㄴ : 예방가능의 원칙, ㄷ : 위험성파악
④ ㄱ : 손실우연의 원칙, ㄴ : 예방불가의 원칙, ㄷ : 분석·평가
⑤ ㄱ : 손실가능의 원칙, ㄴ : 예방불가의 원칙, ㄷ : 분석·평가

답 ②

해설

하인리히 재해예방이론

(1) 하인리히 법칙에 의한 재해예방의 4원칙
① 손실우연의 원칙 : 사고의 결과 생기는 손실은 우연히 발생한다.
② 예방가능의 원칙 : 천재지변을 제외한 모든 재해는 예방이 가능하다.
③ 대책선정의 원칙 : 재해는 적합한 대책이 선정되어야 한다.
④ 원인연계의 원칙 : 재해는 직접원인과 간접원인이 연계되어 일어난다.

(2) 사고예방 기본원리 5단계〈Heinrich〉
① 제1단계 : 안전 관리 조직
  ㉮ 안전 목표 설정   ㉯ 안전 관리자 선임
  ㉰ 안전방침·계획 수립   ㉱ 안전 활동 전개
② 제2단계 : 사실의 발견[현상 파악]
  ㉮ 사고·활동 기록 검토   ㉯ 작업 분석, 점검, 검사
  ㉰ 사고 조사   ㉱ 안전 회의·토의·근로자 제안
③ 제3단계 : 원인 분석
  ㉮ 인적·물적·환경 조건 분석 및 작업 공증 분석   ㉯ 교육 훈련 및 적정 배치 분석
  ㉰ 안전 수칙 및 사고기록 분석
④ 제4단계 : 시정책의 선정[대책 수립]
  ㉮ 기술적, 교육 훈련 개선   ㉯ 규정, 수칙 등 제도적 개선
  ㉰ 안전 운동의 전개
⑤ 제5단계 : 시정책의 적용[실시]
  ㉮ 위험성 평가   ㉯ 3E 대책 적용(Engineering, Education, Enforcement)
  ㉰ 기술적 개선

20 보호구의 구비요건에 관한 내용으로 옳은 것을 모두 고른 것은?

> ㄱ. 겉모양과 보기가 좋을 것
> ㄴ. 유해·위험요인에 대한 방호성능이 충분할 것
> ㄷ. 착용이 간편할 것
> ㄹ. 금속성 재료는 내식성이 없는 것

① ㄱ
② ㄴ, ㄹ
③ ㄱ, ㄴ, ㄷ
④ ㄴ, ㄷ, ㄹ
⑤ ㄱ, ㄴ, ㄷ, ㄹ

답 ③

해설

보호구의 구비조건
① 사용목적에 적합해야 한다.
② 착용이 간편해야 한다.
③ 작업에 방해되지 않아야 한다.
④ 품질이 우수해야 한다.
⑤ 구조, 끝마무리가 양호해야 한다.
⑥ 겉모양, 보기가 좋아야 한다.
⑦ 유해, 위험에 대한 방호가 완전해야 한다.
⑧ 금속성 재료는 내식성일 것

21. 사업장 위험성평가에 관한 지침에서 위험성 감소를 위한 대책 수립의 고려순서로 옳은 것은?

> ㄱ. 개인용 보호구의 사용
> ㄴ. 위험한 작업의 폐지·변경, 유해·위험물질 대체 등의 조치 또는 설계나 계획 단계에서 위험성을 제거 또는 저감하는 조치
> ㄷ. 사업장 작업절차서 정비 등의 관리적 대책
> ㄹ. 연동장치, 환기장치 설치 등의 공학적 대책

① ㄱ → ㄴ → ㄹ → ㄷ
② ㄴ → ㄷ → ㄹ → ㄱ
③ ㄴ → ㄹ → ㄷ → ㄱ
④ ㄷ → ㄹ → ㄴ → ㄱ
⑤ ㄹ → ㄷ → ㄴ → ㄱ

답 ③

해설

위험성 감소 대책 수립의 고려순서

제11조(위험성 추정) ① 사업주는 유해·위험요인을 파악하여 사업장 특성에 따라 부상 또는 질병으로 이어질 수 있는 가능성 및 중대성의 크기를 추정하고 다음 각 호의 어느 하나의 방법으로 위험성을 추정하여야 한다.
1. 가능성과 중대성을 행렬을 이용하여 조합하는 방법
2. 가능성과 중대성을 곱하는 방법
3. 가능성과 중대성을 더하는 방법
4. 그 밖에 사업장의 특성에 적합한 방법

② 제1항에 따라 위험성을 추정할 경우에는 다음에서 정하는 사항을 유의하여야 한다.
1. 예상되는 부상 또는 질병의 대상자 및 내용을 명확하게 예측할 것
2. 최악의 상황에서 가장 큰 부상 또는 질병의 중대성을 추정할 것
3. 부상 또는 질병의 중대성은 부상이나 질병 등의 종류에 관계없이 공통의 척도를 사용하는 것이 바람직하며, 기본적으로 부상 또는 질병에 의한 요양기간 또는 근로손실 일수 등을 척도로 사용할 것
4. 유해성이 입증되어 있지 않은 경우에도 일정한 근거가 있는 경우에는 그 근거를 기초로 하여 유해성이 존재하는 것으로 추정할 것
5. 기계·기구, 설비, 작업 등의 특성과 부상 또는 질병의 유형을 고려할 것

합격정보

사업장 위험성평가에 관한 지침

보충학습

제3조(정의) ① 이 고시에서 사용하는 용어의 뜻은 다음과 같다.
1. "위험성평가"란 유해·위험요인을 파악하고 해당 유해·위험요인에 의한 부상 또는 질병의 발생 가능성(빈도)과 중대성(강도)을 추정·결정하고 감소대책을 수립하여 실행하는 일련의 과정을 말한다.
2. "유해·위험요인"이란 유해·위험을 일으킬 잠재적 가능성이 있는 것의 고유한 특징이나 속성을 말한다.
3. "유해·위험요인 파악"이란 유해요인과 위험요인을 찾아내는 과정을 말한다.
4. "위험성"이란 유해·위험요인이 부상 또는 질병으로 이어질 수 있는 가능성(빈도)과 중대성(강도)을 조합한 것을 의미한다.
5. "위험성 추정"이란 유해·위험요인별로 부상 또는 질병으로 이어질 수 있는 가능성과 중대성의 크기를 각각 추정하여 위험성의 크기를 산출하는 것을 말한다.
6. "위험성 결정"이란 유해·위험요인별로 추정한 위험성의 크기가 허용 가능한 범위인지 여부를 판단하는 것을 말한다.
7. "위험성 감소대책 수립 및 실행"이란 위험성 결정 결과 허용 불가능한 위험성을 합리적으로 실천 가능한 범위에서 가

능한 한 낮은 수준으로 감소시키기 위한 대책을 수립하고 실행하는 것을 말한다.
8. "기록"이란 사업장에서 위험성평가 활동을 수행한 근거와 그 결과를 문서로 작성하여 보존하는 것을 말한다.
② 그 밖에 이 고시에서 사용하는 용어의 뜻은 이 고시에 특별히 정한 것이 없으면 「산업안전보건법」(이하 "법"이라 한다), 같은 법 시행령(이하 "영"이라 한다), 같은 법 시행규칙(이하 "규칙"이라 한다) 및 「산업안전보건기준에 관한 규칙」(이하 "안전보건규칙"이라 한다)에서 정하는 바에 따른다.

22 안전보건경영시스템 이해를 위한 지침상 안전보건경영시스템의 관리체계의 흐름을 나타낸 그림이다. A단계의 활동에 관한 설명으로 옳지 않은 것은?

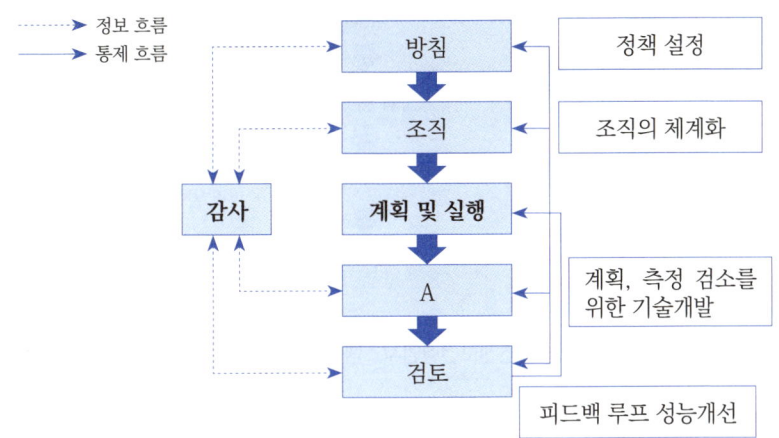

① 안전보건의 문제점이 발생한 때에는 재해, 앗차사고 등에 대한 사례를 통하여 잘못된 점을 확인하여야 한다.
② 위험성이 가장 큰 부분을 우선적으로 해결하여야 한다.
③ 잠재적으로 심각한 피해를 미치는 사건을 자세히 살펴보아야 한다.
④ 발생한 일과 원인에 대하여 조사하고, 기록하여야 한다.
⑤ 안전보건 실적을 측정할 수 있는 기준을 설정하여야 한다.

답 ⑤

해설

안전보건경영시스템 이해를 위한 지침

1. 목적
이 지침은 중소기업 사업장의 사업주 및 관리감독자에게 효과적으로 안전보건경영시스템을 이해시키기 위함을 목적으로 한다.

2. 적용범위
이 지침은 중소기업 사업장의 사업주 및 관리감독자가 자체 안전보건경영시스템을 이해하는데 적용한다.

3. 용어의 정의
그 밖에 이 지침에서 사용하는 용어의 정의는 이 지침에 특별한 규정이 있는 경우를 제외하고는 산업안전보건법, 같은 법 시행령, 같은 법 시행규칙, 산업안전보건기준에 관한 규칙에서 정하는 바에 의한다.

4. 안전보건경영시스템 관리체계
안전보건경영시스템은 5단계의 관리체계로 구성되어 있으며, 관리 체계의 흐름은 〈그림1〉과 같다.

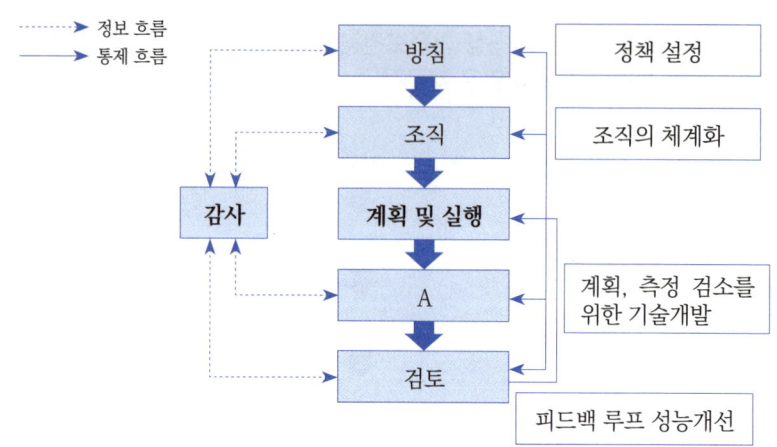

〈그림1〉 안전보건경영시스템 관리체계의 흐름

5. 1단계 : 안전보건 방침 설정
(1) 부상 및 질병 등의 재해는 생산에 피해를 주므로 모든 우발적인 손실을 관리하여야 한다.
(2) 유해위험요인을 확인하고 위험성을 평가하여 이에 대한 예방 조치를 실행하여 생산성을 향상시킬 수 있도록 하여야 한다.
(3) 안전보건 방침은 근로자를 적재적소에 배치하고, 장비, 재료 등을 선택하는데 중요한 영향을 미친다.
(4) 서면으로 작성된 회사의 방침, 조직, 협의 등은 근로자들에게 유해위험요인이 확인되고 위험성이 평가되고 있다는 것을 알려준다.
(5) 올바른 방침 수립을 위하여 다음 사항을 준수하여야 한다.
　(가) 안전보건 방침을 문서화하여야 한다.
　(나) 안전보건의 성과를 매년 기록하여야 한다.
　(다) 안전보건 대책을 실시하지 않음으로 인해 발생한 손실 금액을 산정하여야 한다.
　(라) 일의 능률 향상과 손실의 감소가 어느 정도 발생하였는지 확인하여야 한다.

6. 2단계 : 조직의 체계화
안전보건 방침이 효과적으로 진행되도록 근로자의 참여를 보장하고 역량, 책임, 협력 및 의사소통의 능동적인 안전보건 문화를 장려하여야 한다.

6.1 역량
(1) 업무에 필요한 역량을 평가하여야 한다.
(2) 모든 근로자, 경영자, 관리자 등에게 필요한 교육을 제공하여야 한다.
(3) 위험한 업무를 수행하는 근로자들에게 교육, 훈련 등 필요한 기회를 제공하여야 한다.
(4) 충고 및 도움을 받을 수 있는 기회를 제공하여야 한다.
(5) 새로운 안전보건 책무의 경쟁력을 위하여 기업 혁신 및 개편을 수행하여야 한다.

6.2 책임
(1) 자신의 책임에 대하여 설명하고, 안전보건의 중요성을 모두가 알 수 있도록 분명한 방향을 제시하여야 한다.
(2) 위험한 작업, 지게차 운전 등 특별한 전문성이 필요한 업무를 하는 근로자에게 안전보건의 중요성과 책임을 인식하도록 하여야 한다.
(3) 경영자, 관리감독자들이 책임감을 가지고 업무를 수행할 수 있도록 충분한 시간과 재원을 제공해주어야 한다.
(4) 모든 근로자들에게 안전보건을 수행하여야 하는 의무와 책임이 있음을 알려주어야 한다.

6.3 협력
(1) 근로자들과 함께 안전보건 협의회 등을 구성하여야 한다.
(2) 계획, 실행 검토, 절차 작성, 문제 해결 시 근로자와 함께 진행하여야 한다.

(3) 같은 장소에서 일하고 있는 도급업체와 협력하여야 한다.

6.4 의사소통
(1) 같은 장소에서 일하고 있는 근로자와 도급업체에게 유해위험요인, 위험성평가 결과, 예방 방법에 대한 정보를 제공하여야 한다.
(2) 정기적으로 안전보건에 대하여 토의하여야 한다.
(3) 안전보건 사항을 쉽게 이해할 수 있도록 하여야 한다.

7. 3단계 : 계획 설정 및 실행
(1) 안전보건 계획은 목표 설정, 유해위험요인 확인, 위험성 평가, 능동적 문화의 실행 및 개발을 위하여 설정되어야 한다.
(2) 안전보건 계획은 다음 사항을 준수하여야 한다.
   (가) 유해위험요인을 확인하고 위험성을 평가하여 이를 제거 또는 감소시킬 수 있는 방안을 결정하여야 한다.
   (나) 안전보건 관련 법령을 준수하여야 한다.
   (다) 안전보건에 대한 경영자와 관리자의 의견이 일치하여야 한다.
   (라) 구매·공급에 대한 정책은 안전보건 측면을 고려하여 결정하여야 한다.
   (마) 심각하고 급박한 위험을 다루기 위한 절차를 마련하여야 한다.
   (바) 인근 주민, 협력 업체와 협력하여야 한다.
   (사) 안전보건 실적을 측정할 수 있는 기준을 설정하여야 한다.
(3) 안전보건 계획은 다음 사항을 포함하여야 한다.
   (가) 측정할 수 있어야 한다.
   (나) 실현 가능하여야 한다.
   (다) 현실적이어야 한다.

8. 4단계 : 성과 측정
(1) 재정, 생산, 판매, 재해손실일수 등을 통하여 안전보건의 성과를 측정하여야 한다.
(2) 안전보건의 문제점이 발생한 때에는 재해, 앗차사고 등에 대한 사례를 통하여 잘못된 점을 확인하여야 한다.
(3) 위험성이 가장 큰 부분을 우선적으로 해결하여야 한다.
(4) 잠재적으로 심각한 피해를 미치는 사건을 자세히 살펴보아야 한다.
(5) 발생한 일과 원인에 대하여 조사하고, 기록하여야 한다.

9. 5단계 : 검토 및 검사
(1) 안전보건에 대한 검토 결과를 확인하고, 안전보건 성과의 향상 방안을 마련하기 위해 감사를 수행하여야 한다.
(2) 근로자 및 외부인에 의해 회사의 방침, 조직, 시스템 등이 옳은 결과를 달성하였는지에 대하여 감사를 수행하여야 한다.
(3) 근로자 및 외부인은 안전보건 시스템의 신뢰도와 효과에 대하여 감사하여야 한다.
(4) 안전보건 결과의 향상을 위해 감사 결과를 안전보건 계획에 반영하여야 한다.

합격정보

안전보건경영시스템 관리 체크리스트

항목	예	아니오	비고
1. 유해위험요인			
(1) 작업장에서의 작업 수행 방법을 확인하였는가?			
(2) 위험요인의 존재를 확인하였는가?			
(3) 라벨, 공급자의 안전보건정보 등 이용 가능한 정보가 있는가?			
(4) 근로자 및 안전담당자에 대한 건강을 고려하고 있는가?			

항목	예	아니오	비고
(5) 도움을 줄 수 있는 사람을 고려하고 있는가?			
2. 확인 및 평가			
(1) 작업장에서의 안전보건에 대한 위험성을 확인 및 평가하였는가?			
(2) 모든 작업절차에 대한 안전보건 위험성을 평가하였는가?			
(3) 위험한 곳에 있는 모든 직원에 대한 위험성평가 기법이 있는가?			
(4) 보건에 관한 유해성을 관리하기 위한 실용적이고 도움이 되는 유해성평가를 이행하였는가?			
(5) 작업장의 안전보건에 관한 위험성의 원인을 확인하였는가?			
3. 최종점검			
(1) 관리자는 작업장에서의 안전보건의 최종 목표를 인식하고 있는가?			
(2) 사내에서의 역할 및 전문성이 확실히 정해져 있는가?			
(3) 자신의 위험에 대하여 관리자에게 보고하는가?			
(4) 직원이 다음과 같은 훈련을 받고 있는가?			
(가) 작업장에서의 건강과 관련된 위험 회피			
(나) 적절한 관리 방법의 이용			
(다) 직업병 예방 방법			
(5) 위험성과 관련된 전문적인 자문가가 있는가?			
(6) 모니터링을 위한 준비가 되어 있는가?			

23. 사업장 위험성평가에 관한 지침에서 위험성평가의 실시에 관한 내용으로 옳지 않은 것은?

① 사업주는 사업이 성립된 날로부터 3개월이 되는 날까지 위험성평가의 대상이 되는 유해·위험요인에 대한 최초 위험성평가의 실시에 착수하여야 한다.

② 사업주는 사업장 건설물의 설치·이전·변경 또는 해체로 추가적인 유해·위험요인이 생기는 경우에는 해당 유해·위험요인에 대한 수시 위험성평가를 실시하여야 한다.

③ 사업주는 중대산업사고 발생 작업을 대상으로 작업을 재개하기 전에 수시 위험성평가를 실시하여야 한다.

④ 사업주는 실시한 위험성평가의 결과에 대한 적정성을 기계·기구, 설비 등의 기간 경과에 의한 성능 저하를 고려하여 1년마다 정기적으로 재검토하여야 한다.

⑤ 사업주는 1개월 미만의 기간 동안 이루어지는 작업 또는 공사의 경우에는 특별한 사정이 없는 한 작업 또는 공사 개시 후 지체 없이 최초 위험성평가를 실시하여야 한다.

답 ①

해설

제15조(위험성평가의 실시 시기)

① 사업주는 사업이 성립된 날(사업 개시일을 말하며, 건설업의 경우 실착공일을 말한다)로부터 1개월이 되는 날까지 제5조의2제1항에 따라 위험성평가의 대상이 되는 유해·위험요인에 대한 최초 위험성평가의 실시에 착수하여야 한다. 다만, 1개월 미만의 기간 동안 이루어지는 작업 또는 공사의 경우에는 특별한 사정이 없는 한 작업 또는 공사 개시 후 지체 없이 최초 위험성평가를 실시하여야 한다.

② 사업주는 다음 각 호의 어느 하나에 해당하여 추가적인 유해·위험요인이 생기는 경우에는 해당 유해·위험요인에 대한 수시 위험성평가를 실시하여야 한다. 다만, 제5호에 해당하는 경우에는 재해발생 작업을 대상으로 작업을 재개하기 전에 실시하여야 한다.

1. 사업장 건설물의 설치·이전·변경 또는 해체
2. 기계·기구, 설비, 원재료 등의 신규 도입 또는 변경
3. 건설물, 기계·기구, 설비 등의 정비 또는 보수(주기적·반복적 작업으로서 이미 위험성평가를 실시한 경우에는 제외)
4. 작업방법 또는 작업절차의 신규 도입 또는 변경
5. 중대산업사고 또는 산업재해(휴업 이상의 요양을 요하는 경우에 한정한다) 발생
6. 그 밖에 사업주가 필요하다고 판단한 경우

③ 사업주는 다음 각 호의 사항을 고려하여 제1항에 따라 실시한 위험성평가의 결과에 대한 적정성을 1년마다 정기적으로 재검토(이때, 해당 기간 내 제2항에 따라 실시한 위험성평가의 결과가 있는 경우 함께 적정성을 재검토하여야 한다)하여야 한다. 재검토 결과 허용 가능한 위험성 수준이 아니라고 검토된 유해·위험요인에 대해서는 제12조에 따라 위험성 감소대책을 수립하여 실행하여야 한다.

1. 기계·기구, 설비 등의 기간 경과에 의한 성능 저하
2. 근로자의 교체 등에 수반하는 안전·보건과 관련되는 지식 또는 경험의 변화
3. 안전·보건과 관련되는 새로운 지식의 습득
4. 현재 수립되어 있는 위험성 감소대책의 유효성 등

합격정보

사업장 위험성평가에 관한 지침

24. 다음은 정전작업의 5대 안전수칙이다. 정전작업 절차를 순서대로 옳게 나열한 것은?

> ㄱ. 전원 투입의 방지
> ㄴ. 작업 전 전원차단
> ㄷ. 작업장소의 보호
> ㄹ. 단락접지 시행
> ㅁ. 작업장소의 무전압 여부 확인

① ㄱ → ㄴ → ㄹ → ㅁ → ㄷ
② ㄱ → ㄴ → ㅁ → ㄷ → ㄹ
③ ㄴ → ㄱ → ㄷ → ㄹ → ㅁ
④ ㄴ → ㄱ → ㅁ → ㄹ → ㄷ
⑤ ㄴ → ㅁ → ㄱ → ㄷ → ㄹ

답 ④

해설

정전 작업 5대 안전수칙(국제사회 안전협회의 5대 안전수칙)
① 작업 전 전원 차단
② 전원투입 방지(시건 장치 및 통전금지 표지판 설치)
③ 작업장소 무전압 확인(검전기를 사용하여 각 상마다 무전압 확인)
④ 단락 접지
⑤ 작업 장소 보호

보충학습

정전확인과 단락 접지
① 전로를 정전했을 때 검전기를 사용해 각 상마다 정전을 확인해야 한다.
② 정전을 확인한 후 단락접지기구로 각 상을 단락하여 접지해야 한다.
③ 단락접지기구를 설치할 때는 접지기구를 먼저 설치한 후 단락기구를 설치하고, 제거할 때는 단락기구를 먼저 제거하고 이후 접지기구를 제거한다.

25 산업안전보건법령상 인화성 가스의 정의에 관한 내용이다. (   )에 들어갈 것으로 옳은 것은?

> "인화성 가스"란 인화한계 농도의 최저한도가 (ㄱ)[%] 이하 또는 최고한도와 최저한도의 차가 (ㄴ)[%] 이상인 것으로서 표준압력(101.3[kPa])에서 20[℃]에서 가스상태인 물질을 말한다.

① ㄱ : 12, ㄴ : 10
② ㄱ : 12, ㄴ : 11
③ ㄱ : 13, ㄴ : 11
④ ㄱ : 13, ㄴ : 12
⑤ ㄱ : 15, ㄴ : 12

답 ④

해설
① "인화성 가스"란 인화한계 농도의 최저한도가 13[%] 이하 또는 최고한도와 최저한도의 차가 12[%] 이상인 것으로서 표준압력(101.3[kPa])에서 20[℃]에서 가스상태인 물질을 말한다.
② 인화성 가스 중 사업장 외부로부터 배관을 통해 공급받아 최초 압력조정기 후단 이후의 압력이 (게기압력) 미만으로 취급되는 사업장의 연료용 도시가스(메탄 중량성분 85[%] 이상으로 이 표에 따른 유해·위험물질이 없는 설비에 공급되는 경우에 한정한다)는 취급 규정량을 50,000[kg]으로 한다.

합격정보
산업안전보건법 시행령 [별표18] 유해·위험물질 규정량 [비교]

보충학습
취급 및 사용시 유의 사항
① 인화성 가스는 누출되어 밀폐된 공간에 가스가 축적될 때 점화원에 의해 화재나 폭발이 발생할 위험, 용기파손에 의한 누출 및 폭발 위험도 존재한다.
② 인화성 가스에는 수소, 아세틸렌, 에틸렌, 메탄, 에탄, 프로판, 부탄, 도시가스(NG), LPG, 암모니아 등이 있다.
③ 인화성 가스 취급시 안전관리 수칙은 취급요령, 보관요령, 인화성 가스 누출 및 화재시 대응 방법으로 설명한다.
④ 인화성 가스는 누출되면 쉽게 화재를 유발하기 때문에 누출되지 않는 밀폐구조로 취급하는 것이 중요하다.
⑤ 인화성 가스를 사용하거나 저장하는 장소에는 누설 여부를 알 수 있도록 가스경보장치를 설치한다.
⑥ 인화성 가스 취급장소에서는 흡연, 용접, 그라인딩 작업, 비방폭형 전기기기 사용을 금지한다.
⑦ 접지 조치로 인체 및 설비의 정전기를 없애는 등 점화원을 제거한다.
⑧ 인화성 가스를 보관할 때에는 직사광선을 피하고 환기가 잘 되는 곳에 저장하며 용기온도를 이하로 유지한다.
⑨ 인화성 가스를 보관한 용기가 넘어질 위험이 없도록 하고 용기에 충격을 가하지 않아야 하며, 저장된 가스를 사용하기 전에는 용기의 부식·마모 또는 변형상태를 점검한 후 사용한다.

적 먹 국가자격시험답안지[전문자격팀] 5지 (1p)1P 전 2015.0901

성 명

교시(차수) 기재란	
(　　)교시 · 차	① ② ③

문제지 형별 기재란	
(　　)형	Ⓐ Ⓑ

선 택 과 목 1

선 택 과 목 2

수 험 번 호							
⓪	⓪	⓪	⓪	⓪	⓪	⓪	⓪
①	①	①	①	①	①	①	①
②	②	②	②	②	②	②	②
③	③	③	③	③	③	③	③
④	④	④	④	④	④	④	④
⑤	⑤	⑤	⑤	⑤	⑤	⑤	⑤
⑥	⑥	⑥	⑥	⑥	⑥	⑥	⑥
⑦	⑦	⑦	⑦	⑦	⑦	⑦	⑦
⑧	⑧	⑧	⑧	⑧	⑧	⑧	⑧
⑨	⑨	⑨	⑨	⑨	⑨	⑨	⑨

감독위원 확인
㊞

(　　　　)년도 제(　　)회 (　　　　　　)국가전문자격시험 답안카드

1	① ② ③ ④ ⑤	21	① ② ③ ④ ⑤	41	① ② ③ ④ ⑤	61	① ② ③ ④ ⑤	81	① ② ③ ④ ⑤	101	① ② ③ ④ ⑤	121	① ② ③ ④ ⑤
2	① ② ③ ④ ⑤	22	① ② ③ ④ ⑤	42	① ② ③ ④ ⑤	62	① ② ③ ④ ⑤	82	① ② ③ ④ ⑤	102	① ② ③ ④ ⑤	122	① ② ③ ④ ⑤
3	① ② ③ ④ ⑤	23	① ② ③ ④ ⑤	43	① ② ③ ④ ⑤	63	① ② ③ ④ ⑤	83	① ② ③ ④ ⑤	103	① ② ③ ④ ⑤	123	① ② ③ ④ ⑤
4	① ② ③ ④ ⑤	24	① ② ③ ④ ⑤	44	① ② ③ ④ ⑤	64	① ② ③ ④ ⑤	84	① ② ③ ④ ⑤	104	① ② ③ ④ ⑤	124	① ② ③ ④ ⑤
5	① ② ③ ④ ⑤	25	① ② ③ ④ ⑤	45	① ② ③ ④ ⑤	65	① ② ③ ④ ⑤	85	① ② ③ ④ ⑤	105	① ② ③ ④ ⑤	125	① ② ③ ④ ⑤
6	① ② ③ ④ ⑤	26	① ② ③ ④ ⑤	46	① ② ③ ④ ⑤	66	① ② ③ ④ ⑤	86	① ② ③ ④ ⑤	106	① ② ③ ④ ⑤		
7	① ② ③ ④ ⑤	27	① ② ③ ④ ⑤	47	① ② ③ ④ ⑤	67	① ② ③ ④ ⑤	87	① ② ③ ④ ⑤	107	① ② ③ ④ ⑤		
8	① ② ③ ④ ⑤	28	① ② ③ ④ ⑤	48	① ② ③ ④ ⑤	68	① ② ③ ④ ⑤	88	① ② ③ ④ ⑤	108	① ② ③ ④ ⑤		
9	① ② ③ ④ ⑤	29	① ② ③ ④ ⑤	49	① ② ③ ④ ⑤	69	① ② ③ ④ ⑤	89	① ② ③ ④ ⑤	109	① ② ③ ④ ⑤		
10	① ② ③ ④ ⑤	30	① ② ③ ④ ⑤	50	① ② ③ ④ ⑤	70	① ② ③ ④ ⑤	90	① ② ③ ④ ⑤	110	① ② ③ ④ ⑤		
11	① ② ③ ④ ⑤	31	① ② ③ ④ ⑤	51	① ② ③ ④ ⑤	71	① ② ③ ④ ⑤	91	① ② ③ ④ ⑤	111	① ② ③ ④ ⑤		
12	① ② ③ ④ ⑤	32	① ② ③ ④ ⑤	52	① ② ③ ④ ⑤	72	① ② ③ ④ ⑤	92	① ② ③ ④ ⑤	112	① ② ③ ④ ⑤		
13	① ② ③ ④ ⑤	33	① ② ③ ④ ⑤	53	① ② ③ ④ ⑤	73	① ② ③ ④ ⑤	93	① ② ③ ④ ⑤	113	① ② ③ ④ ⑤		
14	① ② ③ ④ ⑤	34	① ② ③ ④ ⑤	54	① ② ③ ④ ⑤	74	① ② ③ ④ ⑤	94	① ② ③ ④ ⑤	114	① ② ③ ④ ⑤		
15	① ② ③ ④ ⑤	35	① ② ③ ④ ⑤	55	① ② ③ ④ ⑤	75	① ② ③ ④ ⑤	95	① ② ③ ④ ⑤	115	① ② ③ ④ ⑤		
16	① ② ③ ④ ⑤	36	① ② ③ ④ ⑤	56	① ② ③ ④ ⑤	76	① ② ③ ④ ⑤	96	① ② ③ ④ ⑤	116	① ② ③ ④ ⑤		
17	① ② ③ ④ ⑤	37	① ② ③ ④ ⑤	57	① ② ③ ④ ⑤	77	① ② ③ ④ ⑤	97	① ② ③ ④ ⑤	117	① ② ③ ④ ⑤		
18	① ② ③ ④ ⑤	38	① ② ③ ④ ⑤	58	① ② ③ ④ ⑤	78	① ② ③ ④ ⑤	98	① ② ③ ④ ⑤	118	① ② ③ ④ ⑤		
19	① ② ③ ④ ⑤	39	① ② ③ ④ ⑤	59	① ② ③ ④ ⑤	79	① ② ③ ④ ⑤	99	① ② ③ ④ ⑤	119	① ② ③ ④ ⑤		
20	① ② ③ ④ ⑤	40	① ② ③ ④ ⑤	60	① ② ③ ④ ⑤	80	① ② ③ ④ ⑤	100	① ② ③ ④ ⑤	120	① ② ③ ④ ⑤		

마킹주의

바른게 마킹: ●
잘못 마킹: ⊗, ⊙, ◐, ⊖

(예 시)

성 명: 홍길동

교시(차수) 기재란
(교시· 차) ① ② ③

문제지 형별 기재란
(형) Ⓐ Ⓑ

선택 과목 1
선택 과목 2

수험번호: 0 1 3 2 9 8 0 1

감독위원 확인: 김갑돌 (인)

수험자 유의사항

1. 시험 중에는 통신기기(휴대전화·소형 무전기 등) 및 전자기기(초소형 카메라 등)를 소지하거나 사용할 수 없습니다.
2. 부정행위 예방을 위해 시험문제지에도 수험번호와 성명을 반드시 기재하시기 바랍니다.
3. 시험시간이 종료되면 답안작성을 멈추고 답안지를 감독위원에게 제출하여야 합니다. 시험시간이 종료된 후에도 계속 답안을 작성하거나 감독위원의 답안지 제출지시에 불응할 때에는 당해 시험이 무효처리 됩니다.
4. 기타 감독위원의 정당한 지시에 불응하여 타 수험자의 시험에 방해가 될 경우 퇴실조치 될 수 있습니다.

답안카드 작성 시 유의사항

1. 답안카드 기재·마킹 시에는 반드시 검정색 사인펜을 사용해야 합니다.
2. 답안카드를 잘못 작성했을 시에는 카드를 교체하거나 수정테이프를 사용하여 수정할 수 있습니다.
   그러나 불완전한 수정처리로 인해 발생하는 전산자동판독불가 등 불이익은 수험자의 귀책사유입니다.
   - 수정테이프 이외의 수정액, 스티커 등은 사용 불가
   - 답안카드 왼쪽(성명·수험번호 등)을 제외한 '답안란'만 수정테이프로 수정 가능
3. 성명란은 수험자 본인의 성명을 정자체로 기재합니다.
4. 해당차수(교시)시험을 기재하고 해당 란에 마킹합니다.
5. 시험문제지 형별기재란은 시험문제지 형별을 기재하고, 우측 형별마킹란에는 해당 형별을 마킹합니다.
6. 수험번호란은 숫자로 기재하고 아래 해당번호에 마킹합니다.
7. 시험문제지 형별 및 수험번호 등 마킹착오로 인한 불이익은 전적으로 수험자의 귀책사유입니다.
8. 감독위원의 날인이 없는 답안카드는 무효처리 됩니다.
9. 상단과 우측의 검은색 띠(▮▮▮) 부분은 낙서를 금지합니다.

부정행위 처리규정

시험 중 다음과 같은 행위를 하는 자는 당해 시험을 무효처리하고 자격별 관련 규정에 따라 일정기간 동안 시험에 응시할 수 있는 자격을 정지합니다.

1. 시험과 관련된 대화, 답안카드 교환, 다른 수험자의 답안·문제지를 보고 답안 작성, 대리시험을 치르거나 치르게 하는 행위, 시험문제 내용과 관련된 물건을 휴대하거나 이를 주고받는 행위
2. 시험장 내외로부터 도움을 받아 답안을 작성하는 행위, 공인어학성적 및 응시자격서류를 허위기재하여 제출하는 행위
3. 통신기기(휴대전화·소형 무전기 등) 및 전자기기(초소형 카메라 등)를 휴대하거나 사용하는 행위
4. 다른 수험자와 성명 및 수험번호를 바꾸어 작성·제출하는 행위
5. 기타 부정 또는 불공정한 방법으로 시험을 치르는 행위

저자약력

정재수(靑波 : 鄭再琇)

인하대학교 공학박사/GTCC대학교 명예교육학 박사/한양대학교 공학석사/공학사/문학사/각종국가고시 출제, 검토, 채점, 감독, 면접 위원역임/매경TV/EBS/KBS라디오 출연 및 강사/중소기업진흥공단 강사/대한산업안전협회 강사/호원대학교/신성대학교/대림대학교/수원대학교 외래교수/울산대학교/군산대학교/한경대학교 등 특강/한국폴리텍Ⅱ대학 산학협력단장, 평생교육원장, 산학기술연구소장, 디자인센터장/한국폴리텍 대학 교수/한국폴리텍대학남인천캠퍼스 학장/대한민국산업현장 교수/(사)대한민국에너지상생포럼 집행위원장/(사)한국안전돌봄서비스협회 회장/(사)대한민국 청렴코리아 공동대표/협성대학교 IPP 추진기획단 특별위원/인천광역시 새마을문고 회장/GTCC대학교 겸임교수/**한국방송통신대학교 및 한국 폴리텍 대학 공동 선정 동영상 강의**

저서
- 산업안전공학(도서출판 세화)
- 건설안전기술사(도서출판 세화)
- 건설안전기사(필기, 실기 필답형, 실기 작업형)(도서출판 세화)
- 산업보건지도사 시리즈(도서출판 세화)
- 공업고등학교안전교재(서울교과서)
- 한국방송통신대학과 한국폴리텍대학 선정 동영상 촬영
- 기계안전기술사(도서출판 세화)
- 산업안전기사(필기, 실기 필답형, 실기 작업형)(도서출판 세화)
- 산업안전지도사 시리즈(도서출판 세화)
- 산업안전보건(한국산업인력공단)
- 산업안전보건동영상(한국산업인력공단) 등 60여권 저술

상훈
대한민국 근정 포장(대통령)/국무총리 표창/행정자치부 장관표창/
300만 인천광역시민상 수상 및 효행표창 등 8회 수상/인천광역시 교육감 상 수상/2024년 남동구 봉사상 수상/
Vision2010교육혁신대상수상/2018년 대한민국청렴대상수상/30년이상봉사 새마을기념장 수상/몽골옵스 주지사 표창 수상

출강기업(무순)
삼성(전자, 건설, 중공업, 조선, 물산)/현대(건설, 자동차, 중공업, 제철)/포스코건설/대우(건설, 자동차, 조선), SK(정유)/GS건설/에스원(S1)/두산(건설, 중공업), 동부(반도체), 멀티캠퍼스, e-mart, CJ 등 100여기업/이상 안전자격증특강

산업보건지도사 – 과년도 문제(7개년)
[Ⅲ] 기업진단 · 지도

1판 1쇄 발행　　　　　2024. 6. 10.

지은이	정재수
펴낸이	박 용
펴낸곳	도서출판 세화
주소	경기도 파주시 회동길 325-22(서패동 469-2)
영업부	(031)955-9331~2
편집부	(031)955-9333
FAX	(031)955-9334
등록	1978. 12. 26 (제 1-338호)

정가 **25,000원**
ISBN　978-89-317-1277-3　13530

파손된 책은 교환하여 드립니다.
본 도서의 내용 문의 및 궁금한 점은 더 정확한 정보를 위하여 저자분에게 문의하시고, 저희 홈페이지 수험서 자료실이나 저자 이메일에 문의바랍니다.
저자 정재수(jjs90681@naver.com)

산업안전, 건설안전, 기술사, 지도사 등 안전자격증취득 준비는 이렇게 하세요

기초부터 차근차근 다져나가는 것이 중요합니다.
이론 습득을 정확히 한 후 과년도 기출문제 풀이와 출제예상문제로 반복훈련하십시오.

기사 · 산업기사

STEP 1 | 기초이론 | **기사 산업기사 필기**
과목별 필수요점 및 이론 학습과 출제예상문제 풀이로 개념잡고 최근 과년도 기출문제 풀이로 유형잡는 필기 수험 완벽 대비서

STEP 2 | 기출문제풀이 | **기사 산업기사 필기과년도**
과년도 기출문제를 상세한 백과사전식 문제풀이로 필기 수험 출제경향을 미리 알고 대비할 수 있는 최고·최상의 수험준비서

STEP 3 | 실기대비 | **실기 필답형**
요점 및 예상문제 합격작전과 과년도기출문제 풀이로 준비하는 실기 필답형시험 완벽 대비서

STEP 4 | 실전테스트 | **실기 작업형**
요점 및 예상문제 합격작전과 과년도기출문제 풀이로 준비하는 실기 작업형시험 완벽 대비서

지도사 · 기술사

STEP 1 | 공통필수 | **1차 필기**
과목별 필수요점과 출제예상문제 풀이 및 과년도 기출문제 풀이로 준비하는 1차 필기시험 완벽 대비서

STEP 2 | 전공필수 | **2차 필기**
전공별 필수요점과 출제예상문제 풀이 및 과년도 기출문제 풀이로 준비하는 2차 필기시험 완벽 대비서
(기술사 STEP 1,2 동시)

STEP 3 | 실기 | **3차 면접**
각 자격증별 면접의 시작부터 면접 사례까지, 심층면접 대비를 위한 면접합격 가이드

건설안전

「일품」 건설안전기사 필기, 건설안전산업기사 필기

2색 컬러 B5_합격요점 포함 [필기수험 대비 01]
- 본서의 요점정리는 간단하고 명료하게 구체적으로 표현을 했다.
- 본서는 최근 심도있게 거론이 되고 있는 출제예상문제를 빠짐없이 수록하여 타 교재와 차별화가 되도록 구성하였다.
- 건설안전기사(산업기사) 자격 취득의 결론은 본서의 요점과 예상문제 합격작전으로 합격을 보장할 수 있도록 엮었다.
- 최근까지 출제된 과년도 출제 문제를 수록하여 수험준비에 만전을 기하였다.

「일품」 건설안전기사필기 과년도, 건설안전산업기사필기 과년도

2색 컬러 B5_계산문제총정리, 미공개문제 포함 [필기수험 대비 02]
- 제1회의 해설에서 이해하지 못했다면 제2, 제3의 문제해설을 통하여 반드시 이해할 수 있도록 하였다.
- 한 문제(1항목)를 이해하여 열 문제(10항목)를 해결할 수 있게 구성하였다.
- 건설안전기사(산업기사) 자격취득의 결론은 본서의 문제와 해설의 합격작전으로 합격을 보장할 수 있도록 엮었다.
- 최근까지 출제된 과년도 출제 문제를 수록하여 수험준비에 만전을 기하였다.

「일품」 건설안전(산업)기사실기필답형, 건설안전(산업)기사실기작업형

2색 컬러 B5_최종정리 포함 [실기수험 대비 01] | _전면컬러 B5 [실기수험 대비 02]
- 본서의 요점정리는 간단하고 명료하게 구체적으로 표현을 했다.
- 본문의 요점에서 이해하지 못했다면 예상문제 합격작전에서 반드시 이해할 수 있도록 하였다.
- 한 문제(1항목)를 이해하면 열 문제(10항목)를 해결할 수 있도록 구성하였다.
- 참고 및 고시 등을 수록하여 단원마다 중요점을 재강조하였다.
- 본서는 최근 심도있게 거론이 되고 출제가 예상되는 모든 문제를 빠짐없이 수록하여 타 교재와 차별화가 되도록 구성하였다.
- 건설안전 자격취득의 결론은 본서의 요점과 예상문제 합격작전이 합격을 보장한다.

산업안전지도사

「일품」 산업안전지도사 1차필기

총 3단계로 구성 _1색 B5 [1차 필기수험 대비]
- [Ⅰ] 산업안전보건법령, [Ⅱ] 산업안전 일반, [Ⅲ] 기업진단·지도, 산업안전지도사(과년도)
- 본서의 요점정리는 간단하고 명료하게 구체적으로 표현을 했다.
- 본문의 요점에서 이해하지 못했다면 출제예상문제에서 반드시 이해할 수 있도록 하였다.
- 본서는 최근 심도있게 거론이 되고 있는 출제예상문제를 빠짐없이 수록하여 타 교재와 차별화가 되도록 구성하였다.
- 산업안전지도사 자격 취득의 결론은 본서의 요점과 예상문제 합격작전으로 합격을 보장할 수 있도록 엮었다.

「일품」 산업안전지도사 2차 전공필수 및 3차 면접

총 4과목 중 택1 _1색 B5 [2차 전공필수수험 대비]
- 본서의 요점정리는 간단하고 명료하게 구체적으로 표현을 했다.
- 본문의 요점에서 이해하지 못했다면 출제예상문제에서 반드시 이해할 수 있도록 하였다.
- 산업안전지도사 자격 취득의 결론은 본서의 요점과 예상문제·실전모의시험 합격작전으로 합격을 보장할 수 있도록 엮었다.

산업안전

「일품」 산업안전기사 필기, 산업안전산업기사 필기

2색 컬러 B5_합격요점 포함 [필기수험 대비 01]
- 본서의 요점정리는 간단하고 명료하게 구체적으로 표현을 했다.
- 본서는 최근 심도있게 거론이 되고 있는 출제예상문제를 빠짐없이 수록하여 타 교재와 차별화가 되도록 구성하였다.
- 산업안전기사(산업기사) 자격 취득의 결론은 본서의 요점과 예상문제 합격작전으로 합격을 보장할 수 있도록 엮었다.
- 최근까지 출제된 과년도 출제 문제를 수록하여 수험준비에 만전을 기하였다.

「일품」 산업안전기사필기 과년도, 산업안전산업기사필기 과년도

2색 컬러 B5_계산문제총정리, 미공개문제 포함 [필기수험 대비 02]
- 제1회의 해설에서 이해하지 못했다면 제2, 제3의 문제해설을 통하여 반드시 이해할 수 있도록 하였다.
- 한 문제(1항목)를 이해하여 열 문제(10항목)를 해결할 수 있게 구성하였다.
- 산업안전기사(산업기사) 자격취득의 결론은 본서의 문제와 해설의 합격작전으로 합격을 보장할 수 있도록 엮었다.
- 최근까지 출제된 과년도 출제 문제를 수록하여 수험준비에 만전을 가하였다.

「일품」 산업안전(산업)기사실기필답형, 산업안전(산업)기사실기작업형

2색 컬러 B5_최종정리 포함 [실기수험 대비 01] | _전면컬러 B5 [실기수험 대비 02]
- 본서의 요점정리는 간단하고 명료하게 구체적으로 표현을 했다.
- 본문의 요점에서 이해하지 못했다면 예상문제 합격작전에서 반드시 이해할 수 있도록 하였다.
- 한 문제(1항목)를 이해하면 열 문제(10항목)를 해결할 수 있도록 구성하였다.
- 참고 및 고시 등을 수록하여 단원마다 중요점을 재강조하였다.
- 본서는 최근 심도있게 거론이 되고 출제가 예상되는 모든 문제를 빠짐없이 수록하여 타 교재와 차별화가 되도록 구성하였다.
- 산업안전 자격취득의 결론은 본서의 요점과 예상문제 합격작전이 합격을 보장한다.

기술사

「일품」 기계안전기술사, 건설안전기술사, 화공안전기술사, 전기안전기술사

1색 B5 [기술사 필기수험 대비]
- 본서의 요점정리는 간단하고 명료하게 구체적으로 표현을 했다.
- 본문의 요점에서 이해하지 못했다면 출제예상문제에서 반드시 이해할 수 있도록 하였다.
- 본서는 최근 심도있게 거론이 되고 있는 출제예상문제를 빠짐없이 수록하여 타 교재와 차별화가 되도록 구성하였다.
- 기술사 자격 취득의 결론은 본서의 요점과 예상문제 합격작전으로 합격을 보장할 수 있도록 엮었다.
- 최근까지 출제된 과년도 출제 문제를 수록하여 수험준비에 만전을 기하였다.

기술사 200점

「일품」 기계안전기술사, 건설안전기술사, 화공안전기술사, 전기안전기술사

1색 B5 [기술사 필기수험 대비]
- 본서의 요점정리는 간단하고 명료하게 구체적으로 표현을 했다.
- 본문의 요점에서 이해하지 못했다면 출제예상문제에서 반드시 이해할 수 있도록 하였다.
- 본서는 최근 심도있게 거론이 되고 있는 시사성문제 및 모범답안을 빠짐없이 수록하여 타 교재와 차별화가 되도록 구성하였다.
- 기술사 자격 취득의 결론은 본서의 요점과 예상문제 합격작전으로 합격을 보장할 수 있도록 엮었다.
- 최근까지 출제된 과년도 출제 문제를 수록하여 수험준비에 만전을 기하였다.

도서출판 세화

안전관리 수험서의 대표기업

기사 · 산업기사

「일품」 건설안전분야 수험서

> " 우리나라 국내 각종 안전관리자격증 수험에 대비하려면 이러한 내용들을 학습해야 합니다. 대부분의 내용이 자격증 취득에 많은 도움을 주도록 알찬 내용들로 꾸며져 있습니다. 추천감수 : 대한산업안전협회 기술안전이사 공학박사 이백현 "

| 건설안전기사 필기 | 건설안전산업기사 필기 | 건설안전기사필기 과년도 | 건설안전산업기사필기 과년도 | 건설안전(산업)기사실기 필답형 | 건설안전(산업)기사실기 작업형 |

「일품」 산업안전분야 수험서

| 산업안전기사 필기 | 산업안전산업기사 필기 | 산업안전기사필기 과년도 | 산업안전산업기사필기 과년도 | 산업안전(산업)기사실기 필답형 | 산업안전(산업)기사실기 작업형 |

지도사 · 기술사

「일품」 산업안전지도사 수험서

1차 필기   **2차 전공필수**   **3차 면접**

| [I] 산업안전보건법령 | [II] 산업안전 일반 | [III] 기업진단 · 지도 | 기계안전공학 | 건설안전공학 | |

「일품」 기술사 200(300)점 수험서   「일품」 기술사 수험서

| 기계안전기술사 300점 | 건설안전기술사 300점 | 화공안전기술사 200점 | 전기안전기술사 200점 | 기계안전기술사 | 건설안전기술사 |

안전분야 베스트셀러
33년 독보적 판매
최신 기출문제 수록

www.sehwapub.co.kr

에서 주문하세요!!